国家自然科学基金国际 (地区) 合作与交流项目 (批准号: 41661134012)
国家自然科学基金面上项目 (批准号: 41671112)
国家自然科学基金青年科学基金项目 (批准号: 41501012、51409243、41402283)

山地灾害形成与预测预警

陈宁生 等 著

科学出版社

北京

内 容 简 介

本书系统介绍了泥石流、滑坡、山洪、冰湖、堰塞湖溃决等山地灾害的形成与非工程监测预警理论、技术和实践。内容主要包括驱动山地灾害发育的地震和极端气候内外动力主控因素；松散土体转化为滑坡泥石流的土力学机理；基于地震活动、极端气候和人类活动因素的泥石流预测技术；基于流域灾害过程的滑坡泥石流三级监测预警指标；分级多指标的山地灾害监测预警体系；山地灾害监测预警技术在市县、厂矿企业的示范应用。

本书适用于国土、水利、交通和城建等有关部门的防灾减灾工作；可用于科研、教学、工程建设单位部门的非工程减灾工作中；可供科研人员、教学人员和工程技术与管理人员应用和参考。

图书在版编目(CIP)数据

山地灾害形成与预测预警/陈宁生等著. —北京：科学出版社，2017.9

ISBN 978-7-03-053210-7

Ⅰ.①山… Ⅱ.①陈… Ⅲ.①山地灾害–预警系统–监测系统–研究 Ⅳ.①P694

中国版本图书馆 CIP 数据核字（2017）第 128352 号

责任编辑：张 展 / 责任校对：陈书卿
责任印制：罗 科 / 封面设计：墨创文化

科学出版社 出版

北京东黄城根北街16号
邮政编码：100717
http://www.sciencep.com

四川煤田地质制图印刷厂印刷

科学出版社发行 各地新华书店经销

＊

2017 年 9 月第 一 版 开本：787×1092 1/16
2017 年 9 月第一次印刷 印张：15
字数：330 千字

定价：120.00 元

（如有印装质量问题，我社负责调换）

本书作者名单

陈宁生　胡桂胜　王　涛　丁海涛　邓明枫　杨成林

中国科学院、水利部成都山地灾害与环境研究所

中国科学院山地灾害与地表过程重点实验室

中国科学院波密地质灾害观测研究站

前　言

　　山地灾害是指发育于山区的特有灾害，具体包括滑坡(含崩塌)、泥石流、山洪和冰湖堰塞湖溃决等。山地灾害是地表剥蚀的极端表现，由于构造板块的相对运动，在地球表面形成了一系列隆升山脉和沉降盆地，并使得诸如喜马拉雅山脉、横断山脉、落基山脉、安第斯山脉、阿尔卑斯山脉等巨大山脉仍然呈隆升趋势。与山脉隆升相矛盾的过程为山脉的剥蚀，地质历史上由于山脉的剥蚀和运移堆积形成了山脉前缘的巨大盆地和平原，诸如青藏高原南缘的恒河平原，东缘龙门山前的四川盆地，青藏高原北侧的柴达木盆地，落基山脉东侧的密西西比平原，安第斯山脉东侧的亚马孙平原，阿尔卑斯山脉东侧的多瑙河平原，台湾中央山脉西北侧的冲积平原等。随着极端气候作用和地震活动作用以及人类活动的加强，地表的剥蚀呈现准周期的波动，在极端气候与地震活动后地表的剥蚀呈现出井喷式的加强，而后逐渐回归到平均状态。伴随着剥蚀的加强，山地灾害也呈现井喷式的发展，给人类带来了极大的危害。如 2008 年 5·12 汶川地震及其后的次生灾害给灾区造成 8000 多亿元人民币的直接经济损失，我国已经投入 1 万多亿元进行了灾后恢复重建和灾害防治，但截至现在，汶川地震对区域剥蚀和山地灾害的影响还在持续。尽管花费了巨大的人力和物力进行山地灾害的防治，山地灾害依然时有发生。据初步统计，汶川震后，2009～2014 年四川省共发生地质灾害 15548 起，致 690 人死亡或失踪，直接经济损失达 65 亿元。如 2009 年 7 月 25 日都汶高速公路发生滑坡，毁坏了彻底关大桥；2010 年 8 月 13 日，地震灾区发生群发性滑坡泥石流灾害，对绵竹市清平乡、都江堰市龙池镇和虹口乡、汶川县映秀镇造成了严重危害，摧毁和淤埋了大量恢复重建的房屋，给当地恢复重建工作造成重创；2011 年汶川境内多处发生滑坡、泥石流、塌方、堰塞湖、洪水等灾害，交通、通信、电力、供水中断，并造成 8 人失踪；2012 年 6 月 28 日四川宁南县矮子沟发生特大泥石流灾害，导致 41 人死亡和失踪、1276 人受灾；2013 年 7 月 10 日至 12 日，汶川县 7 条沟暴发泥石流，造成约 18 人死亡、失踪，多处灾后重建安置区、工厂、电站、房屋被毁，约 15000 人受灾，都汶高速和 G213 线交通被迫完全中断。

　　因此，山地灾害的防治将是一个漫长而艰巨的任务。面对灾害的频繁发生，我们对灾害形成的机理和认识还不足；其次，人们采取的工程防治措施由于费用较高，其覆盖的范围十分有限；最后，防灾减灾的预测预警等非工程技术还存在瓶颈。以汶川地震灾区为例，尽管我们在 2008～2010 年投入 100 亿元进行了约 1000 个滑坡、泥石流、崩塌等地质灾害的工程治理，然而这 1000 个灾害点只占震后 50000 多个灾害点的 2%。此外受技术和经济条件的限制，灾害防治的标准通常也仅达到 20 年一遇，而对于部分应急工程，防治标准还更低，这使得许多治理工程在数年内失效。由于灾害点多面广，国家投入 20 多亿元，推进了非工程的县级山洪灾害监测预警工作；并且每年投入 2 亿多元进行汶川地震灾区以群测群防为基础的地质灾害非工程措施的灾害预防，非工程措施取得了显著的效果。然而研究表明，80%以上的泥石流灾害都是50年一遇以下的低频率灾害，而目前监测预警设施的寿命通常低于10年，并且监测预警工作的首期投入主要源于中央财政，后续的维护费用的短缺使得监测预警工作的可持续受到影响，这使得监测预警工作的效率降低。目前关于监测预警方面的研究和实践存在的主要问题包括：①监测预警的阈值指标由多因素控制，预警指标往往为一个范围值，难以精确确定；②监测预警设备寿命限制，与低频率大规模的灾害存在矛盾；③监测预警系统的可靠性不够高，系统的监测预警等级存在波动等。针对监测预警存在的问题，科技部"十二五"规划期间开展了"地震扰动区重大滑坡泥石流等地质灾害防范与生态修复"项目的研究，并且将"龙门山地震带小流域滑坡泥石流灾害监测预警技术研究与示范"作为其中重要的内容和课题；国家自然科学基金委员会在"十三五"期间进一步启动了中英合作基金项目"中国地震带自然灾害恢复力研究"，"地震山区可持续经济社会发展系统模型"成为其中重要的内容。本书作者在主持和参加以上2个项目的2个课题的基础上，针对山地灾害形成机理和预测预警研究存在的问题进行攻关，形成研究成果。希望通过灾害发育机理的研究，从机理入手，引入预测方法，结合灾害形成的机理，建立新的预测预警模式，并进行示范应用，以推动山地灾害防灾减灾的进步。

全书包括前言和7个章节，各章节执笔人：前言陈宁生；1.1节陈宁生、杨成林、王涛、胡桂胜，1.2节陈宁生、邓明枫、杨成林、丁海涛；2.1节王涛，2.2节陈宁生、邓明枫，2.3节胡桂胜，2.4节陈宁生、向龙；3.1节、3.2节陈宁生、杨成林、丁海涛；3.3节胡桂胜、丁海涛；4.1节王涛，4.2节陈宁生、杨成林、邓明枫，4.3节胡桂胜，4.4节陈宁生、赵春瑶；5.1节丁海涛，5.2节杨成林，5.3节胡桂胜，5.4节陈宁生、赵春瑶；6.1节陈宁生，6.2节杨成林、丁海涛，6.3节丁海涛、杨成林，6.4节、6.5节丁海涛；7.1节丁海涛，7.2节杨成林，7.3节胡桂胜，7.4节陈宁生、赵春瑶；附录陈宁生、丁海涛。

全书由陈宁生研究员和胡桂胜博士进行汇总，陈宁生研究员完成统稿和定稿的工作。

目　　录

第1章　山地灾害及其防治

1.1　山地灾害类型、分布及其危害

山地灾害为形成于山区的特有灾害，其类型包括山洪、泥石流、滑坡、崩塌、冰湖和堰塞湖溃决灾害等。我国山区面积约占国土面积的70%，拥有世界屋脊青藏高原，地震频繁，极端气候常有发生，所以我国是世界上山地灾害分布最广的国家之一，特别是西南山区的山地灾害影响更为深远，有时灾害还以链状形式通过跨界河流危害国外，因此需要加强山地灾害研究。

1.1.1　山地灾害类型

1.1.1.1　山洪与山洪灾害

(1)山洪。山洪是山丘区小流域(流域面积原则上小于200km^2)由降雨引起的突发性、暴涨暴落的地表径流。山丘区小流域因调蓄能力小，坡降较大，洪水持续时间短(历时几小时到十几小时，很少能达到1天)，但涨幅大，洪峰高，洪水过程线呈多峰尖瘦峰型。山洪按其成因可以分为暴雨山洪、冰雪山洪和溃决山洪，其中暴雨山洪在我国分布最广，暴发频率最高，危害最为严重。

(2)山洪灾害。山洪灾害是指山洪对其活动区(包括集流区、流通区、堆积区)内的生态环境、城镇、居民点、工业农业、交通、水利设施、通信、旅游、资源等和人民生命财产造成的直接破坏和伤害。同时山洪携带的大量泥沙会堵塞干流，给干流上、下游地区造成巨大危害(国家防汛抗旱总指挥部办公室、中国科学院水利部成都山地灾害与环境研究所，1994)。

1.1.1.2　泥石流与泥石流灾害

(1)泥石流。泥石流是沿自然坡面或压力坡流动的松散土体与水、气的混合体，常发生在山区小流域，是一种包含大量泥沙石块和巨粒的固液气三相流体，呈黏性层或稀性紊流等运动状态(陈宁生等，2011)。

(2)泥石流灾害。泥石流灾害是指泥石流在活动过程中，对环境、生态和社会(包括各种基础设施、人民生命财产)造成的直接破坏和影响，包括全流域(形成区、流通区、堆积区)内的生态、环境、城镇、居民点、工矿业、农业、交通、水利水电设施、通信、旅游和人民生命财产等，同时大量泥沙进入江河而造成堵塞，给上、下游地区造成巨大危害。泥石流灾害的夜发率高、突发性强、来势迅猛、危害广泛，是一种山区环境灾害，

又是一种生态灾害，还有部分人为灾害。

泥石流危害方式有淤埋、冲刷、撞击、堵塞、串流改道、溃决、磨蚀、弯道超高和爬高、挤压主河道等。

1.1.1.3 冰湖、堰塞湖及其溃决灾害

1)冰湖及冰湖溃决灾害

冰湖是由于冰川活动或者退缩产生的融水在冰川前部或者侧部汇集而成的洼地水体，可分为冰川终碛湖(冰碛阻塞湖)、冰川阻塞湖、冰斗湖和冰蚀槽谷湖。其中冰川终碛湖分布数量较多、规模较大，且灾害风险较高(姚治君等，2010)。

冰湖溃决灾害是指由于冰湖溃决引发的系列人员伤亡和财产损失等。冰湖溃决常发生溃决洪水和泥石流。世界各高山地区由于冰湖溃决形成的洪水与泥石流灾害屡屡发生，造成严重的经济损失和人员伤亡，如喜马拉雅山、天山、阿尔卑斯山、高加索山和科迪勒拉那山等。我国是冰湖溃决灾害分布广泛，且危害极为严重的国家之一(Liu et al.，1988)。喜马拉雅山区近50年来至少已发生20余次较大的冰湖溃决灾害事件，其中3/4发生在我国西藏境内(Xu D M，1985；刘伟，2006)。冰湖溃决所导致的洪水与泥石流灾害具有突发性强、洪峰高、流量大、破坏性强、持续时间短、波及范围大的特点，在其形成、流动和堆积过程中又会激发其他次生灾害，从而造成巨大的经济损失和人员伤亡，其灾害损失比一般的暴雨激发的洪水或泥石流要严重得多(程尊兰等，2003)。如2009年7月7日，山南市错那县的冰湖溃决，冲毁公路3km、涵洞3座、简易桥梁4座，导致5个自然村17户57人与外界交通完全中断。

2)堰塞湖及堰塞湖溃决灾害

堰塞湖是一定量的固体物质堵塞山区河谷或河道所形成的具有一定库容的水体。一般而言，堰塞湖指天然形成的水体，有别于人工坝体形成的水体。堰塞湖根据成因类型，可分为滑坡(崩塌)堰塞湖、泥石流堰塞湖、火山熔岩堰塞湖、冰碛堰塞湖。

堰塞湖溃决灾害是指堰塞湖溃决引发的系列人员伤亡和财产损失等。堰塞湖溃决灾害主要表现在以下三个方面。

(1)易形成罕见的洪水灾害。由于堰塞体颗粒分布的随机性强，坝体疏松，密度较差，其稳定性、均质性、整体性和坝体结构强度都较差，易产生渗透变形、沉降变形和溃决。堰塞湖一旦溃决，库区蓄水将在短时间内下泄，形成罕见的洪灾。例如，2000年4月9日西藏易贡堰塞湖溃决就形成了罕见的跨界河流灾害(Shang et al.，2003)。

(2)易链生滑坡等次生灾害，并形成灾害链。堰塞湖溃决的山洪或泥石流常淹没道路、农田、水利设施和城镇，并侵蚀河道两岸，降低坡体稳定性，形成新的滑坡等次生灾害。

(3)对河道演变产生重要作用。首先，堰塞湖形成后，在没有发生完全溃决的状况下，堰塞湖上游河床随着泥沙淤积而持续升高；其次，堰塞湖溃决将产生大流量的溃决洪水，既冲刷下游河道，又输移大量的固体物质使固体物质在下游河道淤积，造成河床

升高；此外，堰塞湖的形成本身就改变了河床的坡降，并形成新的侵蚀基准面，改变了流域的地貌。

1.1.1.4　滑坡与滑坡灾害

(1)滑坡。滑坡是指斜坡上的土体或者岩体，受河流冲刷、地下水活动、雨水浸泡、地震及人工切坡等因素影响，在重力作用下，沿着一定的软弱面或者软弱带，整体地或者分散地顺坡向下滑动的自然现象，俗称"走山""垮山""地滑""土溜"等。

(2)滑坡灾害。滑坡的危害是指滑坡在形成、发生、运动的过程中对人和人类赖以生存的环境(包括人的生命、财产、各种工程设施和建筑、资源和生态环境)造成的灾害和影响。

1.1.2　山地灾害分布

不同的山地灾害受不同控制因素的影响，具有不同的分布规律。其中山洪灾害主要受地形和降水控制；泥石流灾害除了受地形、水源控制外还受松散物源分布的控制；滑坡、崩塌受地质构造背景、地震等内动力和降水、冰川等外动力联合控制；冰湖、堰塞湖溃决则受地形高差、构造与极端气候等内外动力联合控制，集中分布于西部山区。鉴于不同的山地灾害类型具有不同的分布规律，依据不同的灾种对其分布规律进行论述。

1)山洪灾害分布

山洪灾害的分布特征是山洪灾害防治区划的基本依据(张平仓，2011)。从总体上看，我国山洪灾害主要呈现如下空间分布规律：①全国范围内，可划分为东部季风区、西北蒙新干旱区和青藏高原区；②山洪灾害强烈或频发地段，大多位于三大地形阶梯过渡地带或新构造运动强烈的构造活动区与暴雨中心重合的地区；③山洪灾害严重的地区，多分布于工农业生产中心的外围和相邻地区，以及人口居住、财产相对分散，灾害调查难度大的相对落后的广大农村山丘区。

东部季风区、蒙新干旱区和青藏高原区具有不同的山洪灾害特征。东部季风区由于社会经济发达、人口稠密成为我国一级、二级山洪灾害防治区面积比例最高的地区，而青藏高原区由于地广人稀、社会经济不发达，一级、二级山洪灾害防治区面积比例最小，故非防治区的面积比例相对较高。蒙新干旱区社会经济较为分散，山洪灾害多与夏季短历时的点暴雨相关(表1-1、图1-1)。

2)泥石流灾害分布

我国的泥石流类型众多、暴发频繁、危害严重，根据《全国山洪灾害防治规划》，全国现有灾害记录的泥石流沟约11100条，是世界上泥石流分布及危害最集中、规模最大的国家之一。

表 1-1 三个一级区内重点防治区和一般防治区面积统计表（张平仓，2011）

分区名称	总面积/(万 km²)	山洪灾害防治区						防治区面积/(万 km²)	非防治区面积/(万 km²)
		一级重点防治区		二级重点防治区		一般防治区			
		面积/(万 km²)	占防治区比例/%	面积/(万 km²)	占防治区比例/%	面积/(万 km²)	占防治区比例/%		
东部季风区（Ⅰ）	466.29	33.34	10.57	44.8	14.2	237.32	75.23	315.46	150.82
蒙新干旱区（Ⅱ）	235.18	3.62	7.42	4.83	9.85	40.52	82.74	48.97	186.21
青藏高原区（Ⅲ）	257.73	3.4	3.45	6.94	7.05	88.12	89.5	98.46	159.27
全国合计（约）	959.20	40.36	8.72	56.57	12.22	365.96	79.06	462.89	496.30

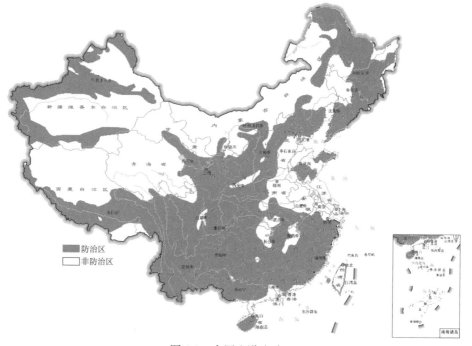

图 1-1 全国山洪防治区

我国泥石流分布，大体上以大兴安岭—燕山山脉—太行山脉—巫山山脉—雪峰山脉一线为界。该线以东为我国地貌最低一级阶梯的低山、丘陵和平原，泥石流分布零星（仅辽东南山地较密集）。该线以西，即我国地貌第一、第二级阶梯，包括广阔的高原、深切割的极高山、高山和中山区，是泥石流最发育最集中的地区，泥石流沟群常呈带状或片状分布。泥石流成片地集中在青藏高原东南缘山地、四川盆地周边，以及陇东—陕南、晋西、冀北等以黄土高原东缘为主的地区（图 1-2）。

从泥石流成因类型看，冰川泥石流主要分布于中国西部山地，特别集中于西藏东南部地区；暴雨泥石流主要分布于西南山区，西北、华北和东北也有呈带状或零星分布；具有特殊组成的水石流和泥流则是呈地域性分布，水石流分布于华北地区，而泥流则多分布于松散的黄土地区。从我国行政区划看，泥石流分布遍及全国的 23 个省（区）市和自治区（图 1-3）（国家防汛抗旱总指挥部办公室、中国科学院水利部成都山地灾害与环境研究所，1994）。

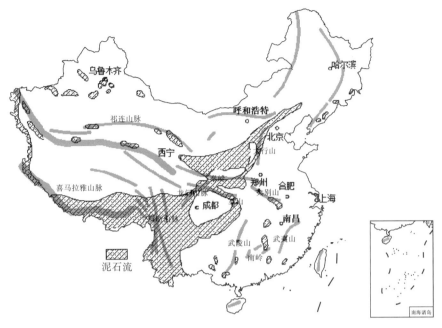

图 1-2 我国主要山脉和泥石流分布

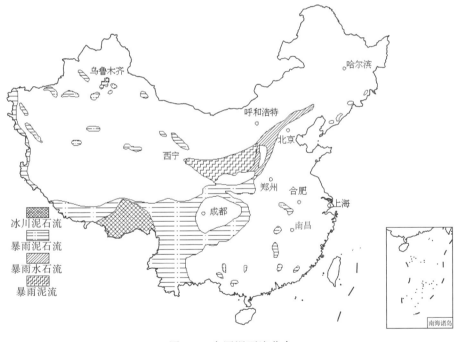

图 1-3 全国泥石流分布

3)冰湖、堰塞湖灾害分布

(1)冰湖灾害分布。通过对青藏高原冰湖的调查与遥感解译发现,80%的冰湖集中分布于青藏高原两级夷平面上(图 1-4),即海拔 4500～5000m 盆地面和海拔 5200～5500m 山顶面,夷平面控制着冰湖的分布,如波曲流域两级夷平面控制的数量占 76%。以帕隆藏布、波曲和朋曲为例，采用遥感调查和实地考察相结合的方式，研究发现流域内冰碛湖集中分布于海拔 3800m 以上地区，流域较小的波曲内冰湖密度最大，达到每万平方公里 119.9 个(表 1-2、表 1-3)。滑坡泥石流堰塞湖集中分布于藏东南的帕隆藏布流域(占所有数量的 80%)。冰碛堰塞湖包括终碛湖(M)、冰斗湖(V)/槽谷湖(S)和侵蚀湖(C)，其中分布最广的是终碛湖，占总数的 57%。

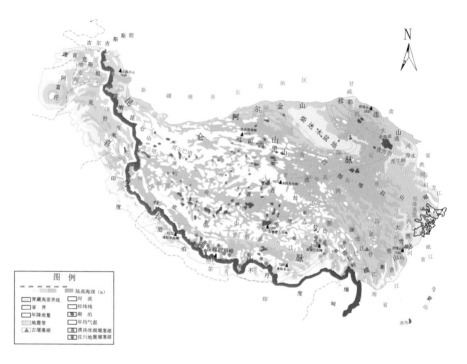

图 1-4　青藏高原冰湖堰塞湖分布图

表 1-2　跨界河流典型流域冰湖数量与密度统计表

序号	流域名称	数量	分布密度/(个/10^4km²)	面积/km²
1	帕隆藏布	253	88.7	72.8
2	波曲	30	119.9	11.1
3	朋曲	191	79.1	36.2

表 1-3　跨界河流典型流域冰湖类型统计表

序号	流域名称	各类型冰湖数量				
		总数	M	V	S	C
1	帕隆藏布	253	131	111	1	10
2	波曲	30	6	23	0	1
3	朋曲	191	133	38	0	20

(2)堰塞湖灾害分布。堰塞湖集中分布于地形高差大、构造活动强烈、岩石坚硬的河谷区，特别是在地震的触发下，往往形成规模大、数量多的堰塞湖。以汶川地震山区为例，崔鹏等(2009)研究发现，汶川地震产生的 256 个堰塞湖中有 85.6% 分布于龙门山三大断裂带且距断层 10km 的区域内，在主断裂带两侧 10km 范围内分布有堰塞湖 176 处，

占 68.5%。堰塞湖距离断裂带越近其密度越大，以北川—映秀断裂为例，距离 5km 范围内分布有 109 处堰塞湖，占总数的 42.4%；5~10km 内 67 处，占 26.1%；10~15km 内 29 处，占 11.3%。堰塞湖的分布与地震断裂带距离的关系符合对数衰减规律。堰塞湖沿河流呈串珠状分布，区域内有绵远河、寿溪河、渔子溪等河流，其沿河分布平均密度为 0.6 处/km(图 1-5、图 1-6)。

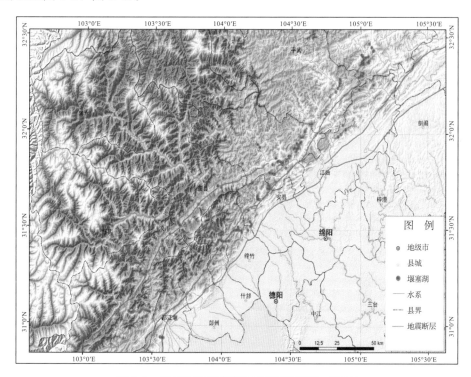

图 1-5　汶川地震堰塞湖分布图(崔鹏等，2009)

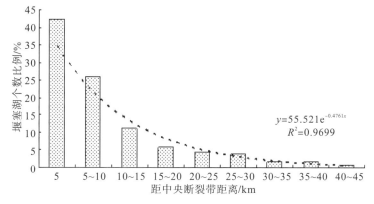

图 1-6　堰塞湖数量与其距断裂带距离的关系(崔鹏等，2009)

4)滑坡灾害分布

中国是亚洲乃至世界上滑坡灾害最为严重的国家之一，特别是 20 世纪 80 年代以来，随着经济建设的恢复与高速发展及地震活动与极端气候的影响，滑坡灾害呈逐年加重趋势。

行政区划上，全国范围内除山东省没有发现严重的滑坡灾害外，其余各省区市均有滑坡灾害发生。其中，西部地区(西南、西北)的云南省、贵州省、四川省、重庆市、西藏自治区、湖北省西部、湖南省西部、陕西省、宁夏回族自治区及甘肃省等省区市最为严重。

如图 1-7 所示，我国是一个多山的国家，从台湾岛至青藏高原，从长白山到海南岛都发生过不同程度的滑坡灾害。在南北方向上，以秦岭—淮河一线为界，大致与年降水量 800mm 等值线吻合，北部地区的滑坡分布较稀，南部较密。在东西方向上，以第二阶梯的东缘大兴安岭—太行山—鄂西山地—云贵高原东缘为界，东部地区的滑坡分布较稀，西部较密集；第一阶梯东部以大兴安岭—张家口—兰州—西藏林芝一线为界，西部地区的滑坡分布较稀，东部较密集。我国滑坡灾害的多发区主要集中在第一阶梯的东部和第二阶梯上；其次分布在喜马拉雅山南麓、闽浙丘陵和台湾地区。其他地区的滑坡灾害主要发生在河、湖、库岸边，以及堤坝、道路边坡等部位。

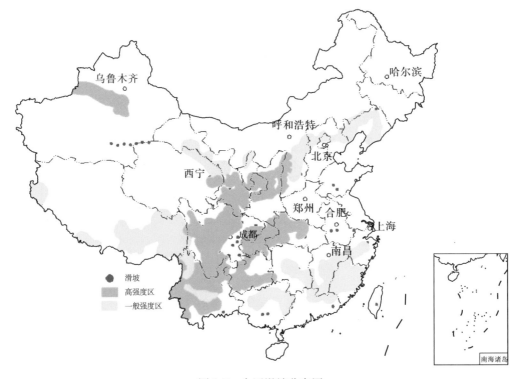

图 1-7　全国滑坡分布图

据统计，自 1949 年以来，我国东起辽宁省、浙江省、福建省，西至西藏自治区、新疆维吾尔自治区，北起内蒙古自治区，南到广东省、海南省，至少有 22 个省(自治区、直辖市)不同程度地遭受过滑坡的侵扰和危害。四川省是我国发生滑坡次数最多的省份，约占全国滑坡总数的 1/4，其次是陕西省、云南省、甘肃省、青海省、贵州省、湖北省等省。总的看来，我国滑坡的分布受气候和地貌控制。如果以秦岭—淮河一线为界，南方多于北方，差异性明显；以大兴安岭—太行山—云贵高原东缘一线为界，西部多于东部，差异性也很明显。上述川、陕、滇、甘、青、黔、鄂诸省则是这两条界线共同划分的重叠区(即主要分布区)。

1.1.3 山地灾害特点

我国由于受三大阶梯地形的控制，自西向东展现出世界最大的地形高差，在阶梯的过渡段，构造隆升和地震活动十分发育，导致区域侵蚀速率较高，极端气候影响下的山地灾害具有点多面广、灾种齐全和影响深远的特点，但不同类型的山地灾害又各具特点，以下分别陈述。

1.1.3.1 山洪灾害特点

我国的山洪灾害具有分布面积广、类型多、对极端气候和地震活动的响应突出等特点。

（1）山洪灾害的分布与类型。不仅占我国国土面积69%的山区发育有山洪灾害，而且山洪灾害还影响山区下游的平原区。山洪不仅有暴雨山洪，而且有冰川融水山洪；不仅有山洪灾害，而且有山洪灾害与其他类型灾害相互"咬合"的灾害链。

（2）山洪灾害对极端气候的响应十分突出。极端气候的影响，使得暴雨频率和规模增大，山洪频率也显著增加。山洪灾害主要发生在每年的4～10月，并且有进一步向秋季移动的趋势。

（3）山洪灾害具有明显的区域性和季节性。山洪灾害主要发生于山区，特别是在我国的第二级阶梯和第二级阶梯与第一级阶梯的交汇区，山洪灾害更为严重。山洪灾害主要集中在汛期，以湖南省为例，全省汛期发生的山洪灾害约占全年山洪灾害的95%，其中6～8月发生的山洪灾害约占全年山洪灾害的80%以上。

（4）山洪灾害成灾迅速，范围集中于侵蚀与淤积共存山丘区。因山高坡陡，溪河密集，降雨迅速转化为径流，且汇流快、流速大，山洪的暴发历时很短，成灾非常迅速，通常成灾时间仅为数分钟至1～2小时。山洪灾害特别集中于堆积扇与主河的交汇区，在中上游的大比降区表现出侵蚀，在中下游的小比降区表现出淤积。山洪灾害发生时往往伴生滑坡、崩塌、泥石流等地质灾害，并造成河流改道、公路中断、耕地冲淹、房屋倒塌、人畜伤亡等事件发生。

1.1.3.2 泥石流灾害特点

（1）规模大，危害重。我国绝大部分山区具备形成大规模泥石流的条件。在我国西部地区暴发的冰川泥石流，一次输出的固体物质达千万立方米以上。规模惊人的大型泥石流，不仅使其危害范围内的一切设施、土地、森林资源等荡然无存，而且还造成一系列链生灾害。如泥石流堵断江河，回水淹没以及堵塞溃决所造成的链生灾害在青藏高原时有发生。

（2）数量多，危害面广。我国泥石流分布广，数量多。仅川藏、青藏、滇藏和黑昌等公路沿线的活动性泥石流沟共计有2000余条；金沙江干支流的活动性泥石流沟有1000余条。泥石流危害的对象有：①铁路、公路、航道、渠道等构筑物；②土地、森林、矿产、水力等自然资源和能源；③城镇、工厂、矿山、电站、桥涵、隧道等建筑物；④作物、牲畜等农牧业；⑤自然保护区、风景名胜区；⑥人民生命财产等。

(3)活动频繁，重复成灾。泥石流活动受所处流域环境条件的影响，泥石流暴发的时间(年代)间隔长短不一，长的可达百年以上，短者不足一年。自 20 世纪 80 年代以来，极端气候的频繁出现和地震活动的多次发生，使泥石流活动日趋频繁。例如，都江堰龙溪虹口流域内，2008 年震前极少有泥石流发生，受地震和极端降水的影响，2009 年、2010 年和 2013 年均发生大规模泥石流灾害。

(4)低频泥石流为主，灾害的隐蔽性强。泥石流依据发育的频率分为高频、中频、低频和极低频泥石流。对于高频泥石流区，人们的防范意识强，然而对于更多的低频和极低频泥石流区，其判识和预测的难度大。如 2016 年 5 月 8 日发生在福建泰宁芦庵坑沟的泥石流即属于百年不遇的特大泥石流灾害，造成 36 人死亡和失踪。该流域地质历史上曾暴发过泥石流，属于极低频泥石流沟。

1.1.3.3　堰塞湖涨落与冰湖、堰塞湖溃决灾害特点

冰湖、堰塞湖的涨落和溃决经常会引发灾害，这类灾害有其自身的发育规律和特点。

(1)堰塞湖的涨落灾害特点。堰塞湖形成以后，经常由于冰崩、冰滑坡和崩塌滑坡泥石流的入湖或融水径流的增加而引起湖水上涨淹没湖区房屋和道路。这类灾害的特点表现为：①灾害区域呈环形齿状分布。由于湖水的上升形成沿湖环状分布的水灾害，而在水位上升过程中，汇水的浸泡与局部侵蚀导致在局部软弱土层分布区发生崩塌滑坡灾害，形成齿状的灾害区。②涨落灾害经常与溃决灾害伴生。在堰塞湖的涨落灾害发生过程中，当上涨的速度较快时，常引发湖水的漫顶，容易形成溃决灾害。③堰塞湖涨落通常发生迅速并在短时间内完成。崩塌、滑坡、泥石流激起的湖水涨落灾害，都是在短时间内完成的，如 2000 年 6 月 10 日易贡堰塞湖溃决灾害的库区涨落灾害是在数十天内完成的。

(2)冰湖、堰塞湖溃决灾害具有条带状分布、规模大和损失大等特点。①冰湖、堰塞湖溃决灾害常呈带状沿河分布。例如 1981 年 7 月 1 日地处樟木口岸上游的次仁玛错冰湖溃决，溃决洪水沿波曲流动，形成沿河长 60 多千米，宽度上百米的条带状灾害带。②冰湖、堰塞湖溃决具有超大规模特征。一般灾害性冰湖、堰塞湖溃决形成的洪峰流量约为相应区域百年一遇洪水流量的 5~20 倍。如 1981 年 7 月 1 日次仁玛错的冰湖溃决流量为 1.6 万 m^3/s，而 2000 年易贡湖溃决灾害形成的流量为 12 万 m^3/s，大于长江武昌段百年一遇洪水的流量。③冰湖、堰塞湖溃决灾害严重。冰湖、堰塞湖溃决灾害的地区集中分布在我国青藏高原边缘山区地带，这一地带的人口少，多集中于河谷地带，基础设施落后，水电站大量分布，所以溃决洪水产生的灾害严重。如波曲流域，人口、房屋的 40%沿河分布，中尼公路和水电站均沿河分布。1981 年的次仁玛错冰湖溃决灾害导致 200 多人死亡，造成尼泊尔的损失占当年 GDP 的 20%(3 亿多美元)。

1.1.3.4　滑坡灾害特点

我国的滑坡灾害点多面广，类型多，依据物质组成分为岩质滑坡、土质滑坡；依据与地层产状的关系可分为顺层滑坡和切层滑坡等。

(1)大型、特大型滑坡特别集中分布于青藏高原的边缘。我国的滑坡分布广泛，尤其在青藏高原东缘地震与构造运动强烈的地区，这一地区地震活动频繁且降水丰富，剥蚀

与隆升强烈，特大型滑坡分布多，如樟木滑坡、易贡滑坡、102 滑坡、大光包滑坡、丹巴滑坡等特大型滑坡。

(2)岩质滑坡受河流下切、基岩结构面、地震活动和极端气候联合控制。河流的下切为基岩滑坡的形成奠定了基础临空面，岩体的节理面、层面为基岩滑坡的滑动奠定基础；极端气候和地震活动激发滑坡的发生。以易贡 2000 年 4 月 9 日发生的滑坡为例，其孕灾环境包括极端的冻融循环、干湿循环和地震活动，激发作用包括地震和降水。特别地，在极端干湿循环的作用下容易发生顺层的低角度滑坡，如 2009 年宣汉滑坡，其滑动面倾角小于 12°，这与早期的干旱、暴雨相关。

(3)土质滑坡分布点多面广，其发育主要受降水控制。土质滑坡包括西北山区的黄土滑坡、青藏高原的冰碛土滑坡、广大山区的残积土滑坡。黄土地区常年降水量小，大多土体处于干燥状态，土体滑动是超强降水发生后产生的超蓄产流导致孔压增加和黏滞阻力下降的结果。青藏高原的冰碛土的黏土颗粒少，在降水和冰川径流的作用下，孔压的作用和径流的侵蚀导致土体强度降低，并发生滑动。

(4)岩质滑坡、土质滑坡、山洪泥石流是一个链生的重力侵蚀过程。自然界的岩质滑坡将基岩转化为松散的堆积物，在此基础上，堆积层在一定的外界条件下进一步形成土质滑坡。岩质和土质滑坡形成的大量的松散固体物质在进一步的失稳剪缩过程中转化为泥石流，完成重力侵蚀过程并在进一步的洪水作用下实现向堆积区的输移。

(5)滑坡灾害的发育是一个由点到面的过程，滑坡形成的松散堆积物也是山区难得的土地资源，同时滑坡形成大量的松散堆积物是储存地下水的良好载体，因此在土体资源紧缺的山区，人们常将其作为栖息地。此外，传统的道路基本沿河分布，由于受河流切割的影响，滑坡体经常沿河分布，所以在滑坡的基脚处经常分布有道路，在滑坡影响的河段则常有水电站分布，而沿河则分布有更多的村镇。所以一旦滑坡灾害发生，首先受灾的是滑坡体这一"点"上的房屋、道路等，一旦滑坡滑动到主河，其灾害往往是沿河分布的道路、村镇和水电站，因此灾害是由点发展到面的循序渐进的过程。

1.2 山地灾害防治

山地灾害防治是指采用工程或非工程的方法实现防灾减灾目的的行为。

1.2.1 山地灾害防治工程措施

山地灾害防治工程措施是指通过岩土工程达到防治山地灾害的目的的行为，工程措施根据山地灾害类型的不同而差异极大，对滑坡而言，主要有锚索锚杆、挡墙、抗滑桩、截水沟等措施；泥石流则主要为谷坊、拦砂坝、排导槽等措施；崩塌主要为防护网、锚索等措施。

1.2.2 山地灾害防治非工程措施

山地灾害防治非工程措施是指除工程措施以外的其他办法，主要包括灾害的预测预警预报和灾害的管理等措施。

1.2.2.1　山地灾害群测群防

山地灾害群测群防是指发动广大群众，形成严密的监视网络，共同监测与预防灾害的一种方法，一般有"群测群防、土洋结合""群测群防、群专结合"等具体方针政策。我国地质灾害点多面广，又多分散在偏远山区，治理难度大，防治任务重，难以对这些灾害隐患点都进行治理，也难以完全依靠专业队伍进行监测，因此，做好地质灾害防治工作，必须加强群测群防体系建设。

1.2.2.2　山地灾害监测与预测预警

(1)山地灾害预测。山地灾害预测是指对某个地区的山地灾害发展趋势的分析与推测。预测的依据包括山地灾害的形成机理、山地灾害的发育历史、山地灾害的主控因素、构造地震活动、极端气候和人类活动的发展趋势等。

(2)山地灾害预报。山地灾害预报是指对具体地区的山地灾害发生的时间、地点和规模等提前做出明确的告知，在预报时间进度上可分为长期、中期和短期。山地灾害预测预报通过提前判断灾害发生的时间、地点、规模、危害范围以及可能造成的损失，使危险区的居民及时得到灾害信息，提前采取预防措施，以达到保证人民生命财产安全、减轻灾害的目的(崔鹏等，2005)。

(3)山地灾害监测与预警。山地灾害监测与预警是指采用相应设备对激发山地灾害以及山地灾害启动过程中的各个因素进行监测，通过分析这些数据判别山地灾害发生的可能性，并依据灾害发生过程发出警报，告知山地灾害危险区的居民进行撤离。预警提前的时间因不同的灾种和同一灾种的不同工况而不同。对山洪泥石流一般为几十分钟，而滑坡一般在1天之内(吴积善等，1990)。

1.2.2.3　山地灾害防灾管理

山地灾害防灾管理是在以人为本的基础上，通过鼓励人们自觉参与防灾减灾的全过程，在对各种自然灾害风险进行识别、分析和评价的基础上，有效地控制和处置灾害风险(Anderson et al.，2011)，以最低的成本，实现最大的安全保障的行为。基于灾害风险理论的风险管理包括：风险辨识、风险分析、风险评估和风险减缓(殷杰等，2009)。

第 2 章　山地灾害形成条件与机理

山地灾害是地貌演化与人类活动到一定阶段的产物，其形成条件包括地球内部的内动力条件与地球外部的外动力条件两个部分，其形成是岩土与水相互作用的结果。山洪、泥石流、冰湖堰塞湖溃决和滑坡等灾害种类因物质组成和运动方式不同，其形成条件和机理也存在较大差异。不同的山地灾害具有不同的发育机理，以下分别进行阐述。

2.1　山洪形成条件与过程

2.1.1　山洪形成条件

山洪是一种地表过程现象，影响山洪形成的因素包括水源、地形地貌、地质、土壤与植被以及人类活动等。

2.1.1.1　水源条件

快速、强烈的水源供给是山洪形成的必要条件。山洪的水源包括降雨、冰雪融化等。暴雨是造成不同程度的山洪灾害的主要诱因。按照中国气象部门的规定，降雨量可按表 2-1 进行分级。

表 2-1　不同时段的降雨量等级划分表（GB/T28592—2012）

等级	时段降雨量/mm	
	12h 降雨量	24h 降雨量
微量降雨(零星小雨)	<0.1	<0.1
小雨	0.1~4.9	0.1~9.9
中雨	5.0~14.9	10.0~24.9
大雨	15.0~29.9	25.0~49.9
暴雨	30.0~69.9	50.0~99.9
大暴雨	70.0~139.9	100.0~249.9
特大暴雨	≥140.0	≥250.0

我国是多暴雨的国家，除西北个别区域外，几乎都有暴雨出现。我国不同的地区暴雨出现的时段不同。冬季暴雨局限在华南沿海，4~6 月，华南地区暴雨频频发生。6~7 月，长江中下游常有持续性暴雨出现，历时长、面积广、暴雨量大。7~8 月是北方各省的主要暴雨季节，暴雨强度很大。8~10 月雨带又逐渐南撤。夏秋之后，东海和南海台风暴雨十分

活跃，台风暴雨的点雨量往往很大。

暴雨引发的山洪在我国分布最广，积雪或冰川迅速融化而形成的山洪主要分布在我国青藏高原、天山、阿尔泰山等广大的冰川积雪区。随着夏季气温的增加，冰雪融水陡然增加，常导致广大的冰川积雪区带暴发山洪灾害。

2.1.1.2 地形地貌条件

地形是指地势的高低起伏，地貌是地球表面各种形态的总称。地貌可以分为高原、山地、平原、丘陵、台地、盆地等。地表形态是多种多样的，成因也不尽相同。内动力地质作用造成了地表的起伏，控制了海陆分布的轮廓以及山地、高原、盆地和平原的地域配置，决定了地貌的构造格架。而外动力（水流、风力、太阳辐射、生物过程等）地质作用则通过多种方式对地壳表层物质不断进行风化、剥蚀、搬运和堆积，从而形成了现代地球表面的各种形态。

由于地貌形成过程较为复杂，目前还没有统一的成因分类方案。根据内动力，地貌可划分为大地构造地貌、褶曲构造地貌、断层构造地貌、火山与熔岩流地貌等；根据外动力，则可划分为流水地貌、冰川地貌、冰缘地貌、海岸地貌、风化与坡地重力侵蚀地貌等。

中国地形复杂，其中山地占33％，高原占26％，丘陵占10％，因此由山地、高原以及丘陵组成的我国山地面积占全国陆地总面积的69％。在我国广大山区，每年均有不同程度的山洪灾害发生。

陡峻的山坡和沟道为山洪发生提供了充分的势能条件。降雨产生的径流在高差大、切割强烈、沟道陡峻的山区有足够的动力条件，水流顺坡快速侵蚀，向沟谷汇集，快速形成较大的洪峰流量。

地形的起伏，对降雨的影响也很大。湿热空气在运动中遇到山岭阻碍，气流沿山坡上升，降温逐渐凝结成雨滴而发生降雨。理论分析表明，暴雨主要出现在空气上升运动最强烈的地方。地形有抬升气流、加快气流上升速度的作用，因此山区的暴雨大于平原，也为山洪的形成提供了更加充分的水源。研究表明，随着海拔的升高，区域降水量也有增加的趋势。例如，海拔每升高100m，水泉沟（九寨沟县）、三滩沟（盐源县）和白鹤滩（宁南县）三地的1h降雨量递增率分别为3.0mm、2.1mm和2.1mm（谭万沛等，1994）。

2.1.1.3 地质条件

一般来说，山洪多发生在地质构造复杂、地表岩层破碎、滑坡崩塌发育地区。这些不良地质现象提供了丰富的固体物源，利于山洪沟的堵塞和径流的放大。此外，岩石的物理、化学风化及生物风化作用也易形成松散的碎屑物源，在暴雨的作用下参与山洪运动形成高含沙水流。雨滴对表层土壤的冲蚀及地表水流对坡面及沟道的侵蚀，大幅增加了山洪中的泥沙物质含量。

岩石的透水性影响流域的产流与汇流速度。透水性好的岩石（孔隙率大且裂隙发育）有利于雨水的渗透。在暴雨时，一部分雨水很快渗入地下，地表水流也易于转化成地下水，使地表径流减小，对山洪的洪峰流量具有削减作用，透水性差的岩石不利于水流的渗透，地表超渗产流多，速度快，有利于山洪的形成。

2.1.1.4　土壤与植被条件

山区土壤厚度对山洪的形成有着重要的影响作用。一般来说，厚度越大，越有利于雨水的渗入与蓄积，减小和减缓地表产流，对山洪的形成有一定的抑制作用，反之则对山洪有促进作用。

植被对山洪形成的影响主要体现在两个方面。其一，森林通过林冠截留降雨，枯枝落叶层吸收雨水从而减少地表径流量。根据已有研究成果，林冠层的截持降雨作用与郁闭度、树种、林型有密切关系，低雨量时波动大，高雨量时则达到定值，一般截持量可以达到 13～17mm。其二，森林植被增大了地表糙率，减缓地表流速，增加其下渗水量，从而延长了地表产流与汇流时间。植被变化作为山洪灾害的主要孕灾环境之一，影响着山洪灾害的致灾过程，流域植被的变化，影响地表的粗糙程度、容蓄水量和行洪路径，进而控制地表径流的速率、影响洪水演进的路径和速度(刘士余，2008)。

2.1.1.5　人类活动

随着社会经济的发展，人类的经济活动越来越多地向山区扩展。人类活动增强，对自然环境的影响越来越大，增加了形成山洪的松散固体物质，降低了流域的生态水文效益，从而有助于山洪灾害的形成。下面以四川省西昌市邛海流域为例说明人类活动对山洪灾害形成的影响。

依据钻孔资料分析邛海流域第四系沉积物的空间分布，并结合邛海流域全新统沉积物的总量，可知邛海流域年均侵蚀速率为 0.82mm/a。该流域侵蚀速率远大于地震不活跃地区，且与该区域在全新世的隆升速率大致相当。然而，从 1952 年至今，侵蚀速率增

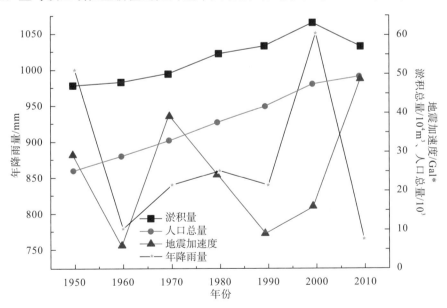

图 2-1　邛海流域 1950 年至今的人口和泥沙沉积变化

———————————
*　1Gal＝1cm/s^2。

大至 1.82mm/a。依据从 1952 年至今的四次邛海湖底地形地貌调查，邛海流域年平均侵蚀速率远大于区域隆升速率。研究表明，侵蚀速率的增大主要是由于人类活动的加剧，流域内人口的增加导致持续的土地过度开发利用与森林覆盖面积的下降。洪水和泥石流是该流域固体物质输移的介质，因此 1952 年以来侵蚀速率的明显增加表明山洪灾害发生的规模和频次也有所增加(Chen et al.，2015)(图 2-1)。

2.1.2 山洪形成过程

2.1.2.1 山洪的产汇流过程

1)流域产流

流域产流是指降雨转化为径流时的各种径流成分的生成过程(陈宁生，2006a)。超渗地表径流(Horton 径流)和饱和地表径流(Dunne 径流)是流域山洪的主要径流成分(Horton，1933；Dunne et al.，1975)。Horton 径流理论认为，对地表上的某一点，当降雨强度超过土壤下渗率时，超过的这部分降雨量即成为地表径流量，即 Horton 径流。Dunne 径流则主要发生在饱和区域或不透水的地表上，在暴雨事件中，Dunne 径流会引起河流水量的快速增加且促使饱和带沿河流两岸或山谷扩展(余钟波，2008)。

陆地水文模型(THM)可以较好地模拟流域的产流过程，该模型主要根据三个原则构建地表径流方案：①模型的物理基础；②接受中尺度气象模型和地理信息系统数据的能力；③能应用于较大流域。THM 中的产流模型既考虑了超渗径流，也考虑了饱和径流。在计算降雨径流与下渗过程时，考虑了降雨首先被植物叶片或树冠截留，截留量与植物的覆盖率、叶片的持水能力和叶面积指标成比例。对一个水文单元来说，地表径流量既包括 Horton 径流也包括 Dunne 径流。超渗地表径流的模拟既可以使用 SCS 曲线数方法，也可以使用 Green-Ampt 方法进行，SCS 曲线中的 CN 值是个经验参数，该参数综合了土壤层特性、地表覆盖和初始土壤含水量信息(AMC)。初始土壤含水条件有三种选择，即干旱、适中和湿润条件。Green-Ampt 方法是基于达西定律发展起来的，代表了土壤水分垂向下渗的物理过程，GA 方法假设下渗水分具有一个明显的下移湿润锋(图 2-2)。

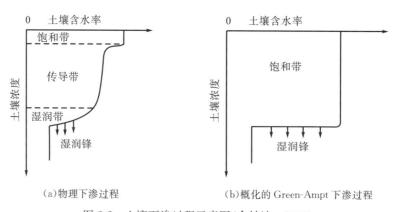

(a)物理下渗过程   (b)概化的 Green-Ampt 下渗过程

图 2-2　土壤下渗过程示意图(余钟波，2008)

2)流域汇流

降水形成的地表径流，从产生的地点向流域出口断面的汇集过程称为流域汇流。流域汇流又可分为坡面汇流和河网汇流两个过程。坡面汇流是指降雨产生的水流从产生的地点沿地表向河流的汇集过程，坡面的水流汇集多呈沟状或片状。河网汇流是指河道中的水流沿着河流向下游的运动过程。流域的汇流过程主要受降雨特性和下垫面因素的影响，降雨特性是指降雨强度的时空变异。降雨在时空分布上的不均匀，决定了流域上产流的不均匀和不同步，由此直接影响流域的汇流过程。若暴雨中心在上游，则出口断面的流量过程线会比较平坦，并且峰值出现时间较迟；反之，若暴雨中心在下游，则出口断面的流量过程线会比较尖瘦，并且洪峰出现时间较早。下垫面因素主要是指流域土壤、植被、坡度、水系形状和河网密度等(余钟波，2008)。

流域汇流是一个经历了沟道汇流到河道汇流的过程，前者没有切穿地下水位，后者则有地下水补给。所以一般地，随着河流演化，流域的汇流从沟道汇流转化为河道汇流(图 2-3)。由于河流的地貌演化经历了由沟道向河道发展的过程，所以地质历史上同一区域的径流变化也是从沟道到河道的过程。

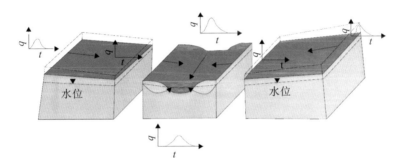

图 2-3　坡面汇流与河道汇流示意图(余钟波，2008)

2.1.2.2　降雨径流模型的发展

由于不同的应用目的，国内外出现了大量结构和功能不同的降雨径流模型。模型数量较多，其分类方法也互不相同。依据水文过程是经验性描述、概念性描述还是完全物理描述，可将水文模型分为黑箱模型、灰箱模型和白箱模型，如表 2-2 所示。

表 2-2　降雨径流模型分类(芮孝芳等，2004；徐宗学，2010)

水文模型类别	水文模型概念	代表性水文模型
黑箱模型	把流域黑箱，利用系统和的输入、输出时间序列，建立某种数学联系，然后可由新的输入推测输出	①经验水文模型如单位线模型；②统计模型如约束性线性系统模型；③人工智能模型如人工神经网络模型
灰箱模型	利用简单的物理概念和经验关系，如下渗曲线、蒸发公式、线性水库等，组成系统来近似描述水流在流域内的运动状态	①Stanford 模型；②Tank 模型；③新安江模型等
白箱模型 (分布式水文模型)	依据水流的连续方程和动量方程求解水流在流域的时间和空间变化规律	①SHE 模型；②SWAT 模型；③ Topmodel 模型；④Hec-Hms 模型等

目前，黑箱模型和灰箱模型实际运用较多。分布式水文模型结构复杂、计算烦琐，所需要的资料种类较多，并且对于数据的处理也有较高的要求，因此当前实际应用较少。然而，分布式水文模型理论清晰且对水文响应机制有客观全面的描述，是未来水文模型发展的主要方向。

2.1.2.3　缺资料地区水文预测

历经两年的讨论，国际水文科学协会（IAHS）早在 2002 年就正式启动了缺资料流域的水文预测（prediction of ungauged basin，PUB）计划，提出了 21 世纪初关于水文学研究的计划，主要解决无资料地区水文预测问题。

山洪多发的山区河流，往往缺乏降雨、径流数据（陈宁生等，2001）。事实上，流域的降雨径流过程，受流域内降雨特性和地形地貌特性所控制。理论上，其水文计算成为又一难点，Lee（2008）仅考虑雨点落入流域后，循序由漫地流区域流入河川，最终流至流域出口，流域的水文历线可完全表示为流域地水文特性的函数。因此理论上可用水动力学方程结合流域地形地貌特性进行流域水文模拟。

基于 Horton-Strahler 河川级序定律，将集水区划分为数个不同 Ω 级序的次集水区，集水区内水流的径流机制依不同河川级序划分为漫地流与渠流阶段。当雨滴降落于漫地流区域之后，将循序由低级序河川流往高级序河川，而后逐渐流至集水区出口。若以 x_{oi} 表示 i 级序的漫地流区域，而 x_i 表示 i 级序的渠流区域，其中 $i=1$，2，$\cdots$，Ω，则地貌瞬时单位历线 $u(t)$ 可表示为（Rodriguez-Iturbe et al.，1979）

$$u(t) = \sum_{w \in W} \left[* f_{x_i}(t) * f_{x_{o_i}}(t) * f_{x_j}(t) * \cdots * f_{x_\Omega}(t) \right]_w \cdot P(w) \qquad (2-1)$$

式（2-1）表示雨滴于不同阶段运行时间概率密度函数的褶合积分，乘上雨滴选取不同径流路径的概率。Lee 等（1997）根据河川级序定律划分河川网络级序，并将每个 i 级序的次集水区视为一个"V"形漫地流模型，在"V"形漫地流模型中，由降雨产生的径流在流经两侧漫地流平面后汇入中央渠道，且水流由低级序"V"形漫地流模型流至高级序漫地流模型。因此可利用运动波理论，求得地貌瞬时单位历线模式中，水流于各阶段径流运行时间的平均值如下（Lee et al.，1997）：

$$T_c = T_{oc_1} + \sum_{i=1}^{\Omega} T_{cc_i} = \left(\frac{n_o \bar{L}_{o_i}}{\bar{S}_{o_i}^{1/2} \bar{i}_e^{m-1}} \right)^{\frac{1}{m}} + \sum_{i=1}^{\Omega} \frac{B_i}{2 \bar{i}_e \bar{L}_{o_i}} \left[\left(h_{co_i}^m + \frac{2 i_e n_c \bar{L}_{o_i} \bar{L}_{c_i}}{\bar{S}_{c_i}^{1/2} B_i} \right)^{\frac{1}{m}} - h_{co_i} \right]$$

$$(2-2)$$

式中，T_c 为集水区集流时间；T_{oc_1} 为漫地流阶段平均径流运行时间；T_{cc_i} 为渠流阶段平均径流运行时间；B_i 为 i 级序河川平均宽度；$\bar{L}_{o_i}$ 为 i 级序集水区地表径流的平均长度；$\bar{L}_{c_i}$ 为 i 级序河川的平均长度；$\bar{S}_{o_i}$ 为 i 级序漫地流的平均坡度；$\bar{S}_{c_i}$ 为 i 级序河川的平均坡度。

研究中拟定河宽与上游集水面积呈指数关系，以推求各级序河川宽度变化情形，关系式如下（Lee et al.，2008）：

$$B_i = B_\Omega \left(\frac{\bar{A}_i}{A} \right)^{1/2} \qquad (2-3)$$

式中，$\bar{A}_i$ 为 i 级序河川平均面积；A 为集水区总面积；B_Ω 为 Ω 级序集水区出口处渠宽，为唯一所需收集河川宽度的资料。

因此，利用式(2-1)的瞬时单位历线 $u(t)$，配合运动波所推求径流运行时间式(2-2)，并假设径流运行时间分布为指数分布，即可建立运动波－地貌瞬时单位历线模型，以进行集水区降雨径流模拟。

此运动波－地貌瞬时单位历线模型中，各级序河川数目、河川长度与坡度、漫地流长度与坡度等地文因子，可由数值高程模式推求而得；集水区出口处河宽可由量测获得，而渠流糙度系数 n_c 和漫地流糙度系数 n_o 则可由现场勘查与卫星遥测照片的判释而获得。这一模型在我国山区河流得到较好应用，如曹叔尤成功地应用该模型计算了四川省荥经河流域的降雨径流过程(Cao et al.，2010)(图 2-4)。

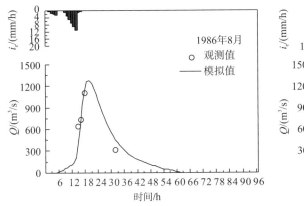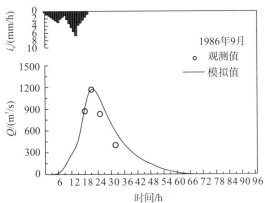

图 2-4 荥经河流域降雨径流模拟

2.2 泥石流形成条件与机理

2.2.1 泥石流形成条件及控制因素

泥石流形成的三大主要条件为物源、水源和沟床比降(Chen et al.，2011a)。①物源条件——丰富的松散固体物质是泥石流形成的基础。世界范围内许多泥石流沟都具有丰富的松散固体物质。如我国云南蒋家沟(吴积善等，1990)、意大利南部的 Campania 地区(Rolandi et al.，2000)、尼泊尔中部的 Kulekhani 流域、委内瑞拉中部的众多流域。②水源是泥石流产生的激发因素。在我国的云南东川(吴积善等，1990)、欧洲中部的阿尔卑斯山(Stoffel et al，2011；Saito，2010)、台湾岛中部的山区(王裕宜等，2014)、意大利北部的 Motharone 山等地区，均有强降水激发泥石流的案例。③沟床比降提供泥石流产生的能量条件，世界范围内泥石流启动的有利坡度一般为 15°~30°(中国科学院水利部成都山地灾害与环境研究所，2000)。

从分析泥石流产生所需物源、水源和沟床比降等关键条件出发，研究外界条件(地质、地形地貌、水文、气象、植被、土壤、人类活动)对泥石流形成的影响，有利于从形成机理上认识不同条件对泥石流形成的作用(图 2-5)。

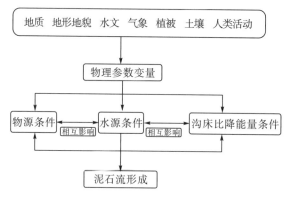

图 2-5　影响泥石流形成条件示意图

2.2.1.1　物源条件对泥石流形成的影响

物源是泥石流形成的物质基础，是泥石流形成区内为泥石流形成提供的松散土石物质的总称。为便于阐述，物源有时也用土体表示。通过对泥石流流体组成的计算可知，容重*大于 $1.8\mathrm{g/cm^3}$ 的泥石流中固体物质一般占重量的 77% 以上。物源的性质和数量影响泥石流的形成。物源的性质包括结构和组成两个部分，物源的数量即可参与泥石流形成土体的数量(陈宁生等，2003)。

1)物源性质对泥石流形成的影响

(1)土体结构对泥石流形成的影响主要有以下两方面。

①影响土体结构特征的内在因素。土体结构直接影响土体启动产流，目前很难用一个定量的参数来表示。影响泥石流形成的土体结构指标主要有土体饱水过程的收缩性和土体强度。土体饱水过程的收缩性(土体在含水量增加过程中，体积的收缩性能)可用湿陷率(干土体的体积减去湿土体的体积再除以干土体的体积)来表示，它与土体的孔隙、颗粒结构、微结构相关，是衡量土体结构与泥石流形成关系的指标之一。土体的强度主要取决于土体的结构性能，也是反映土体结构与泥石流形成关系的指标。一般地，饱和过程中收缩性能良好的土体，有利于土体的液化，易于形成泥石流；低强度土体容易被破坏，也利于泥石流的形成(贺拿等，2016)。

②影响土体结构的外界条件。影响土体结构的外界条件主要有物源类型、地震、岩性和风化作用。不同的物源类型有它自身的土体结构特征。如崩滑土体、冰碛物、沟床堆积物和残坡积物的结构不同，其饱和过程的收缩性能和土体强度也不同。若沟床堆积物大部分较松散，强度较低，但在饱和过程中收缩性能差，则不易产生高容重的泥石流。地震影响分为两种情况，一是地震早于泥石流发生时，地震使原有的物源更加疏松，土体孔隙率增加，造成饱和过程中土体的收缩率和孔压增加，促使土体液化形成泥石流；二是当地震与激发水源(暴雨、洪水等)同时发生时，地震使土体的孔隙水压力迅速增加，导致土体强度降低或土体液化，直接激发泥石流。不同的岩性风化后形成的土体结构不

---

*　容重也称为重度，这里指单位体积土体的重量。

同，如较软的碎屑岩和由碎屑岩变质而成的变质板岩、片岩和千枚岩等风化后可以形成宽级配的土体，在饱水过程中细颗粒尤其是黏粒会堵塞部分孔隙，造成孔压升高，从而有利于泥石流的产生。

（2）土体组成对泥石流形成的影响主要有以下两方面。

①土体组成对泥石流性质的影响。泥石流源区土体和泥石流流体中固体物质均主要由砾石颗粒、砂土颗粒和黏土颗粒三部分组成，土体组成决定了泥石流的性质。以黏土和砂土为主的土体易形成泥流；以砾石为主的土体易形成水石流或稀性泥石流；而三种成分均有的宽级配土体则易于形成黏性泥石流（陈宁生等，2001）。

②影响土体组成的因素。影响砾石颗粒含量的因素主要有岩性和松散堆积物类型。硬岩和软硬相间的基岩有利于砾石组分的增加，纯粹由软岩石组成的地区，砾石组分相对较少。例如云南东川蒋家沟的主沟多照沟、门前沟和支沟大凹子沟相比，主沟的源区为板岩和千枚岩，大凹子沟源区为板岩、千枚岩和变质的白云岩互层，因此大凹子沟泥石流固体物质中砾石尤其是漂砾的组分相对主沟更多。松散堆积物的类型对土体组成有显著的影响，如冰碛物含有大量的漂砾，由冰碛物启动产生的泥石流固体物质中砾石组分含量普遍较多，而一般的残坡积物含巨砾相对较少。

影响黏土颗粒含量的因素较多，主要有岩性、松散堆积物类型、风化作用和植被等。不同岩性地区的泥石流黏土颗粒含量差别较大。通常板岩、千枚岩、片岩和泥岩、页岩地区由于基岩本身含有大量的黏土物质组分，岩体风化形成的土体黏土颗粒含量较高；对于诸如玄武岩、石灰岩等岩性的地区，由于基岩本身不含有或极少含有黏土组分，此类岩性区域的泥石流黏土颗粒含量较少，以稀性泥石流为主。一般地，化学风化作用盛行的地区，土体的黏土含量普遍较高；而以物理风化为主的地区，黏土的含量普遍较低。以花岗岩地区为例，在湿润地区花岗岩风化壳较厚，黏粒含量高；而干燥地区花岗岩由于以物理风化为主，风化壳普遍较薄，黏土颗粒含量较低。如中尼公路 K4742 坡面泥石流位于干燥寒冷气候条件下的花岗岩区，其黏土颗粒含量为 1.728%（<60mm 的样品）；湿润地区如浙江乐清花岗岩地区，2004 年台风暴雨泥石流的黏土含量达 3.1%（<60mm 的样品）（陈宁生，2006b）。植被影响黏土颗粒含量，尤其对于很少产生黏土的地区，其影响更为显著。由于这些地区基岩本身不含有黏土颗粒，黏土的唯一来源取决于化学风化形成的表土层。如果植被良好，表土层的侵蚀受到限制，难以形成物源，因此物源中的黏土颗粒含量就低，反之则会升高。

黏土颗粒（<0.005mm）含量影响泥石流的性质。研究表明（Chen et al.，2010），黏土颗粒含量在 5% 以下时，泥石流容重随黏土颗粒含量的增加而增大；黏土颗粒含量在 5.0%~10.5% 时，泥石流容重在 2.15g/cm³ 左右波动；黏土颗粒含量超过 10.5% 后，泥石流容重开始随黏土颗粒含量增加而降低。另外，当黏土颗粒含量很低（2.5% 以下）时，泥石流容重很小，一般不超过 1.8g/cm³，以稀性泥石流为主。

统计显示，颗粒组成对泥石流性质有较大的影响。黏土和砂土以及砾石混合后需要有良好的级配才有利于泥石流形成。对于含一定黏土的宽级配砾石土体，其砾石组分往往在 50% 以上，同时黏土颗粒组分一般在 2%~10%，此类土体有利于黏性泥石流的形成（陈宁生等，2008）。

2)物源数量对泥石流形成的影响

一般而言，物源数量越多，越有利于泥石流的形成。我国山区泥石流多发生在物源较多的流域。在西部山区，尤其在青藏高原发育有众多的降雨型和冰川型泥石流，其根源就是这些高海拔山区的沟谷中堆积有众多的冰碛物。如位于西藏波密县川藏公路K4035处的古乡沟就拥有上亿立方米的冰碛物物源(朱平一等，1999)。

(1)物源数量对泥石流类型和频率的影响。物源数量的多少与泥石流的类型相关。一般来说，物源数量较多，有利于形成黏性泥石流；物源数量较少，泥石流则多为稀性或水石流(陈宁生等，2003a)。

物源数量较多的流域，泥石流的规模和频率相对较高。世界上泥石流暴发规模和频率较高的流域，松散固体物质均十分丰富，如我国西藏古乡沟流域面积 25.2km²，全流域单位面积物源量均达到 22.2m³/m²。

(2)影响物源数量的因素。物源数量受众多因素的影响，包括构造运动、地震、岩性与风化作用、气候影响、植被与人类活动。

①构造运动。在构造活动强烈的地区，岩体的节理发育，"X"形剪节理和不同产状的裂隙常常将岩体切割成大小不同的块体，这些块体风化后成为松散堆积物，并逐步转化为泥石流的物源。在我国的藏东南地区，由于印度板块长期向北运动并受到欧亚板块的抵抗，岩体在强烈挤压作用下遭到破坏，局部区域岩层十分破碎。这些破碎岩体易风化，常处于不稳定状态，为泥石流形成提供了丰富的固体物质。例如，攀西断裂带、小江断裂带、波密—易贡断裂带、白龙江断裂带等区域由于松散固体物质众多，成为国际著名的泥石流活动带。此外，怒江断裂带(巴青—丁青、邦达—左贡)、澜沧江断裂带(昌都—察雅)、金沙江断裂带(巴塘—奔子栏)等区域也因物源丰富而发育了大量泥石流。

②地震活动。地震是现代地壳活动最明显的反映。地震影响泥石流活动有两种形式，一种是与暴雨或其他径流同时作用直接激发泥石流的产生，另一种是导致土体稳定休止角降低，松散固体物质增多，间接促进泥石流的产生。实际调查表明，后者是地震影响泥石流物源的主要方式(陈宁生等，2004a)。

岩层或堆积物在烈度较大的地震作用下，变得破碎、疏松，强度降低，成为不稳定的土体，有利于泥石流发育。如 1897 年印度阿萨姆 8.7 级大地震导致了 1902 年 7~8 月我国西藏易贡藏布扎木弄巴泥石流暴发；1950 年西藏察隅地震引起了 1953 年波密古乡沟特大规模泥石流；1984 年巴塘地震导致该区域公路沿线多处泥石流暴发。

根据不同震级对滑坡影响的分析(图 2-6、表 2-3)，当地震加速度达到 17Gal 时，就会导致滑坡的产生，并且滑坡密集分布在震源周围，从震源向外呈现出一定的衰减规律。如图 2-6 所示，Delgado 等(2011)研究表明 4.3 级地震可以导致滑坡发生，4.5 级地震影响距离为 16km，而 8 级地震影响距离可达 391km，2008 年 5 月 12 日汶川 Ms 8.0 级地震触发了 197481 处单体滑坡，这些滑坡分布在面积大约为 110000km² 的区域内，最远距离约 385km，同时地震产生了 50 亿~150 亿 m³ 的松散固体物质(Parker et al.，2011)。龙门山带共产生松散物源 3 亿 m³，平均单位面积物源量达 0.1078(m³/m²)，这些松散固体物质导致 2008~2012 年地震灾区泥石流灾害频繁发生。根据其他学者对察隅地震、日本关东地震后滑坡泥石流活动规律的研究，地震影响泥石流滑坡的周期可以达到40～50年(Koi et al.，2008；朱平一等，1999)；同时，根据安宁河谷邛海流域地震对滑坡影响的研究发现，其影响时间可达到60年以上(Wei et al.，2014)。汶川地震以后，龙门山地震带滑坡泥石流等地质灾害也进入新的活跃期，灾害具有大范围、长跨度特征。

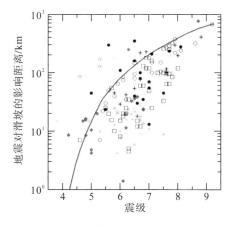

图 2-6　震级与影响范围(Delgado et al.，2011)

表 2-3　震级与影响距离和加速度的关系

震级(Ms)	影响距离/km	加速度/Gal
4.5	16	25.57
5	28	22.32
5.5	49	18.39
6	78	16.74
6.5	129	13.90
7	207	11.82
7.5	290	12.69
8	393	14.44
8.5	525	16.86
9	648	22.86

③岩性与风化作用。岩性也影响着物源的数量，软岩(如变质岩、千枚岩、片岩等)容易风化，利于物源数量增加。一般地，化学风化盛行的地方，风化壳较厚，物源的数量就多。

④气候影响。干旱的气候特征，使泥石流源区地下水位下降，表层土体中的含水量降低。一方面，土体中含水量降低，影响植被生长情况乃至覆盖率，进而影响土体暴露于地表的面积，从而导致土体中矿物质的物理风化作用加剧，改变黏土矿物的种类及含量。另一方面，土体含水量的降低会直接影响土颗粒之间弱结合水的含量，使土颗粒之间"水桥"产生的吸力大大减小，进而使得土体黏结力减小和土体容重降低。此外，干旱失水条件下，在细颗粒含量多的部位，土体会发生剧烈收缩并产生裂缝，导致土体表

观结构发生变化,这些变化使得在降水作用下土体渗流增加,更易产生蓄满产流,使土体失稳形成泥石流。

⑤植被与人类活动。植被覆盖能保护表土层,减少参与泥石流的表土层数量;反之,植被减少,表土层松散物质物参与泥石流的数量就大。人类活动,诸如坡地耕作、矿山开采、弃土的不合理堆放等均可能增加泥石流的物源。

2.2.1.2 水源条件对泥石流形成的影响

通过对我国的灾害性泥石流的调查,泥石流的水源主要为暴雨、冰川融水、溃决洪水(陈宁生等,2004b,2006)。

著名的古乡沟泥石流水源为冰川融水和降雨。在气温升高的夏季,冰雪融水使沿途的松散堆积物含水量增加甚至饱和,在特殊的高温下,融水量增加,加上降雨的作用,形成大规模的径流,冲刷沿途的松散固体物质,最终形成泥石流。冰湖溃决泥石流则是由突然增加的溃决洪水冲刷沿途的物源而形成。冰湖溃决泥石流在高海拔的山区,尤其在西藏境内分布较多,如西藏波密的米堆沟冰湖溃决泥石流。

冰川泥石流在温度升高或降雨增大的情况下都有可能被激发(吕儒仁等,1989)。日降雨量<5mm时,主要为温度激发的冰雪消融型泥石流;日降雨量为5~10mm时,主要为冰川降雨型泥石流;日降雨量>10mm时,为降雨型泥石流。

对西藏林芝市2005~2007年泥石流暴发时的气象资料进行统计,降雨量满足下述条件之一时,就有可能暴发泥石流:①10min降雨量0.2~2.0mm;②1h降雨量0.6~6.3mm;③24h降雨量3.0~19.4mm。对于冰川泥石流,气温日较差为4.3~10.7℃也可能引发泥石流(陈宁生等,2011)。

泥石流最主要水源为降雨,降雨通过前期降雨和激发降雨来影响泥石流的形成。前期降雨可以定义为激发泥石流的降雨时段以前的降雨。前期降雨的作用在于使松散土体含水量增加甚至饱和,从而大大降低土体强度。激发降雨为促使泥石流产生的降雨,其作用是使土体的孔隙水压力迅速增加,导致土体液化而强度快速降低;同时在超渗产流的作用下,侵蚀土体的黏土颗粒,使局部土体的黏滞力迅速下降。

表 2-4 自然界各种土的渗透系数参考值

土类	渗透系数 k/(m/s)	1h渗透量/mm
黏土	$<5×10^{-9}$	<0.018
粉质黏土	$5×10^{-9}~5×10^{-8}$	$0.018~0.036$
粉土	$5×10^{-8}~5×10^{-6}$	$0.18~3.6$
粉砂	$10^{-6}~10^{-5}$	$3.6~36$
细砂	$10^{-5}~5×10^{-5}$	$36~180$
中砂	$5×10^{-5}~2×10^{-4}$	$180~720$
粗砂	$2×10^{-4}~5×10^{-4}$	$720~1800$
砾石	$5×10^{-4}~5×10^{-3}$	$1800~3600$

　　超渗产流大小主要通过土体渗透性和降雨强度来确定。土体的渗透性主要由下列因素决定：土体中水的含量与黏粒的黏滞性、水流的紊动特征、土体的孔隙、土粒的形状与排列、饱和度、细粒土的吸附层厚度等。其中最主要的因素是孔隙大小以及渗径的长度。土体的渗透系数是反映土体渗透性的重要参数，它是反映土的透水性能的比例系数，是水力梯度为 1 时的渗透速度，其量纲与渗透速度相同。其物理含义是单位面积单位水力梯度单位时间内透过的水量。土体的渗透系数是一个重要的物理性质指标，是进行渗流计算时必须用到的基本参数。不同类型的土，其渗透系数 k 值相差较大。表 2-4 列出了一些典型土体的渗透系数经验值。

　　泥石流的前期雨量和激发雨量均十分重要，根据《四川省山洪灾害防治规划》中拥有降雨资料的 100 多条泥石流沟显示，泥石流的暴发均有不同程度的前期降雨。当前期降雨较为充足时，土体达到一定的饱和度，泥石流产流区地表将产生一定的超渗产流和超蓄产流，超渗产流和超蓄产流的产生与泥石流启动有关。如 2003 年 7 月 11 日暴发的四川丹巴水卡子沟特大灾害性泥石流，其基岩为变质花岗片麻岩、闪长片麻岩和少量的变质大理岩，由于基岩表面风化形成的 30~60cm 的残坡积物在 70 多天的断续降雨过程中达到饱和，在 7 月 11 日晚突降暴雨的作用下，沿途坡面产生超渗产流和超蓄产流，土体基本同时启动产生坡面泥石流，汇流后演化为高容重的黏性泥石流。经过对土体的颗粒分析可知，土体为宽级配，砂粒含量达 48.1%，黏粒含量为 4.5%(Chen et al.，2005；陈宁生等，2004a)。

　　泥石流产生需要一些规模的激发雨量。《四川省山洪灾害防治规划》的资料显示，四川省山区有 10min 临界雨量记录的泥石流沟有 25 条，雨量变化为 3.5~18.7mm；30min 临界雨量记录的泥石流沟 24 条，雨量变化为 9.3~35.8mm；1h 临界雨量记录的泥石流沟 124 条，雨量变化为 0.1~64.7mm，其中雨量≥9mm 的有 76 条，占总数的 61.3%；3h 临界雨量记录的泥石流沟 121 条，雨量变化为 0.3mm~80.9mm，其中雨量≥9mm 的有 92 条，占总数的 76%；6h 临界雨量记录的泥石流沟 79 条，雨量变化为 0.3~93.2mm，其中雨量≥9mm 的有 67 条，占总数的 84.8%；24h 临界雨量记录的泥石流沟 141 条，雨量变化为 0.4~149.4mm，其中雨量≥9mm 的有 128 条，占总数的 90.8%(因各沟各时段雨量统计数值不全，故此数据仅作为参考)。从上述统计数值可以看出，不同流域泥石流启动的临界雨量差别较大。一般地，临界雨量越小的区域，泥石流就越容易发生。

2.2.1.3　沟坡比降和高差对泥石流形成的影响

　　泥石流的产生还受沟坡比降的影响，且不同的流域坡度和沟道比降对泥石流的形成具有不同作用。一般来说，坡度大的坡面利于泥石流形成。一个流域内，泥石流首先在坡度相对较大的坡面产生，然后汇入沟道，泥石流能否继续发展，沟床比降起着能量控制作用。沟床比降通常较坡面比降小，较大比降有利于泥石流的形成和发展。沟坡比降主要通过影响泥石流沟的水土势能而影响泥石流的形成，坡度或坡降大有利于泥石流的形成，反之则不利于泥石流的形成(图 2-7、表 2-5)。

(a) 沟床比降<50‰　　　　(b) 沟床比降100‰~300‰　　　(c) 沟床比降>500‰

图 2-7　沟床比降示意图

表 2-5　坡地与平地分级值(康志成等，2004)

坡地级别	平地	坡地			
		缓坡	斜坡	陡坡	崖坡
坡度临界值	<2°	2°~15°	15°~25°	25°~55°	≥55°

　　流域两岸的岸坡坡度大致可划分为四个等级，即<10°、10°~25°、25°~45°、>45°。以四川省 3268 条泥石流为例(《四川省山洪灾害防治规划》)，泥石流易发区的地形坡度主要集中在 10°~45°，其中以 10°~25°(高、中、低易发区)所占比例最大。

　　沟床的坡度通常比岸坡坡度小，依据其大小可划分为<10°、10°~20°、20°~30°、>30°四个等级。利于泥石流启动的沟床坡度在 10°~20°，大于 30°的一般为坡面泥石流，规模和流域面积都较小。据不完全统计，大部分泥石流启动(发生)的坡度大于 14°(周必凡等，1991)，相当于 249.3‰的沟床纵坡。

　　影响流域的坡降比的因子主要有流域的地貌类型、流域高差、流域面积等。一般地，流域高差越大，沟床的比降和坡面的坡度就越大，对泥石流的形成就越有利(陈宁生等，2015)。

　　流域的地貌类型影响着坡度的变化，地貌类型包括平原、丘陵、山地(低山、中山、高山、极高山)、台地(剥蚀台地、湖(海)积台地、洪积台地)、高原、河谷及古冰川遗迹等。一般地，河谷地区和山地地区的山坡和沟床的比降较大，较易形成泥石流。根据《四川省山洪灾害防治规划》统计的 3268 条泥石流沟可知，泥石流灾害易发区(高、中、低易发区)集中分布于大起伏山地，其面积百分比达 46.42%，其次为中起伏山地、丘陵、小起伏山地和极大起伏山地等。

　　流域的高差决定势能的大小，高差越大，比降越大，形成泥石流的动力条件越优越。因此泥石流主要发生在高山、中山及起伏较大的高原周边山区。我国从西到东可划分为三大地貌阶梯：青藏高原平均海拔 4000m 以上，为最高阶梯；中间阶梯以山地为主，海拔 1000~2000m；最东部为平原和低山丘陵。地貌阶梯之间的交接带为岭谷相对高差悬殊、切割强烈的山地。第一阶梯和第二阶梯交接带上的横断山系、乌蒙山脉、大小凉山、龙门山脉、岷山山脉、西秦岭、祁连山脉等平均相对高差 2000~3000m，最大达 5000m，对泥石流形成最为有利，泥石流分布最集中。第二阶梯和第三阶梯之间的燕山、太行山、大巴山、巫山、武陵山、雪峰山等山脉，平均相对高差 1000~1500m，泥石流沟的数量相对较少，活跃程度相对较弱。

　　泥石流沟的流域面积与比降密切相关，并影响泥石流的产生，大部分泥石流沟的流域面积都在 50km² 以下，尤其以 10km² 以下的流域更多。这是因为面积大的流域平均比降都相对较小，泥石流不容易产生。

构造运动、岩性和风化作用也影响着沟坡比降。构造运动强烈的地区地壳抬升，流域比降大，有利于泥石流产生。青藏高原、攀西地区、小江流域、横断山区、陇南地区等泥石流易发区均有新构造运动的行迹。其中青藏高原的新构造运动最为强烈，近 300 万年以来，该区地壳垂直上升的速率为 3mm/a，末次冰期以来达 6.2mm/a，基岩被河流下切速率在 1.1mm/a 以上。强烈的新构造运动造成山体快速隆升，河流下切，泥石流活动强烈。据统计，仅在中尼公路沿线就有 800 多条泥石流沟（陈宁生等，2002），川藏公路西藏段就有 1000 多条泥石流沟。

岩性影响泥石流流域的比降。一般硬岩性地区比降较大，有利于泥石流的形成运动。以物理风化作用为主的地区比降较大，利于泥石流的形成运动；而以化学风化为主的地区比降通常较小，不利于泥石流的形成运动。

2.2.1.4 　泥石流产生过程中物源、水源和沟坡比降的相互影响

泥石流的物源、水源和沟坡比降之间能够相互影响。对于数量较多、结构组分有利于泥石流产生的土体，其产流所需的前期雨量、激发雨量或径流量就少，即临界雨量相对较小。对于比降较大的区域，泥石流所需的临界雨量较小，反之比降较小的区域泥石流所需的临界雨量较大。同样地，比降较大的地区，土体能量条件较好，泥石流容易产生。总之，三者的关系此消彼长，可以用三角示意图来表示（图 2-8）。图中的有效物源指结构松散、强度低、孔隙大、级配较宽且容易遭侵蚀破坏而启动的土体。

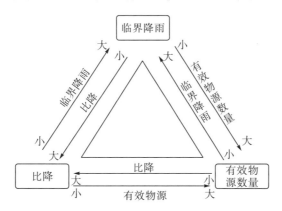

图 2-8 　泥石流产生过程中物源、水源和沟坡比降关系示意图

图 2-8 反映了泥石流产生过程中比降、物源和水源的组合关系。如果物源和水源分布于比降较小的流域下游区域，产生一定数量的泥石流所需的物源数量较多，所需的水源数量也较多。当流域的比降小于一定数值时，泥石流不易产生。当一个流域的比降较大，产生一定规模泥石流所需要的物源和水源条件就相对容易满足，许多结构差、强度大的松散固体物质会转化为有效的泥石流物源，泥石流就相对容易发生。对于有效物源较少的流域，产生泥石流所需要的比降就大，所需要的临界雨量也就大，泥石流也就相对不易暴发。我国西南山区的干旱河谷区，通常比降都比较大，而且降雨在夏季十分集中，雨量也大，只要拥有一定的有效物源泥石流就容易发生（陈宁生等，2009）。

2.2.2 泥石流形成过程与机理

2.2.2.1 内外动力条件产生松散物质

Iverson 等（2000）以砂土为实验对象提出了土体破坏的剪缩和剪涨 2 种不同的力学机制：密实土体的破坏过程是剪涨的过程，而疏松土体的破坏过程则是剪缩的过程。研究表明，密度小于 1.6g/cm³ 的松散土体剪切的过程中土体"剪缩"导致能量集中并且孔压增加，有利于泥石流的形成，而相反的"剪涨"不利于泥石流的形成，所以松散物质的规模数量成为泥石流发生的关键。引发松散物质产生的因素主要有地震、干旱和人类工程活动等。

（1）地震。地震往往会在极短的时间内既改变沟谷流域的地形地貌，又为泥石流形成提供丰富的松散固体物质，还可为泥石流提供间接水源。这些改变使泥石流的形成条件发生剧烈变化，往往构成有利于泥石流形成的条件组合。松散固体物质的大量增加是地震活动与泥石流链生关系最重要的纽带，而疏松土体的"剪缩"机制是震后土体破坏形成泥石流的机理。

（2）干旱。干旱对土源的性质影响大，从而影响泥石流的发育，干旱会引起土体表面开裂，形成松散的土体结构。在后期强降雨作用下，这种结构松散、不均匀的土体很容易发生细颗粒运移，从而引起土体不均匀湿陷等宏观结构破坏和调整。一方面，由于土体很快趋近于饱和，基质吸力降低为零，土体的抗剪强度骤然降低；另一方面，雨水的渗入会引起土体中渗透力分量、孔隙水压力和土体重力的增加，导致土体剪切强度骤然增大。当剪切强度大于抗剪强度时，土体极易瞬间发生液化并流动，最终形成泥石流。

（3）人类工程活动。人类工程活动包括道路开挖、坡地开垦等。典型的案例如都江堰蒲虹公路 2009 年大量弃土形成小流域滑坡泥石流；崇州的双河煤矿沟沟内因有煤矿弃渣增加了泥石流暴发的可能，2009 年暴发过泥石流。坡地的开垦对泥石流灾害的影响在半湿润-半干旱区极为严重，这些地区坡面开挖以后生态恢复较为困难，这种松裸土体极易受侵蚀而启动滑坡泥石流。以安宁河地震带邛海流域为参考，人类活动导致侵蚀速率由原来的 0.82mm/a 增加到 1.82mm/a（Chen et al.，2015；Wei et al.，2014）。龙门山区人类工程活动叠加地震扰动影响泥石流的形成与发生。

2.2.2.2 地震与干旱对泥石流的影响

增加的松裸土源是联系地震活动与干旱事件和泥石流之间的纽带。泥石流灾害的控制因素主要有松散固体物质数量和性质、地形坡度和高差、降雨作用、植被覆盖特征和人类活动等（Hunger，2005；Liu et al.，2009）。地震和干旱对地形地貌、区域降雨的影响都很小，其影响作用主要表现在地震与干旱作用使得流域的松散固体物质增加，组成结构发生改变，流域的植被覆盖率降低，导致泥石流规模增大（Scharer，2007）。如汶川地震触发的崩塌、滑坡、碎屑流等总数达 56000 处，共产生了多达 50 亿~150 亿 m³ 的松散固体物质（Parker et al.，2011），地震极重灾区 2.08 万 km² 的生态系统面积下降 5.68%（欧阳志云，2008）。干旱使得流域植被覆盖率降低，土体强度降低，可供泥石流形成的松散固体物质增加，这些物质均为宽级配的松散堆积物和扰动土体（Barzegar et al.，1995）。如云南小江"干旱河谷"区，绝大部分区域因为干旱植被覆盖率低于 30%，干旱年水蚀往往表现得特别强烈（Ruiz et al.，2009）。虽然定量的评估较少，但一定季节的干旱使得植被枯萎、土体开裂、物理风化加强、松裸土体增加已经是普遍的认识。中国 40 个大流域侵蚀数据的统计表明，植被覆盖率减少 1%，则机械剥蚀率大约增加 1%（李晶莹等，2003）。主要原因为干旱及干湿交替气候条件使得土体大量开裂（Barzegar et al.，1995；Lado et al.，2004），物理风化加强。所以地震与干旱事件对灾害性泥石流的影响可概括为地震干旱使得松裸土体增加。

2.2.2.3 松裸黏性土体失稳启动泥石流的力学机理

松裸黏性土体失稳启动泥石流的力学机理可归结为综合强度的衰减、动态阻力的降低和流量的波动演化（Chen et al.，2017）。作者通过在我国典型的泥石流分布区云南东川蒋家沟（半干旱区）和四川都江堰深溪沟（湿润区）进行泥石流启动原型实验，分析了松裸黏性土体失稳启动泥石流的力学机理。实验区的土体密度变化范围为 $1.42\sim1.75\text{g/cm}^3$，降雨强度变化为 $51.2\sim75.2\text{mm/h}$，蒋家沟实验土体的黏粒含量为 7.86%，深溪沟实验土体的黏土含量为 2.5%。

从上述两组泥石流启动实验发现，土体破坏启动形成泥石流具有类似的过程和规律。孔隙水压力和含水量的增加均具有类似的突变和波动过程。实验显示坡面黏性砾石土体坍滑和启动泥石流是一个连续的过程，其机理包括土体综合强度的衰减、动态土体阻力降低和泥石流流量的波状演化。

1）土体综合强度的衰减

坡面黏性土体的坍滑表明土体的强度已降到低于增加的土体下滑力。

（1）土体综合强度降低值的评估。依据现场实验，坍滑土体的稳定性系数 $K \leqslant 1$，而根据极限平衡采用条分法进行的土体稳定性分析，引起土体坍滑的动力有土体表面超渗产流产生的拖曳力 F_1 和雨水入渗过程产生的渗流压力 F_2，以及由土体重力产生的下滑力 F_3；其阻力则包括土体的黏滞力 C 和摩擦阻力 f（表 2-6）。当土体处于极限平衡状态时，有

$$F_1 + F_2 + F_3 = C + (\sigma - \rho)t \tag{2-4}$$

表 2-6 土体综合强度与受力计算表

力 \ 指标	估算依据	理论估算取值	估算结果/(kN/m^2)
拖曳力 F_1	$F_1 = \gamma_w \times l \times J$	$\gamma_w = 1 \times 10^3 \text{kg/m}^3$，$l = 0.004\text{m}$，$J = \tan 35°$	0.03
渗流压力 F_2	$F_2 = \gamma_w \times \bar{h} \times J$	$\gamma_w = 1 \times 10^3 \text{kg/m}^3$，$\bar{h} = 0.004\text{m}$，$J = \tan 35°$	0.03
下滑力 F_3	$F_3 = W \times \sin\theta$	$W = 0.92\text{kN/m}^2$，$\theta = 35°$	0.53
黏滞力 C	—	$C = 0.83\text{kN/m}^2$	0.53
摩擦阻力 f	$f = (\sigma - p) \times \tan\varphi$	$\Phi = 15.55°$	0.06

(2)土体强度衰减原理。综上分析可知，实验土体坍滑是土体动力与阻力变化的结果，动力方面由于土体饱和，松裸土体重力增加产生的下滑力可以增加51％。超渗产流拖曳力和渗流压力均减小，仅占整个下滑力的10％。实验显示，土体的孔压支撑了土体95％的应力，所以土体的摩擦阻力部分已经降到很低，按摩擦角15.55°计算，仅为土体下滑力的10％，其核心是土体黏滞力的改变。计算显示，只有土体的黏滞阻力下降到0.53kPa时，土体才处于极限平衡状态(Chen et al.，2016)。

土体饱和过程中重力的增加，超渗产流和蓄满产流的拖曳力与渗流压力的作用在土力学的相关理论研究中已有论述。土体坍滑过程中土体的孔隙水压力的增加也是一种普遍现象，例如香港滑坡、日本滑坡，均有大量孔隙水压力的计算。泥石流启动过程中孔隙水压力的支撑作用得到普遍的认可(Iverson，1997；Sassa，2005)。

蒙脱石和伊利石具有较好的膨胀性，蒙脱石的体积膨胀可达10～30倍，伊利石可以膨胀至其矿物体积的142％，而高岭石的膨胀率约为7％。本研究实验土体的孔隙率为46％，湿陷率为11％。黏土矿物遇水膨胀可以减少土体的孔隙，实验显示，土体的含水量由初期的2.43％增加到28％，土体的饱和度增加到80％，即还有20％的孔隙未被水充满，然而部分水分子与黏土矿物的组合，当土体的含水量增加至28％时，黏土矿物吸水膨胀可以使其体积由原来的6.3％增加至14.6％。黏土膨胀的体积占孔隙的23％。由于孔隙的分布是一系列网状结构，当某一通道部分被堵塞后，孔隙水压力不会完全消散(Chen et al.，2013a)。

黏土矿物吸水膨胀对孔隙的部分堵塞作用在岩土体中极为普遍。对于实验土体，这种架状＋网格结构土体的孔隙在纵剖面上变化较大。

由于伊利石、绿泥石与高岭石均具有良好的运移性，在运移到孔隙的喉道处时，极易堵塞孔隙使得土体的渗透性降低。在土体含水量增加并且湿陷收缩过程中，孔压增大，使得摩擦阻力极大降低。

黏土矿物的分散与结构的排列变化，使得黏滞力可以降低至0.83kPa甚至更低。此外，由于黏土矿物在孔隙中的运移，在狭窄的通道发生堵塞使得部分通道失去黏滞阻力，所以当土体破坏时，平均状态下的黏滞阻力降低至0.53kPa以下，促进土体的破坏。

2)动态阻力的降低与泥石流流量的波动变化

泥石流运动规律研究显示，动态土体的黏滞阻力较静态土体的低。试验显示，运动的黏性土体的含水量为28％时，其黏滞力 C 值为0.09kPa。即土体的黏滞力下降了63％，相对而言土体力增加，动力的突然增加使得泥石流的侵蚀能力增强。依据普遍应用的泥石流运动的黏塑性与碰撞混合模型：

$$\tau = \tau_y + \mu_d \frac{du}{dy} + (\mu_c + \mu_t)\left(\frac{du}{dy}\right)^2 \tag{2-5}$$

式中，τ 为剪切应力；τ_y 为泥石流的屈服应力；μ_t 为湍流参数；μ_d 为动黏滞度；μ_c 为离散参数；$\dfrac{du}{dy}$ 为流速梯度。

即阻力降低，相对动力 τ 增加，导致流速流量等增加，由于坡降与糙率变化不大，泥石流加速后会通过增加泥深达到平衡。

下切促使泥深与流量增加。泥石流运动阻力可用式(2-6)计算：

$$s_f = n(\sigma_{\text{hed}} - p_{\text{hed}})\tan\varphi_{\text{hed}} + (1-n)\left(\tau_y + \eta\frac{\mathrm{d}u}{\mathrm{d}y}\right) \tag{2-6}$$

式中，n 为固体物质体积浓度，$n=\dfrac{C_{\text{固}}}{C_{\text{流}}}$；$\sigma_{\text{hed}}$ 为泥石流的基底应力，$\sigma_{\text{hed}}=\gamma h$；$p_{\text{hed}}$ 为泥石流基底的水压力，$p_{\text{hed}}=\gamma wh$；φ_{hed} 为泥石流基底摩擦角；τ_y 为泥石流的屈服应力；η 为宾汉流体刚度系数；$\dfrac{\mathrm{d}u}{\mathrm{d}y}$ 为流速梯度。

泥石流的侵蚀系数、体积、浓度等增加，阻力也相应增加，当阻力达到某一值时，泥石流停止，而后续的泥石流启动导致黏滞阻力系数降低，并循环以上过程，最终形成波状的流量递增过程。

2.2.2.4　泥石流放大效应

1)粗大颗粒对溃决流量增大的影响

粗大颗粒堵塞坝在黏性泥石流的强大冲击力作用下容易发生全部溃决，随后泥石流流量会急剧增大(Hu et al.，2016)。比如 2003 年 7 月 11 日 22 点丹巴县邛山沟特大型灾害性泥石流，该泥石流流量增大原因是泥石流启动了巨大漂砾堵塞坝，该处堰塞坝潜在的巨大势能转化为泥石流动能，使得泥石流在溃坝后流量急剧增大(陈宁生等，2004)。

针对黏性泥石流冲击作用下溃决流量增大的现象，目前已有一些研究。对于滑坡堵塞坝和崩塌堵塞坝，学者们普遍认为大比降和堵塞坝含有较多粗大颗粒是泥石流冲击作用下溃决流量增大的主控因素(Cui et al.，2013；Zhou et al.，2013)。在认识黏性泥石流作用下堰塞坝溃决机理的基础上，泥石流溃决流量计算方法与洪水溃决流量计算方法存在非常明显的不同点：由于黏性泥石流冲击力巨大，常常使较小的堰塞坝呈全断面溃决(崔鹏等，2009；王兆印等，2010)。所以合理推测堰塞坝内粗大颗粒的阻力大小是泥石流冲击作用下溃决流量计算的关键参数，而一般洪水导致的堰塞坝溃决大部分是由于水流强烈的溯源"陡坎"冲刷和下蚀作用形成。洪水作用下溃决流量计算关键参数包括可能溃口宽度和溃决前库水位(黄金池，2008；朱勇辉等，2011；安晨歌等，2012)。由于黏性泥石流容重一直在变化，无自由表面且为有压流，所以对泥石流冲击作用下瞬时全部溃决的溃决流量计算方法，不能简单采用洪水的溃决流量乘以容重系数或其他相关系数(陈晓清等，2004)。

2)粗大颗粒堵溃模型

要计算黏性泥石流冲击作用下的堰塞坝溃决流量，应知道粗大石块堵塞泥石流的启动临界泥深 H 和溃口平均宽度 B 及溃决流速 V。溃决流速可近似取此段泥石流平均流速，可由黏性泥石流流速公式求出。溃决断面近似于矩形断面，溃口平均宽度 B 可由野外调查确定。如果泥石流发生年代久远，启动临界泥深 H 无法通过野外调查确定。可以采用下列方法计算启动临界泥深及启动泥石流的溃决流量。

(1)粗大石块堵塞泥石流的启动临界泥深确定。巨大的漂砾由于自身重量大，一般洪水很难启动。泥石流通常可以使漂砾运动，但当泥石流的泥深减小时，粗大颗粒则停积下来，这表明粗大颗粒的运动存在一个临界泥深。从机理上讲，大的泥深可以增加粗大颗粒的浮力，减少漂砾的摩擦阻力，最终使得漂砾启动。所以漂砾具有汇聚泥石流、增加泥深并形成断流的作用，不同大小的漂砾存在不同的临界启动泥深，该启动泥深可由下列步骤推导得出。泥石流启动大石块临界泥深的计算简化示意图如图 2-9 所示。

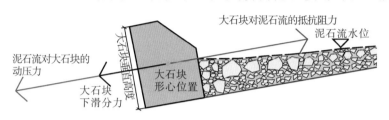

图 2-9　泥石流启动大石块临界泥深简化计算图

首先选取沟道堵塞的最大的粗大颗粒为计算对象，先计算大石块对泥石流的抵抗阻力，公式如下：

$$f_{\text{大石块对泥石流的抵抗阻力}} = (\sigma_{\text{hed}} - p_{\text{hed}}) \times \tan\varphi_{\text{hed}} + \left(\tau_{\text{y}} + \eta\frac{\mathrm{d}u}{\mathrm{d}y}\right) \tag{2-7}$$

式中，σ_{hed} 为大石块的基底应力，$\sigma_{\text{hed}} = \gamma_s h$，$\gamma_s$ 为石块容重，kg/m^3；h 为石块垂直高度，m；p_{hed} 为泥石流的基底压力，$p_{\text{hed}} = \gamma_c H$，$\gamma_c$ 为泥石流容重，kg/m^3；H 为泥石流泥深，m；φ_{hed} 为泥石流基底摩擦角；τ_{y} 为泥石流的屈服应力；η 为宾汉流体刚度系数；$\frac{\mathrm{d}u}{\mathrm{d}y}$ 为流速梯度。

所以大石块对泥石流的抵抗阻力公式又为

$$f_{\text{大石块对泥石流的抵抗阻力}} = (\gamma_s h - \gamma_c H) \times \tan\varphi_{\text{hed}} + \left(\tau_{\text{y}} + \eta\frac{\mathrm{d}u}{\mathrm{d}y}\right) \tag{2-8}$$

当数块大石块对泥石流的抵抗阻力之和等于大石块的下滑分力加泥石流动压力时，粗大颗粒堰塞坝将被泥石流启动：

$$n \times f_{\text{大石块对泥石流的抵抗阻力}} \times S = mg\sin\theta + p \times S \tag{2-9}$$

泥石流动压力为

$$p_{\text{泥石流动压力}} = K\rho_c V^2 \tag{2-10}$$

其中，式(2-7)和式(2-8)中的流速梯度$\frac{\mathrm{d}u}{\mathrm{d}y}$中的流速 u 和动压力公式中的流速 V 可由泥石流与大石块直径的经验公式计算，计算公式如下：

$$V = 4.6\sqrt{D\frac{\gamma_s - \gamma_c}{\gamma_s}2\cos\theta} \tag{2-11}$$

式中，D 为石块直径（现场量得的最大颗粒的三个轴向直径的平均值），m；θ 为沟床的坡度。

联立式(2-8)、式(2-9)、式(2-10)、式(2-11)，在求解过程中分别令 a、b、c、e 为计算参数，并且 a、b、c、e 的计算公式如下：

$$a = \frac{\gamma_s h\tan\varphi + \tau_{\text{y}}}{\gamma_c\tan\varphi} \tag{2-12}$$

$$b = \frac{\rho_s g \sin\theta}{3n\gamma_c \tan\varphi} \tag{2-13}$$

$$c = \frac{84.64 K \rho_c (\gamma_s - \gamma_c)\cos\theta}{n\pi\,\gamma_s\gamma_c\tan\varphi} \tag{2-14}$$

$$e = 4.6\sqrt{2\,\frac{\gamma_s - \gamma_c}{\gamma_s}\cos\theta} \tag{2-15}$$

则粗大石块启动泥石流的临界泥深 H 的确定公式为

$$H = \frac{1}{2}\left(a - bD - \frac{c}{D}\right) + \sqrt{\left(a - bD - \frac{c}{D}\right)^2 + \frac{e\eta\sqrt{D}}{\gamma_c\tan\varphi}} \tag{2-16}$$

(2)粗大石块启动泥石流的溃决流量确定。粗大石块启动泥石流的溃决流量取决于启动石块的流速 V、临界泥深 H 和溃口宽度 B。泥石流流量计算公式为

$$Q = BHV \tag{2-17}$$

则堵溃点处的溃决流量估算如下：

$$\frac{Q}{B} = \frac{1}{2}\left(ae\sqrt{D} - beD^{\frac{3}{2}} - \frac{ce}{\sqrt{D}}\right) + e\sqrt{D}\sqrt{\left(a - bD - \frac{c}{D}\right)^2 + \frac{e\eta\sqrt{D}}{\gamma_c\tan\varphi}} \tag{2-18}$$

2.2.3　泥石流运动过程

2.2.3.1　泥石流运动特征

1)泥石流运动的流态

泥石流是处于高含沙水流和滑坡之间的特殊流体，依据其浓度不同，其流态可以从紊动逐渐变化到滑动，其典型流态有紊动流、层动流和滑动流，此外还有处于三种流态之间过渡类型的扰动流和蠕动流。

(1)紊动流。紊动流是稀性泥石流和黏性泥石流龙头常出现的流态，与高含沙水流基本相似，流体内部存在脉动、涡流和环流等现象，流体内部的石块多以滚动、跃移或平移的方式运动，其雷诺数和福劳德数具有紊流特征。

(2)层动流。大部分黏性的连续泥石流和阵性泥石流的龙身及龙尾的运动流态近似于层流，当黏土颗粒含量大于 5% 时更是如此(陈宁生等，2001)。此类流态的泥石流中石块大都呈星悬型、支承型和叠置型格架结构，泥石流的颗粒与浆体等速运动，不发生分离，其雷诺数和福劳德数具有层流特征。

(3)滑动流。不同密度不同来源的泥石流在汇流流动时，由于没有完全混合，其中高密度的流体运动时内部无相对运动，结构基本不变，形成一个相对稳定的流核。流核与床底之间形成一个介于层流和紊流之间的扰动流，整个流体类似在界面上发生滑动。

2)泥石流运动的形态

泥石流运动的形态主要有阵性流和连续流两种。

(1)阵性流。阵性流是黏性泥石流运动的一种方式，它呈一阵一阵的运动，阵与阵之间存在断流，断流时间通常以一个均值为轴上下波动。对于一次泥石流，其前期断流的时间

通常较短，后期较长，断流时间通常为几秒到几十分钟(Chen et al.，2011b)。当断流时间较长时，被断开的两个流体可以视为两次不同的泥石流。单一阵次泥石流的形态基本相似，即呈现头大、身短、尾长的"蝌蚪形"。阵流的长度大小不一，一般龙头(阵流的头部)高度越高，阵流长度越长。此外，流域面积越大，泥石流的阵流次数越多。

对于单一阵次的泥石流，其龙头的坡度与泥石流的性质和流速有关。高速流动的泥石流的龙头迎风面坡度较大，而低速流动的泥石流龙头迎风面坡度较小，整个泥石流的流量过程可以概化为三角形。

(2)连续流。稀性泥石流和物质补充丰富的黏性泥石流，其流动状态呈连续流动，即所谓的连续流。对于黏性连续流，其运动状态有波状连续流和单峰连续流。波状连续流的流体由多个波组成，但波与波之间没有断流，只有峰和谷之分。单峰连续流流体剖面形态类似三角形，流量快速增长也快速下降。稀性泥石流通常呈非波状连续运动，较为平缓。

3)泥石流运动的"铺床"规律

泥石流在通过河床向前运动的过程中，由于河床的糙率较大，第一阵泥石流或连续流的前部在通过河床时需要克服较大的阻力，往往流速较低并在沟床留下一层泥石流体，当第一阵流体流量不够时，第二阵、第三阵等后续泥石流继续前行，使得整个沟床(直到主河口)铺砌了一层泥石流体，为后续泥石流的快速流动奠定了基础，这就是泥石流运动的"铺床"过程(王涛等，2014)。

4)泥石流的弯道超高

泥石流在运动的过程中与山洪一样具有弯道超高的现象，即泥石流在凹岸的高度高于在凸岸的高度，二者的高差就是弯道超高。弯道超高与沟床弯道的直径、泥石流的流速和性质相关。

2.2.3.2　泥石流的阻力特征

泥石流的阻力包括两部分：泥石流和沟床摩擦产生的外部阻力以及泥石流体内部阻力。外部阻力与流体边壁的粗糙度有关，而内部阻力是由悬移质产生的黏滞阻力和由推移质产生的摩擦阻力构成。

泥石流外部阻力可以用边壁相对糙率(k/R)的函数表示；泥石流内部悬移质的阻力可以用内部黏度$\mu = \dfrac{4RUr}{gRe}$的函数表示，颗粒摩擦阻力可以表示为

$$J_{b} = S_{vc}\left(\frac{\gamma_{s} - \gamma_{f}}{\gamma_{s}}\right)\tan\alpha \tag{2-19}$$

式中，S_{vc}为推移颗粒的体积比浓度；α为颗粒在床面附件做剪切运动时的摩擦角；γ_{f}为浆体容重，g/cm^{3}；γ_{s}为固体颗粒的容重，取$2.65 \sim 2.70 g/cm^{3}$。

不同的泥石流运动状态有不同的表达式，依据泥石流推移和悬移两部分，可参照费祥俊(2004)考虑边壁糙率和内部黏滞力的经验性阻力系数表达式。

　　影响泥石流内、外阻力的因素主要有沟床糙率特征、泥石流泥深或水力半径、泥石流流速、泥石流容重、泥石流流态(用雷诺数表示)、泥石流和底床的摩擦角等。通常泥石流的容重越大、流速越大、泥深越大、黏土颗粒含量越少、底床越粗糙，其运动阻力也就越大。

2.2.3.3　泥石流流速特征与计算理论

　　泥石流流速，尤其是黏性泥石流的流速比一般洪水高很多。我国云南蒋家沟实际观测到的泥石流流速通常可以达到 9m/s 以上，最大可以达到 16m/s。国外也有报道泥石流的流速达到 20m/s 以上的。

1)泥石流流速的分布特点

　　泥石流流速是指泥石流沟道中水和固体物质质点在单位时间内移动的距离。由于底床的阻力和表面的空气阻力，泥石流流速在纵横剖面上的数值不同，通常在接近表面的某一深度达到最大值，横剖面上，参照水文学中河道径流的规律，泥石流流速表现为中部大，边部小的特点。

2)谢才公式与满宁公式

　　目前国际上和我国泥石流流速计算的经验公式的基础为谢才公式和满宁公式。谢才公式是以天然河道内做等速运动的均匀流体重力做功与河床摩擦阻力做功相等为基础推导出来的公式。其基本方程为

$$\gamma Fl\Delta H = \varphi pLl \tag{2-20}$$

推导获得

$$i = \frac{\varphi}{\gamma R} \tag{2-21}$$

　　由于实验资料证明 φ/γ 与流体的平均流速 V 的平方成正比，为

$$\frac{\varphi}{\gamma} = bV^2 \tag{2-22}$$

最终获得谢才公式为

$$V = C\sqrt{Ri} \tag{2-23}$$

其中，谢才系数的确定应用最为普遍的是满宁公式：

$$C = \frac{1}{n}R^{\frac{1}{6}} \tag{2-24}$$

　　参照满宁公式，泥石流流速公式通常也表述为

$$V = \frac{1}{n}i^{\frac{1}{2}}R^{\frac{2}{3}} \tag{2-25}$$

式中，γ 为水的密度；F 为断面面积；l 为所取流体体积占河道的长度；L 为流体向下流动的距离；ΔH 为降低的高程；i 为水力梯度；φ 为单位面积上的摩擦力；p 为湿周；R 为水力半径；n 为糙率系数。泥石流公式中应用的糙率系数 n 通过观测泥石流运动规律获得，i 不仅是外部阻力的反映，也是内部和外部阻力的综合体现。

3）泥石流运动力学模型

泥石流是一个复杂流体，但在计算中人们普遍将泥石流视为一种连续流体（固体颗粒分布均匀的均质体），通过流体的质量和动量守恒方程可获得相应的泥石流运动力学模型（表 2-7）。

表 2-7 常用的泥石流运动力学模型（陈宁生等，2011）

模型		方程式
固体颗粒相互碰撞模型	力学方程	$\tau = [S_v(\gamma_s - \gamma_f) + \gamma](h - \gamma_f)\sin\theta$
	垂向流速	$V = \dfrac{2}{3\lambda d}\sqrt{\dfrac{\rho_m g\sin\theta}{k_1\rho_s}}[h^{3/2} - (h-Y)^{3/2}]$
	最大流速	$V = \dfrac{2}{3\lambda d}\sqrt{\dfrac{\rho_m g\sin\theta}{k_1\rho_s}}h^{3/2}$
	垂向平均流速	$V = \dfrac{2}{5\lambda d}\sqrt{\dfrac{\rho_m g\sin\theta}{k_1\rho_s}}h^{3/2}$
固体颗粒摩擦与碰撞混合模型	力学方程	$\tau = \tau_c\cos\varphi + \eta_1(S_v{}^2 - S_{vo}{}^2)\sin\varphi + \eta_2(S_{vm}{}^2 - S_v{}^2)\left(\dfrac{du}{dy}\right)^2$ $\tau = \tau_y + a\left(\dfrac{du}{dy}\right)^2$
	垂向流速	$V = \dfrac{2}{3}\sqrt{\dfrac{\rho_m g\sin\theta}{a}}[H^{3/2} - (H-Y)^{3/2}], 0 \leqslant Y \leqslant H$
	表面流速	$V = \dfrac{2}{3}\sqrt{\dfrac{\rho_m g\sin\theta}{a}}H^{3/2}$
	平均流速	$V = \dfrac{2}{3}\sqrt{\dfrac{\rho_m g\sin\theta}{a}}H^{3/2}\left(1 - \dfrac{2H}{5h}\right)$
宏观黏性模型	力学方程	$\tau = \mu_m\dfrac{du}{dy}$
	垂向流速	$V = \dfrac{\rho_m gh^2\sin\theta}{\mu_m}\left[\dfrac{Y}{h} - \dfrac{1}{2}\left(\dfrac{Y}{h}\right)^2\right]$
	表面流速	$V = \dfrac{1}{2}\dfrac{\rho_m gh^2\sin\theta}{\mu_m}$
	平均流速	$V = \dfrac{1}{3}\dfrac{\rho_m gh^2\sin\theta}{\mu_m}$
黏塑性模型	力学方程	$\tau = \tau_y + \eta\dfrac{du}{dy}$
	垂向流速	$V = \dfrac{\rho_m gH^2\sin\theta}{\eta}\left[\dfrac{Y}{H} - \dfrac{1}{2}\left(\dfrac{Y}{H}\right)^2\right]$ （在 $0 \leqslant Y \leqslant H$ 非流核区）
	垂向流速	$V = \dfrac{\rho_m gH^2\sin\theta}{2\eta}$ （在 $H \leqslant Y \leqslant h$ 流核区）
	平均流速	$V = \dfrac{\rho_m gH^2\sin\theta}{\eta}\left(\dfrac{1}{2} - \dfrac{1}{6}\dfrac{H}{h}\right)$

注：表中，η_1、η_2 为待定系数；S_{vo}、S_{vm} 分别为固体体积比浓度的最小值及最大值；μ_m 为黏滞系数；τ_y 为屈服应力；η 为宾汉流体刚度系数；τ 为水流剪切力；S_v 为体积比含沙浓度，γ_f 为浆体容重；γ_s 为固体容重；h 为流深；V 为流速；d 为颗粒粒径；θ 为颗粒夹角；λ 为线性浓度；ρ_m 为固液混合密度；a 为泥石流修正系数；g 为重力加速度；k_1 为卡门常数；ρ_s 为固体密度；τ_c 为颗粒摩擦剪应力；H 为水深；Y 为泥深。

以上的运动力学模型具有各自的特征和适用范围，其中固体颗粒相互碰撞模型适用于颗粒流的运动过程分析，颗粒流中固体颗粒运动较分散，颗粒的接触是短暂的，通过颗粒碰撞实现动量交换。固体颗粒摩擦与碰撞混合模型考虑了颗粒长时间接触的摩擦力和颗粒碰撞两种情况，前项为颗粒摩擦力项，后项为颗粒碰撞项，更适合用于分析一般的泥石流过程。宏观黏性模型考虑了因细颗粒加入而造成的黏滞力增加，适用于分析粗颗粒相对较少的泥石流浆体启动过程。黏塑性模型考虑了泥石流体细颗粒形成的絮网结构及粗颗粒的内部摩擦产生的屈服应力和流体的剪应力，即宾汉流体模型，具有较广的适用程度。

不同模型推出的泥石流流速公式形式上有所不同，其相关参数主要为泥石流的泥深、沟床坡度、流体密度以及其他相关流体特征参数。由于相关特征参数如流体黏度、流体线密度以及模型的常数在实际勘查过程中难以确定，依据模型估算泥石流的流速十分困难。从流速模型可知泥石流的最大流速通常在离流体表面一定距离的地方，泥石流的平均流速为泥石流最大流速的 3/5~2/3，但对于存在流核的泥石流，其平均流速与最大流速的关系需要依具体的泥深来定。

2.2.4　泥石流堆积与成灾过程

泥石流经过沟道出山口后，因沟道纵坡剧降，泥石流流速降低，过流宽度增加，发生堆积并淤埋沟口居民住房、道路、桥梁等设施。泥石流的堆积过程与泥石流性质相关。

黏性泥石流在下泄过程中，随其泥深递减而进行堆积，直至泥深降为零才停止铺床堆积。当后续流体进入未铺床段沟床时，再接着进行铺床堆积，如此断续地进行堆积，从上中游开始，向中下游推进，直至沟口。经过铺床堆积后，既使沟床平坦化，又使沟床泥质化。在经过后期水流冲刷以后，床底黏性泥石流堆积层往往被改造成冲积砂砾层，粗糙度大大增加。

稀性泥石流的铺床堆积过程是以推移质为主的停积过程，推移质的粒径与含量均随起始堆积点向下游递减。稀性泥石流的堆积过程始于推移质中的粗大颗粒，当这些颗粒受底床糙度增加、沟床比降降低或断面增宽影响时，流速降低并首先停积，接着在其上游粒径较小的颗粒开始堆积；而在粗颗粒下游，因粗粒停积而增大了近底床流体的流速，故不能继续进行前进式堆积。

2.3　冰湖、堰塞湖形成条件与溃决过程

2.3.1　冰湖、堰塞湖形成条件

2.3.1.1　冰湖形成条件

冰湖主要发育在海拔较高的高山区域，区域内有终年积雪或冰川是冰湖形成的必要条件。Korup 等（2007）对高山地区冰湖的分布特征、演化过程等进行了综述研究发现，其形成的物质基础是由一定规模的冰川或冰碛物堵塞山谷或河道并形成堰塞坝，同时在堰塞坝上游由于冰川融雪和降雨的共同作用下，水源汇集而形成冰湖。冰湖形成条件可

以归纳为以下几个方面。

(1)地质环境：冰湖形成与区域地质环境关系密切，调查统计发现，构造上为断层穿越地区，构造活动强烈，岩性为花岗岩或闪长岩的地区，冰湖比较发育，且易溃决。

(2)气象条件：①温度。温度升高使得冰川融水增加，促使冰面湖的形成和联合，形成新的冰湖或大冰湖。②降水。较长时段的强降水及低温会产生正的冰川物质平衡，冰川前进有利于形成新的冰湖。

(3)地震活动：一般来说，地震活动对冰湖形成的影响主要体现在地震可以直接诱发岩土滑坡、冰崩或冰滑坡，从而形成冰湖。

(4)冰川活动：冰川是供给冰湖的重要水源，冰川将冰碛物携带到末端连续堆积，逐渐加厚增高形成弧状堆积堤坝，冰川退缩后冰雪融水储积在堤后便形成冰湖。

2.3.1.2　堰塞湖形成条件

堰塞湖的形成与固体物源、水源、地形条件有关。地形是基础条件，影响着固体物源的形成和水体的汇集；水源和固体物源是前提条件，两者都具备了才可能形成堰塞湖（图2-10）。

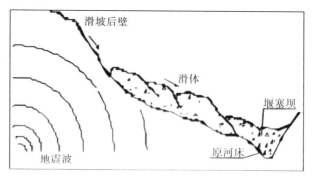

(a)整体滑动型

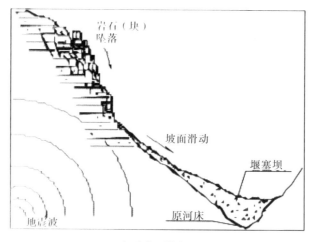

(b)坠落—滑动型

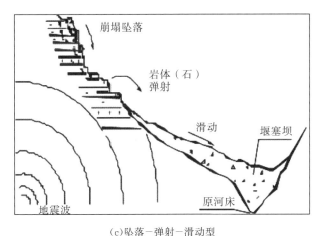

(c)坠落－弹射－滑动型

图 2-10　地震滑坡堰塞湖类型示意图(孔纪名等，2010)

1)地形条件

堰塞湖多位于山区，在堰塞湖的形成过程中，首先需要火山熔岩、滑坡堆积物等形成天然的堰塞坝体，并与周围地形组成一个天然库区。一般情况下堰塞坝体处于河道、河床或山谷部位时，更容易形成堰塞湖，有些则可能需要通过长期降雨或冰川融雪的累积才最终形成堰塞湖。孔纪名等(2010)通过对汶川地震部分滑坡堰塞湖地形地貌条件的分析，得出堰塞湖所处的区域多属于典型的高山深切河谷区域，地形坡度较大，属于高陡边坡。此类边坡在强震作用下极易在中上部发生大规模的滑坡，滑坡堆积物以较快的速度滑移并堵塞河道，给堰塞湖的形成提供了有利的地形条件(陈宁生等，2011)。

2)水源条件

堰塞湖成湖的水源主要来自于大气降水，其次为地下水和冰雪融水。我国堰塞湖大多分布在典型的季风气候区，雨量充沛，降水集中，夏天多暴雨和特大暴雨。降水产生丰富的地表径流致使库区蓄水形成堰塞湖，如堰塞湖比较集中的青藏高原向四川盆地过渡的地形急变带，其多年平均年降水量为 500~800mm，且集中于夏季。冰雪融水是高海拔山区，特别是现代冰川和季节积雪地区容易形成的堰塞湖的主要水源(胡桂胜等，2012)。冰川积雪消融水量与气温高低、辐射强弱、降水多少、冰面污化程度等因素相关。

3)固体物源条件

堰塞坝体是形成堰塞湖的固体物源条件。堰塞坝体的物质组成、渗透稳定性及抗冲刷能力是堰塞湖能够形成的关键条件。堰塞坝的物质组成非常复杂，一般地，拥有粗大颗粒，具有稳定流路和厚度较大的堰塞坝，稳定性通常较好。如果堰塞坝颗粒级配较宽广，自身稳定性较好，并且抗渗能力相对较好，则有利于形成堰塞湖。

2.3.2　冰湖、堰塞湖溃决过程分析

2.3.2.1　冰湖溃决过程分析

1)冰湖溃决灾害特征

(1)冰湖溃决灾害频繁。冰湖溃决常发生在高纬度和高海拔地区。加拿大、阿拉斯加、挪威和冰岛等极地和高纬度冰川分布区以及高纬度山岳冰川最发育的帕米尔高原和喀喇昆仑山区，南美科迪勒拉山和我国喜马拉雅中、低纬度的山岳冰川区，均发生过冰湖溃决灾害的事件，例如加拿大1967年的Ekalugad Valley(Church，1972)、1978年的Hazard Lake(Clarke，1982)，挪威1937年的Demmevatn(Clague et al.，1973)、1969年的Strupvatnet等地均发生过冰湖溃决的灾害。喜马拉雅山南坡是冰湖溃决最频繁的地区之一(Reynolds，1995)，历史上该地区曾发生过33次冰湖堰塞湖溃决灾害事件，而这些灾害最为集中的是科西河流域的上游地区。本节以跨界河流科西河为例说明冰湖溃决灾害特征。

冰湖溃决灾害属于频率较低但灾害影响严重的水灾害类型，整个科西河流域历史上发生过17次较大规模的冰湖溃决(Mool，1995)(图2-11、表2-8)，1次潜在的冰湖溃决灾害，排险后未溃决。1981年7月11日波曲章藏布次仁玛错冰湖溃决，2002年5月23日和6月29日喀则市聂拉木县西北的冲堆普嘎龙错冰湖溃决(直接经济损失750余万元)，1935年8月28日聂拉木县塔朗错冰湖溃决，1968年8月17日、1969年8月17日、1970年8月18日定日县阿亚错冰湖溃决均造成一定的灾害。1935年8月28日聂拉木县塔朗错(Tarra Co)冰湖溃决和1964年与1981年章藏布次仁玛错(Zhangzangbo)造成的灾害最大。科西河流域西藏境内面积(2.85万 km²)占西藏面积(122万 km²)的2.4%，而发生冰湖溃决次数(12次较大规模)占西藏冰湖溃决总数(18次较大规模)的66.6%(Chen et al.，2013b)。

图2-11　流域冰湖溃决野外实地调查

次仁玛错冰湖溃决前期降水(雪和雨)充沛，上年冬季和当年春季的冰雪积累量大，1981年7月5日~10日天气炎热，气温上升，冰川消融加剧，产生大量的融水渗入冰体导致部分冰川滑动并崩落。与此同时，阿玛次仁冰川的跃动使冰川前缘伸张裂隙十分发育，应力释放，导致约700万 m³的冰体脱离冰舌滑入次仁玛错冰湖中，冰湖水位上涨，

表 2-8 科西河流域历史冰湖溃决事件

序号	湖名称	溃决日期	体积/峰值流量/$(10^6 m^3/m^3 \cdot s^{-1})$	灾害概况
1	塔朗错，聂拉木，中国	1935.8.28	6.3/—	淹没 66700m² 麦田
2	穷比吓玛错，亚东，中国	1940.7.10	—/—	洪水，泥石流
3	吉莱错，定结，中国	1964.9.21	23.4/4500	损害中尼公路，12 辆货车等
4	隆达错，吉隆，中国	1964.8.25	—/1000	洪水，泥石流
5	阿亚错，定日，中国	1968.8.15	—/—	
6	阿亚错，定日，中国	1969.8.17	—/—	
7	阿亚错，定日，中国	1970.8.18	90/—	损害 40km 范围内道路桥梁
8	次仁玛错，聂拉木，中国	1964	—/—	
9	次仁玛错，聂拉木，中国	1981.7.11	19/1600	损害道路桥梁、水电站、农田
10	金错，定结，中国	1982.8.27	12.8/—	损坏 8 个村庄、农田，1600 头家畜死亡
11	嘉龙，聂拉木，中国	2002.5.23	—/—	—
12	嘉龙，聂拉木，中国	2002.6.29	—/2.36×10^7	破坏桥梁，经济损失达 305 万元
13	Phucan，Tamur Khola，Nepal	1980	—/—	水位上升 20m，破坏农田河床
14	Jinco，Arun River，Nepal	1985.8.27	—/—	损害 8 个村庄、家畜、道路桥梁、农田
15	Nare Drangka，Dudh Kosi River，Nepal	1977.9.3	—/—	破坏小型水电站、道路桥梁、农田
16	DigTsho，Dudh Kosi River，Nepal	1985.8.4	—/2000	破坏 Namche 水电站、道路、桥梁、耕作农田、家畜、民房
17	Chubung，Dudh Kosi River，Nepal	1997.7	—/—	破坏房子、耕作农田

漫溢不稳定状态的终碛堤，造成 7 月 11 日午夜的冰湖溃决。溃决口顶宽 230m，底宽 40~60m，深达 50m，据推算，溃决最大流量为 1.596 万 m³/s，出现在溃坝后 23min，洪峰过程 60min，溃决水体总量 1900 万 m³，溃决后湖水位平均下降 32m(图 2-12)。

次仁玛错冰湖溃决洪水顺樟藏布沟迅速向下推进，沿途掏蚀沟床松散物质，并冲刷形成山洪泥石流。在流域中下游又得到两岸物质的大量补给，最终演变成高容重黏性泥石流，流体中最大漂砾达 3000t。泥石流固体物质主要来源于次仁玛错冰湖以下的冰碛物和主沟床各种堆积物。溃决洪水首先在冰碛台地上部冲出一条长约 400m 的沟槽，侵蚀总量估计为 180 万 m³。部分巨大漂砾堆积在台地下半部形成堆积扇，其余进入主沟。主沟长 6km，平均纵比降 240‰，平均侵蚀深度 10m 以上，最大达 23m，在波曲河主河段上，侧蚀、下切共获得固体物质 220 万 m³，总计约 400 万 m³，固体物质参与了泥石流的形成和运动。

巨大的山洪泥石流冲出章藏布沟口，流量达 2777m³/s，堵断波曲河，并直扑对岸高约 30m 的曲乡台地，形成高约 50m、沿河长约 180m 的堵塞坝，持续约 1h，回水淹没了波曲上游 100m 处高出河床 30m 高阶地上的曲乡村。

波曲河上的堵塞坝瞬间溃决，在波曲河水的推波助澜下，泥石流洪峰龙头高达 30m 以上，沿波曲河迅猛下泻。从章藏布沟口至友谊桥长约 20km 的河谷，两岸的坡洪积物均遭到严重冲刷侵蚀，源源不断地补给泥石流，同时部分堆积于河床。泥石流在友谊桥流量达 2575m³/s，受阻壅高度达 25m。友谊桥以下至尼泊尔境内的孙科西水电站约 30km 的河段，泥石流除继续强烈侧向侵蚀外，河床淤积显著抬高，泥石流堆积形态典型。在孙科西水电站以下泥石流被稀释转化为洪水(李震等，2014)。

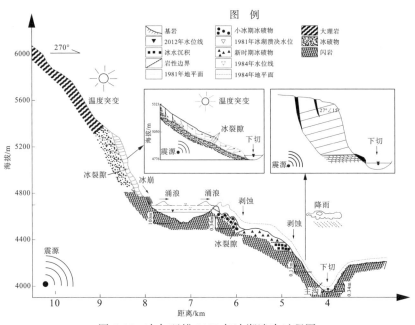

图 2-12　次仁玛错 1981 年冰湖溃决过程图

（2）冰湖溃决流量巨大。冰湖溃决的流量巨大是该区域冰湖溃决的一个特点，溃决流量可以达到正常流量的 100 倍以上（Xu，1985）。溃决以后形成的灾害可以达到下二级水系。以波曲为例，通过实地调查和测量，该流域在樟木口岸夏季的径流量通常为 $100m^3/s$，以 1981 年章藏布冰湖溃决形成的巨大灾害为例，最大的溃口流量可达 $16000m^3/s$，是波曲夏季流量的 160 倍（图 2-13）。其成灾范围除了章藏布全流域外，受灾区域主要为比章藏布更高一级的波曲流域，严重灾害止于比波曲更高一级的孙科西流域。此次灾害的主要对象为中国境内和尼泊尔境内 60km 内的中尼公路、交通设施和基础设施。

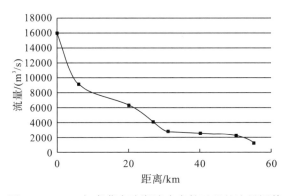

图 2-13　1981 年章藏布冰湖溃决事件过程的流量评估

（3）冰湖溃决灾害严重。冰湖溃决导致跨国区域灾害严重，以 1981 年章藏布冰湖溃决形成的巨大灾害为例，冰湖溃决使得尼泊尔境内的孙科西水电站被冲毁，200 人死亡，沿途 60km 范围内村庄和道路都受到灾害，造成直接经济损失 72 亿卢比（约 7 亿元人民币）（表 2-9），间接经济损失 138 亿卢比（约 14 亿元人民币）。经济总损失 3 亿美元，约占尼泊尔当年全国经济收入的 20%（Meon et al.，1992）。

表 2-9　1981 年章藏布冰湖溃决事件尼泊尔境内直接损失评估

分类	损失对象	卢比/(×1000)	百分比/%
直接损失 /实际评估	Khet	109250	0.98
	Bari	15925	0.14
	居民点	16350	0.15
	Pakki-房子	858700	7.70
	Kachhi-房子	159650	1.43
	共计	1159875	10.40
直接损失 /公共设施	道路	240000	2.15
	小路	700	0.01
	堤防	4000	0.04
	小型桥梁	60000	0.54
	大型桥梁	22500	0.20
	水厂	1200	0.01
	饮用水厂	1750	0.02
	水电站	6755000	60.58
	交通站	122500	1.10
	纤维电缆	8058	0.07
	共计	7215708	64.71

(4)冰湖溃决引发滑坡等链生灾害。由于冰湖通常分布于海拔 5000m 以上的高山地区，冰湖溃决形成的洪水侵蚀严重。在冰湖溃决洪水泥石流的作用下古滑坡群体经常复活。以聂拉木县曲乡—友谊桥段为例，自从 1981 年章藏布冰湖溃决灾害发生以后，波曲大量侵蚀导致许多牵引式滑坡的发生。该路段 2 处滑坡群自 1982 年以后年年滑动。活动的滑坡包括 707 滑坡、友谊桥滑坡。

2)坝体溃决形式分析

通过对汶川地震堰塞湖和西藏冰湖的系统调查与分析，得出坝体溃决形式主要分为两种：①单个坝体的溃决形式；②多个坝体的溃决形式。

(1)单个坝体的溃决形式。单个坝体的溃决形式主要有冲切溃和切溃。①"冲切溃"是指新近形成的坝体在流域径流的侵蚀作用下溃决的形式。此类溃决通常在坝体刚形成后不久，堆积的松裸土体尚未固结时发生。其过程表现为冲刷侵蚀为主，形成的流量取决于库容和后续流体的冲击作用。例如聂拉木县的拔曲浦，其冰川退缩速度较快，冰川退缩以后形成的冰碛物堆积并接纳后续的径流形成冰碛湖(图 2-14)。②"切溃"即对于目前已经稳定的坝体，其溃决可能性较小，需要有较大的外界动力作用才会引发溃决。例如，2000 年 6 月 10 日溃决的易贡堰塞坝就是一个典型的案例。易贡堰塞坝体形成于

1902年，由冰雪崩转化为碎屑流堵塞成为坝体。2000年4月11日，由于连续的多次中小地震发生，流域内的扎木弄巴源区的固体物质松动，在4月份连续的区域性高温作用下，地表径流的入渗使得冰盖及其下伏的岩土强度变低，自重增加，在重力作用下崩滑启动之后变成碎屑流，并堆积于原来的堰塞体上，形成高度达100m的坝体。同时，由于连续高温多雨，上游的径流增加而导致漫顶溃决。

图2-14 堰塞坝体溃口(拔曲浦冲切溃形式)

(2)多个坝体的溃决形式。多个坝体的溃决形式又称"串联溃决"，即同一个流域内存在两个或两个以上的坝体，当上游的坝体发生溃决时，直接导致下游坝体溃决，这种形式的坝体溃决产生的灾害往往比单个堰塞坝溃决灾害更为严重。

"串联溃决"坝体比较常见，如西藏拔曲浦流域内的堰塞坝是典型的"串联溃决"。通过对拔曲浦流域考察发现，其上游共4条冰川，形成4个冰湖，Ⅰ号堰塞坝的溃决直接导致下游的Ⅱ号、Ⅲ号、Ⅳ号堰塞坝的溃决，溃决的洪水使得原有的河道发生了改变(图2-15、图2-16)。

图2-15 拔曲浦4个串联冰湖全景图

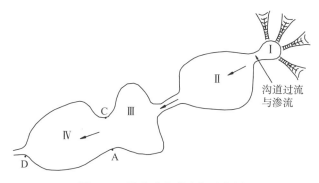

图 2-16　拔曲浦串联冰湖示意图

3)冰湖溃决过程分析

通过实地调访、历史资料收集、数据分析、数值计算比较等方法开展冰湖溃决洪峰流量与冰湖溃决洪水流量过程线特征、冰湖溃决泥石流沉积过程特征等方面的研究。

(1)冰湖溃决洪峰流量。基于已经发生的溃坝事例,一些研究人员总结了洪峰流量的一些回归方程,例如根据溃坝时下泄的水量(V)、水位落差(d)或者二者的乘积(Vd)来预测可能的洪峰流量的方程。表 2-10 列出了最新得到的冰川坝、山体滑坡坝、冰碛坝和人工坝的回归方程。虽然表中的回归方程可以对洪峰流量进行快速估算,但它们通常提供了洪峰流量的可能的量级,低估了洪峰流量。这些模型对洪峰流量递增的影响因素考虑较少,这些因素包括:山体滑坡坝、冰碛坝和人工坝失事时的溃口的冲刷速率;冰川坝溃坝时的水温、通道阻塞、洪峰流量对其通道的融化扩大。

虽然这些回归方程有一定的局限性,但它们确实提供了各种类型溃坝洪水洪峰流量的一般趋势。从这些方程及根据湖的特征参数预测得到的洪峰流量趋势,对比分析可以得出冰碛坝湖洪峰流量的特征。

表 2-10　各类型坝体溃决时洪峰流量的预测回归方程

坝型	方程	r^2	s	n
人工坝	$Q_p = 2.2V^{0.46}$	0.60	0.49	35
山体滑坡坝	$Q_p = 3.4V^{0.46}$	0.73	0.53	19
冰碛坝	$Q_p = 0.060V^{0.69}$	0.63	0.46	10
冰川坝(冰下溃口)	$Q_p = 0.0050V^{0.66}$	0.70	/	26
冰川坝(漫顶溃口)	$Q_p = 2.5V^{0.44}$	0.58	/	6
人工坝	$Q_p = 3.9d^{2.29}$	0.80	0.34	35
山体滑坡坝	$Q_p = 24d^{1.73}$	0.53	0.70	19
冰碛坝	$Q_p = 210d^{0.92}$	0.11	0.72	10
人工坝	$Q_p = 0.97(Vd)^{0.43}$	0.70	0.42	35
山体滑坡坝	$Q_p = 1.9(Vd)^{0.40}$	0.76	0.50	19
冰碛坝	$Q_p = 0.30(Vd)^{0.49}$	0.51	0.53	10

（2）冰湖溃决洪水流量过程线。大坝溃决洪水的水面过程线函数由下列因素决定：①大坝溃决机理；②水库水量泄出的速度；③下游点距溃口的距离；④洪水沿程的河槽和山谷的几何形状。除冰川湖从湖底溃坝通道泄出的情况外，溃坝洪水通常具有流量快速增加的特点。泄量增加的速度或水位过程的降落，很大程度上取决于溃坝机理和坝体特征。虽然每次溃坝时这些因素都是独特的，但在紧接大坝下游，水面线的形状和坝型之间普遍存在相关关系。

对同一位置的降雨和融雪洪水与溃坝洪水进行比较（图 2-17），可知：①洪峰流量和洪水持续时间都随汇流流域面积的增大而增大；②随着汇流面积的增大，洪水涨跌过程线变缓；③随着汇流面积的增大，洪水持续时间增长。

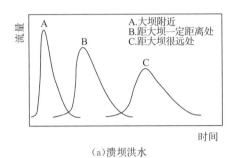

（a）溃坝洪水   （b）融雪或降雨洪水

图 2-17　假定洪水沿程不同位置流量过程线

一般湖泊溃决洪水过程线与溃坝形式、最大流量、下游水位等有关，至今无统一推求方法。采用水量平衡原理分析出的概化过程线，可作为近似的洪水过程线（图 2-18）。图 2-18（a）为四次抛物线形式，在溃决初瞬流量即达 Q_{max}，紧接着流量迅速下降，最后趋近于基流流量 Q_0；图 2-18（b）为一条无因次溃决洪水过程线形式，即溃坝初瞬泄量由初始流量迅速增至最大流量，再逐渐趋近于 Q_0。

即随着与溃决口距离的增加，最大洪峰流量不断衰减，当距离增加到一定程度，溃决产生的洪水（泥石流）就基本没有影响了。这就是特小冰湖溃决的危害小的原因。

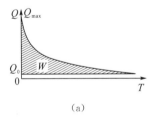
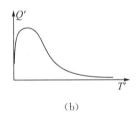

（a）   （b）

图 2-18　溃决洪水过程线

（3）冰湖溃决泥石流沉积过程。米堆沟流域位于北纬 $29°23'18''\sim29°32'10''$，东经 $96°27'45''\sim96°35'05''$，东距然乌 22km，西距波密县城 94km，于川藏公路 84 道班处汇入主河，流域面积 $117.5km^2$。1988 年米堆沟冰湖由于连日高温和大量降雨，使光谢错湖水位达近 40 年最高，并在 7 月 15 日深夜 11 时左右，发生瞬时部分溃坝，历时约 10min 后溃决口便下拉到底，历时 2.5h 左右排空湖水，排泄水量 278 万 m^3。通过实地考察可知，米堆沟 1988 年爆发的冰川终碛湖溃决泥石流属于稀性泥石流。通过对米堆沟沿程各断面的测量（图 2-19），计算出沿程不同断面泥石流流速和流量（表 2-11）。

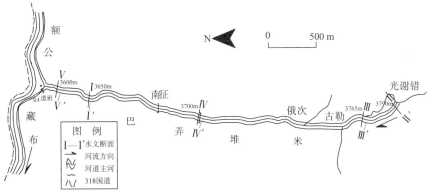

图 2-19 米堆沟测量断面分布

表 2-11 泥石流断面流量计算表

断面号	沟床坡度/%	糙率(1/n_c)	流速 v/(m/s)	断面面积/m^2	断面流量 Q/(m^3/s)
II－II′	4.8	10.5	15.9	1556	2472.8
III－III′	4.6	18.0	9.9	132	1312.1
IV－IV′	0.9	18.5	3.4	321	1081.8
V－V′	1.0	5.5	2.7	529	1438.0

从以上的计算可知，泥石流流速的沿程变化总体趋势是下降的(图 2-20)，然而由于沿途地形条件的变化和物质汇入条件的不同，局部地段的流速会升高，全程的流速变化为 15～2.7m/s，尤其在汇口处由于主流的顶托，表面比降迅速降低，流速变到最小。泥石流流量总的趋势也是下降的，然而，沿程物质的加入或局部的堵溃会使局部流量增加。整个流程的流量变化为 2472～1081m^3/s。

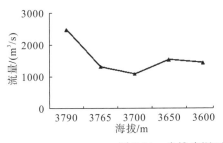
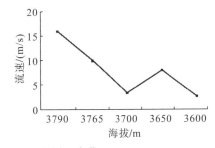

图 2-20 米堆沟泥石流流速、流量的沿程变化

2.3.2.2 堰塞湖溃决过程分析

1)堰塞坝溃决过程实验分析

本节采用实验模拟和理论计算的方法分析堰塞湖溃决过程。在广泛了解国内外研究现状的基础上，结合对汶川地震灾区堰塞坝的野外考察和资料收集，选择四川省茂县宗渠堰塞坝为实验原型，以几何相似比 1∶100 开展模型实验，并借助理论计算的方法，研究堰塞坝的漫顶溃决过程。

堰塞湖溃决过程分析着眼于整个溃决过程中的总体规律，立足于从实验现象分析整个溃决过程。主要考虑坝体在整个漫顶溃决过程中溃口的发展过程、溃决流量变化过程以及陡坎的后退过程，对整个溃决过程进行阶段划分。

(1)陡坎后退过程。在堰塞坝的溃决过程中，陡坎后退导致溃口的形成，水流在陡坎处跌水侵蚀对溃决过程有重要作用，实验发现，溃决因陡坎的产生而产生，随陡坎的发展而发展，随陡坎的消亡而停止。因此，陡坎后退的过程也就是堰塞坝的溃决过程。

陡坎后退的原因是水流在陡坎处溯源侵蚀时产生的剪应力超过土体的抗剪强度。漫顶水流在陡坎处运动时水流的重力势能转化为动能，致使水流流速增大，侵蚀能力增强，水流不断冲击陡坎底部，在陡坎底部形成冲坑，水流在此处运动时不断产生涡流，掏刷陡坎。水流的这种运动会在陡坎处产生一个较大的剪应力(Hanson et al.，1997，2001)，称之为陡坎剪应力，陡坎剪应力不断侵蚀陡坎，促使陡坎向水流源头方向发展，也称之为陡坎的溯源侵蚀(邓明枫等，2011a)。

国外学者对陡坎的这一发展过程进行了较多研究，其中以美国 Hanson 的研究成果最为丰富。Hanson 等(2001)在水槽实验结果与理论分析的基础上，总结出陡坎侵蚀速率的计算公式为

$$\frac{\mathrm{d}X}{\mathrm{d}t} = \left(\frac{H}{2E_v}\right)k_d\left(\tau_e - \tau_c\right) \tag{2-26}$$

式中，H 为陡坎顶部与底部高差；E_v 为冲刷形成的临空面在水平方向上的长度；k_d 为侵蚀系数，与土体的含水量和密实度有关(Hanson et al.，1999)；τ_e 为陡坎剪应力；τ_c 为临界剪应力，与土体的含水量和密实度有关(Hanson et al.，1999)。

根据式(2-26)，对于特定土体，陡坎的侵蚀速率 $\mathrm{d}X/\mathrm{d}t$ 只与 H、E_v 和 τ_e 有关。初始时段，水头 H 较大，水流发生涡流时产生的陡坎剪应力 τ_e 大于临界剪应力 τ_c，陡坎在纵向上的侵蚀便不断发展；随着水头 H 的降低，有效剪应力 τ_e 减小，同时粗颗粒沉积，溃口强度提高，临界剪应力 τ_c 增大，当 H 降低到其所产生的剪应力 τ_e 等于临界剪应力 τ_c 时，纵向上的侵蚀便不再发生，溃决过程就此停止。

坝体的不同组成结构特征对陡坎发展过程的主要影响表现在：①就陡坎形态而言，密度越大，陡坎坡度越大，前期过程中近乎直立，但在陡坎发展到坝体中轴线以后，陡坎变为斜坡；而颗粒更粗的一组则一直形成一定坡度的陡坎。②就陡坎的后退速率而言，密度更大的坝体陡坎后退的速率最慢，平均速率仅 0.016cm/s；颗粒越粗的坝体陡坎后退的速率越小，实验中粗颗粒组的平均速率为 0.43cm/s。

(2)溃口发展过程。水流运动产生的剪应力侵蚀沟道，促使溃口的形成。水流在陡坎处运动产生陡坎剪应力 τ_e，作用于陡坎促使陡坎后退；水流的黏滞性和床面边界的滞水作用使水流流速呈现不均匀分布。流速不均的产生作用于床面边界上的剪应力，称之为流速剪应力 τ_v，流速剪应力 $\tau_v = \gamma_w RJ$(吴持恭，1983)，该力作用于过水断面的整个边界。陡坎剪应力与水流的能量转化相关，数值较大，通常陡坎剪应力 $\tau_e \gg$ 流速剪应力 τ_v。

在纵向上，陡坎剪应力掏蚀陡坎促进陡坎后退(流速剪应力 τ_v 太小，可以忽略不计)，涡动的水流不断深切，形成多级陡坎，多级陡坎的分层侵蚀导致溃口在垂向上的发展；而在横向上，一方面流速剪应力 τ_v 作用溃口两侧土体(称为"侧蚀")，促使溃口变宽，另一方面，随着陡坎的后退，溃口两侧岸坡出现陡立临空面，溃口水位降低后，水流侧蚀

底部促使两岸出现楔形临空面（溃口上窄下宽，坡面极易滑动），土体在吸水饱和后容重增加并促使滑动力增大，同时水流的浸润作用致使土体抗剪强度降低，两岸土体在重力作用下发生滑动破坏。下面以其中一组实验为例（图 2-21），说明溃决过程中溃口的发展过程。

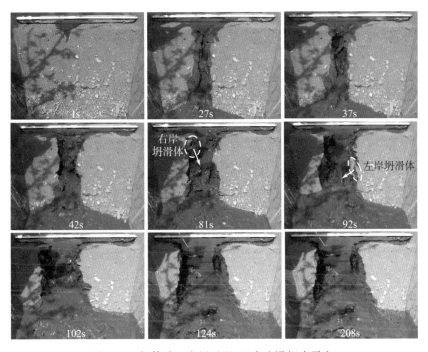

图 2-21　坝体溃口发展过程（以水流漫坝为零点）

溃决过程中，溃口两侧的小规模土体滑动后，土体中的细颗粒随即被水流冲刷，而粗大颗粒沉积在溃口表层；溃口的大规模滑动发生后则有可能堵塞溃口，阻止堰塞湖的进一步溃决。由此可见，溃决过程中单个陡坎的后退促使溃口在纵向上发展，多个陡坎的分层侵蚀促使溃口在垂向上发展，而水流的侧蚀和土体的崩滑则构成了溃口在横向上的发展。

（3）溃决流量变化过程。溃决流量决定着下游的淹没区范围，反映了溃决洪水侵蚀土体形成泥石流的能力，同时，溃决流量还是衡量水流侵蚀能力的重要参数，是分析溃口的变化速率、预测溃决发展过程的重要参数。国内外很多学者都集中研究过堰塞坝的溃决洪水演进过程（黄明海等，2008；Hsu et al.，2009）。

堰塞湖水量平衡方程为

$$\frac{\Delta V}{\Delta t} = Q_1 - Q_2 \tag{2-27}$$

式中，V 为堰塞湖的蓄水量；Δt 为考虑的时间段；Q_1 为 Δt 时间内堰塞湖的入库水量；Q_2 为 Δt 时间内堰塞湖的出库水量。

若将溃决过程中 Δt 时间内水位下降部分对应的水体看作梯形体，Δh 为梯形体的高度，ΔA 为梯形体在 Δh 高度上的平均面积，等于梯形体中心高度的横截面积，则堰塞湖

水量平衡方程可改写为

$$\frac{\Delta V}{\Delta t} = \frac{\Delta A \times \Delta h}{\Delta t} = Q_1 - Q_2 \tag{2-28}$$

其中：$\Delta A = (A_1 + A_2)/2$；$\Delta h = h_1 - h_2$；$\Delta t = t_2 - t_1$。式中，h_1、h_2、A_2、A_2分别对应t_2、t_2时刻库区水位与水面面积。

则不同时刻溃决流量的计算公式为

$$Q_2 = \frac{(h_1 - h_2)(A_1 + A_2)}{2(t_2 - t_1)} + Q_1 \tag{2-29}$$

根据库区水位视频录像，以坝顶过流为起点，对过流时间进行离散，读取某一时刻的标尺刻度，并换算得到库区水位，再根据实验槽的几何尺寸确定对应水位时的断面面积，然后根据式(2-29)计算溃坝流量(图2-22)。由于上游来水的冲击作用(消能作用不充分)，湖区标尺处水位在溃决过程中有波动现象，流量计算中水位取值存在误差，造成流量计算结果出现不规则突变，但溃决流量的总体趋势未受到较大的影响。

由图2-22可见，溃决流量在溃决过程的开始阶段较小，并逐渐增大，从溃决流量激增到减小再到上游来水量的补充阶段，流量过程线近似对称分布。

当坝体密度由1.6g/cm³提高到1.8g/cm³以后，溃决峰值流量、峰值流量对应的时间都有显著变化。溃决峰值流量由8.9L/s降低到1.4L/s，从溃决开始到流量达到峰值所持续的时间由95s增加到2942s(表2-12)。这主要是由于坝体密度增加后，坝体强度提高，水流侵蚀速率降低，溃决持续时间明显增加，而强度的提高也导致水流难以侵蚀坝体形成较大的溃口，使得溃决峰值流量成倍减小(邓明枫等，2011b)。

当坝体级配变粗后，漫顶流量在激增之前出现一个较为明显的增加过程，在溃决发生约96s时出现一个流量激增的转折点，其后的流量过程十分相似，溃决峰值流量有所减小，溃决的持续时间有明显增加。溃决峰值流量由8.9L/s降低为7.4L/s，从溃决开始到流量达到峰值所持续的时间由95s延长到150s(表2-12)，这主要是由于粗颗粒对侵蚀过程有一定的抑制作用，粗颗粒含量增加后，这种抑制作用更加显著。

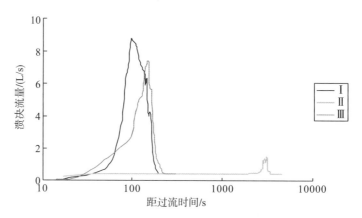

图2-22　溃决流量变化过程(以水流漫坝为零点)

表 2-12　溃决过程参数

组别	坝体中轴线溃口/cm			峰值流量 /(L/s)	至峰值流量 时间/s	溃决时间/s	残余水深*/cm
	深	顶宽	底宽				
I	24	35	21	8.9	95	180	5.3
II	18.5	23	15	1.4	2942	3400	10.7
III	22	38	22	7.4	150	190	7.2

注：* 指溃决结束后，库区残余水体的最大深度。

2)堰塞湖溃决阶段划分

在陡坎的后退过程、溃口发展与溃决演化分析的基础上，将溃决过程划分为下游坡面侵蚀、冲沟侵蚀、陡坎稳定侵蚀、陡坎加速侵蚀、陡坎减速侵蚀和常态化过程 6 个阶段(邓明枫等，2012)，下面以代表实验为例说明各溃决阶段的主要特征，其他组实验各阶段的起始时间见表 2-12。

(1)阶段 I：下游坡面侵蚀。该过程从水流漫顶开始，至下游坡面出现小冲沟为止，仅持续 2s。该过程内水流流量小，流速低。对松散的坝体而言，该过程十分短暂，水流通过即形成小冲沟，但对高密度坝体而言，水流展开，坝体强度大，坡面侵蚀持续时间较长。

(2)阶段 II：冲沟侵蚀。该过程从下游坡面出现细小冲沟开始，至溃决流量达到上游来水量为止，持续约 16s。初始阶段水流流量较小，在下游坡面形成一个小冲沟，小冲沟继续发展逐渐形成一个小陡坎。

(3)阶段 III：陡坎稳定侵蚀。该过程从漫顶水流达到上游来水量大小开始(第 16s)，至流量明显增大为止，持续约 32s。在这个过程中，漫顶水流流量几乎保持恒定，并等于上游来水量。由于该过程流量大于初始时刻流量，水流宽度有所增加，陡坎宽度也由小增大。伴随着侵蚀的进一步发展，过流处坝体中的细小颗粒被侵蚀，致使坝体高程缓慢降低，少量库区水流参与到溃决过程，溃决流量微弱增大，并逐渐进入陡坎加速侵蚀阶段。

(4)阶段 IV：陡坎加速侵蚀。该过程从漫顶水流流量明显大于上游来水量开始(第 49s)，至漫顶流量达到峰值流量时，持续约 50s。在这个过程中，溃口正上游的坝体被侵蚀，高程降低，溃决流量增加，同时过坝水流断面增宽，陡坎加速后退。至 68s 时，陡坎发展到上游坡面位置，溃口上方的挡水部分变成一个"倒三棱柱"，抗侵蚀能力迅速减弱，高程迅速降低，伴随着库区水体的大量外泄，溃决流量迅速增加，促使溃口在宽度和深度上发展，并在溃口底部形成一个冲坑，冲坑随着陡坎的后退而向上游移动，原有冲坑则不断被石块充填。至 95s 时，漫顶水流达到峰值流量，陡坎加速侵蚀阶段停止。

(5)阶段 V：陡坎减速侵蚀。该过程从水流达到峰值流量开始(第 95s)，至溃口高程不再降低为止，持续约 85s。在这个过程中，溃决径流的侵蚀作用仍十分明显，但已进行到逐渐减弱的过程，溃决流量逐渐减小，"倒三棱柱"陡坎减速后退，并逐渐降低到与溃口同一高程，陡坎前方的冲坑被完全充填，溃决过程停止。

(6)阶段 VI：常态化过程。这个过程伴随着陡坎的完全消亡而出现，此时的溃决流量与上游来水量相等，库区水体成为死库容。但是，该过程中溃口两岸陡峻，仍可能发生滑动并堵塞溃决，形成新的堰塞湖。

根据对以上 6 个阶段的分析，阶段Ⅵ（常态化过程）过程中并不存在侵蚀效应，而只是溃决的最终结果，因此也可以不作为溃决过程的一个阶段。综合对另外 5 个阶段的分析，下游坡面侵蚀、冲沟侵蚀和陡坎稳定侵蚀阶段，由于水流流量小，流速慢，侵蚀能力弱，侵蚀缓慢且比较相似，故可统称为缓慢侵蚀阶段；而陡坎加速侵蚀和陡坎减速侵蚀阶段的水流流量大，流速快，侵蚀能力强，可统称为快速侵蚀阶段。

3）堰塞湖溃决洪水演进特征

堰塞湖对人类的最大威胁，主要来自堰塞湖坝体突然溃决导致堰塞湖蓄水快速下泄而引发的洪水灾害，如 1933 年 8 月 25 日四川叠溪 7.5 级地震导致岷江叠溪段形成 3 处堰塞湖（大海子、小海子、叠溪海子），使岷江断流 43d，回水长度达 20 余千米。1933 年 10 月 9 日（地震后 45d）晚上 7 点发生第一次溃堤，溃决洪峰流量达 10 500m³/s，最大水头高度达 70m，溃决洪峰到达距堰塞湖 150km 远的都江堰市，造成了 12500 人死亡，大量建筑被毁，经济损失巨大。在 1936 年 8 月 21 日、1986 年 6 月 15 日、1992 年 6 月 28 日岷江叠溪段堰塞湖又发生了三次溃坝，每次溃决都给下游人民带来了不同程度的灾害。据不完全统计，堰塞湖溃决洪水共造成上万人员伤亡。因此，在堰塞湖安全处置、下游居民安全转移等决策过程中，科学预测堰塞湖溃决风险及其洪水灾害十分关键。

4）实验过程与结果分析

（1）实验过程。实验过程中，堰塞体溃口处通过 DV 摄像进行实验观测和溃口断面及流速测量，坝体下游 1~10m 通过标记记录水位最大值（图 2-23），坝体下游 10m 处通过 DV 摄像记录水位随时间变化（图 2-24）。实验布置完成后启动上游进水阀门，保持堰上 4cm 的水头，按照直角三角堰流量计算公式 $Q=C_0H^{\frac{5}{2}}$ 估算流量，（其中，C_0 为直角三角堰的流量系数，一般取 1.4；H 为堰上水头），设定的流量为 448cm³/s。当水位逐渐上升到坝顶高程以上后，发生漫顶溃决破坏。

图 2-23　溃坝后下游某处最大水位

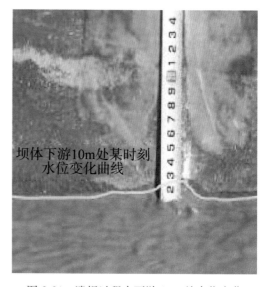

图 2-24　溃坝过程中下游 10m 处水位变化

(2)实验结果与分析。实验后整理溃决洪水最大水深观测值、下游 10m 处水深随时间变化的 DV 摄影资料，从而得到溃决洪水最大水深随距离变化关系(图 2-25)、下游 10m 处水深随时间变化关系(图 2-26)。用 DV 记录整个过程中库区水位变化，通过对时间差分推导出堰塞湖水量平衡方程：

$$\Delta V/\Delta t = Q_1 - Q_2 \tag{2-30}$$

式中，V 为堰塞湖的蓄水量；Δt 为考虑的时间段；Q_1 为 Δt 时间内堰塞湖的出库水量；Q_2 为 Δt 时间内堰塞湖的入库水量。

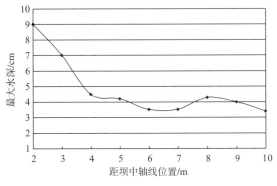

图 2-25　溃决洪水最大水深随距离变化曲线

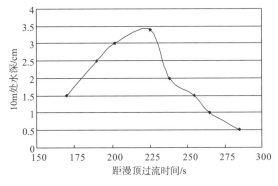

图 2-26　溃决过程中 10m 处水深随时间变化

由图 2-25、图 2-26 可见，从下游 2~10m 处总体上溃决洪水最大水深随下游距离的增大而波动，坝体中轴线下游起始 2m 处最大水深值最大，而且总体上呈现较明显的下降趋势。2009 年 11 月 7 日在当地村民唐树斌的陪同下对茂县宗渠沟堰塞湖溃决洪水演进过程进行实地调查，从堰塞湖溃口(N31°37′16.5″，E103°50′5.9″)出发，沿着溃口下游 1km 进行溃决洪水水位调查，其沿程最大水位变化见图 2-27。从图 2-27 中我们可以发现，其最大水深变化趋势与模型实验所得到最大水深随距离变化关系曲线较为接近(胡桂胜等，2011a)。

由图 2-27 可见，溃决洪水水位在某处的变化呈现先增大后减小的规律，在溃决过程中某一时刻到达最大值(模型实验中这一时刻为漫顶过流后 225s)，这与溃坝流量先增大后减小相一致。

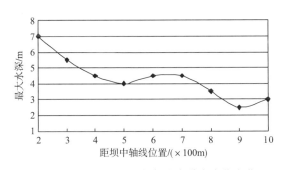

图 2-27　实地调查堰塞湖溃决洪水水位变化

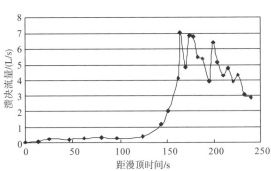

图 2-28　溃决流量随时间变化曲线

溃决流量是溃决过程中的一个重要参数，决定着下游危险区范围，是堰塞湖漫顶溃决研究中的一个重要内容。按照库区水量平衡方程推导出不同时刻溃决洪水流量计算公式为

$$Q = \frac{(h_1 - h_2)(A_1 + A_2)}{2(t_2 - t_1)} + q \tag{2-31}$$

式中，h_1，h_2，A_1，A_2 为对应 t_1，t_2 时刻库区水位与水面面积；q 为上游来水量。

根据库区水位视频录像，以坝顶过流为起点，对过流时间进行差分，读取某一时刻的标尺刻度，并换算得到库区水位。再通过实验槽的几何刻度确定对应水位时的水面面积。然后根据式(2-31)计算得到溃决流量(图 2-28)。由于湖区标尺处水位在溃决过程中有波动现象，流量计算中水位取值存在误差，流量计算结果出现不规则突变，但溃决流量的总体趋势未受到较大的影响。结合溃口发展与溃决流量过程，将溃决过程分为缓慢侵蚀和快速侵蚀两个阶段。缓慢侵蚀阶段一般形成多个陡坎，陡坎分层分布，分层侵蚀。由于坝体挡住了所有库区水体，库区水量不变，仅有上游来水侵蚀溃口，水流作用水头低，流量小(图 2-25)，陡坎发展缓慢；溃口发展到上游坡面之后，残余陡坎变成一个三角体，抗侵蚀能力变弱，陡坎高程加速下降，库区水体参与到溃口的侵蚀过程，作用水头(等于陡坎降低高度加上原坝上水头)增大，流量迅速增加，侵蚀速度明显加快。溃决完成后，坝体进入稳定常态化过程，在这个阶段内，坝体溃口与过坝流量保持不变。

由图 2-28 可以发现，过坝流量首先随着漫顶时间的增加逐渐增大；当漫顶时间达到一定值时(模型实验中这一值为距漫顶过流 124s)，过坝流量急剧上升继而达到最大值；当过坝流量达到最大值之后，流量随着漫顶时间的增加出现波动但总体趋势减小，这是土体的冲刷破坏时水流运动产生的剪应力超过土体的抗剪强度所造成的。堰塞体的颗粒大小不一，分布不均，导致各处的抗剪强度存在较大差异。细小颗粒间接触面小，抗剪强度低，最先发生剪切破坏，破坏后，小颗粒即被水流搬运；大颗粒与其他颗粒的接触面积大，抗剪强度较高，较不易发生剪切破坏，它们只有在与之接触的小颗粒完全被搬运后才会发生运动。由此可见，土体强度的差异使水流表现出差异性侵蚀(即水流在大小颗粒接触面表现出不同的侵蚀能力)，并使溃坝流量随时间呈现出波动的特征。根据图 2-28我们可以得到溃决流量随时间的变化关系。为了减少风险，建议在堰塞湖排险过程中，排导槽应选择在大石块比较集中的部位或者固结程度更高的部位。由于大石块可视为局部的土体固结，所以大石块集中的部位也更不易被水流侵蚀。实际操作中可运用地质雷达等手段圈定土体密度更高或含更多大石块的部位，从而设计出更加有效的排导槽来更好地进行堰塞湖的人工排险。

2.4 滑坡形成条件与过程

2.4.1 滑坡形成条件

滑坡形成条件包括内部条件和外部条件两个方面。内部条件包括组成边坡岩土体的性质、地质构造、岩体结构、地应力等。外部条件有地表径流作用、地震、风化作用、人工开挖、爆破以及工程荷载等。

2.4.1.1　滑坡形成的内部条件

产生滑坡的内部条件包括岩土的性质、结构、构造和产状等。

(1)岩土的性质。不同的岩土，它们的抗剪强度、抗风化和抗水侵蚀的能力都不相同，如坚硬致密的硬质岩石，它们的抗剪强度较大，抗风化的能力也较高，在水的作用下岩性也基本没有变化，所以硬岩不容易发生滑坡。反之，如页岩、片岩以及一般的岩土，其强度较小，因此，由它们所组成的坡体就比较容易发生滑坡。

(2)岩土的结构。结构松散的土体构成的坡体稳定性较差，在达到一定厚度之后如遭遇地表径流作用，会因自重作用的增加而产生较大的下滑力导致滑坡发生(殷跃平，2010)。因此，崩坡积物丰富的区域是滑坡易发区域。

软弱岩层容易形成滑坡的滑面，因此大多数岩质滑坡均具有较弱岩层发育区。软弱岩层遇水极易软化和泥化，通过降低透水率，增加岩体内部的孔隙压力，并降低岩体接触面的黏滞阻力从而降低软岩的抗剪强度来形成滑坡滑面，最终促使滑坡的发生。

(3)岩土的构造。影响滑坡的岩土构造包括断层、节理、层理不整合等岩体的构造面。断裂构造对滑坡的控制作用明显。一般说来，断层穿过的部位岩石破碎，在自重作用影响下碎裂岩石容易崩落，并在水流的冲刷作用下，形成河谷方向的临空面，为滑坡的发生提供势能和空间条件；另外，松动破碎的岩石，受自重作用向坡下方向崩落，堆积在坡角的缓坡地带形成松散堆积层，为土质滑坡提供物质来源(刘衡秋等，2010)。

(4)岩土的产状。岩土构造面的产状特征对滑坡的发育有很大影响。当构造面倾向与边坡坡面的倾向一致时，就容易发生顺层滑坡，边坡的坡度越大，其稳定性就越差，越容易发生滑坡。此外，滑坡的发生需要足够的临空面，山区河流的冲刷、河谷的深切以及人类工程的大量切坡都能形成高陡的临空面，为滑坡的发育提供了良好的条件。

2.4.1.2　滑坡形成的外部条件

滑坡形成的外部条件包括径流作用、人类活动和地震活动等(殷跃平，2013)。

1)径流作用

径流作用包括地表水和地下水的作用两方面。地下水在滑坡形成中起到顶托、楔裂、促动的作用。地下水在进入裂隙、形成高压水流后，具有沿主要的构造裂缝"楔裂""撕开"的趋势，当裂隙水压力达到一定程度时，坡体迅速溃裂、解体，封存的水压力被突然释放，从而驱动坡体分块向下运动形成滑坡。

在强降水条件下，地表水通过坡表的坡残积层渗入岩土层的构造裂隙中，并在裂隙中产生静水压力和沿滑移面分布的扬压力，降雨入渗使坡体自重增加，坡体内软弱夹层饱水后抗剪强度降低也极有利于滑坡的形成。特别地，在地表降雨持续入渗、坡体内形成连续的高地下水位的情况下，坡体的渗流作用产生的动水压力对滑坡形成的影响也较大(黄润秋等，2005)。

调查表明：90%以上的滑坡与径流的作用有关(黄润秋，2003a)。径流的来源包括大气降水、地表水、地下水、农田灌溉的渗水、高位水池和排水管道的漏水和冰雪融水等。

一旦径流进入斜坡岩土体内，它将增加岩土的重度并产生软化作用，降低岩土的抗剪强度，产生静水压力和动水力，冲刷或侵蚀坡脚，对不透水层上的上覆岩土层起润滑作用，当地下水在不透水层顶面上汇集成层时，它还对上覆地层产生浮力作用等。所以径流的作用将会改变组成边坡的岩土的性质、状态、结构和构造等，所以滑坡多发生于雨季。

2) 人类活动

人类活动极大地影响着滑坡的发育，影响的主要方式包括不合理的开挖与地面的加载。特别地，一旦开挖形成临空面，软弱基座上部坡体压缩，发生临空方向挤出的缓慢蠕变，致使应力向"锁固段"进一步转移，从而加剧其应力集中，当集中的应力超过"锁固段"岩体的长期强度时，"锁固段"会发生突发的脆性破坏，导致滑坡的发生（黄润秋，2003b）。

山区建设中不合理的坡脚开挖或不适当地在边坡上堆放弃土弃渣容易导致斜坡的平衡破坏而发生滑动。此外，人类活动引发的机械振动和爆破振动对滑坡的发生和发展也有一定的影响，其原因为振动可以使得土体结构强度降低。

3) 地震活动

坡体在水平和竖向地震力作用下易产生崩滑破坏，坡体后缘易形成动力损伤并开裂，地震引发滑坡的根源为其横波和纵波的波动作用。横波由于传输速度较慢，较晚到达斜坡体，坡体初期崩滑破坏是受到源自初始震源的纵波产生的水平拉裂作用所致，而后期的抛射和碎屑流动则是受到纵横波耦合作用所致；此外，纵波产生的水平拉裂作用是触发斜坡体产生初期崩滑破坏的主控因素，而斜坡体所处地形则是促使其开裂后解体、碎屑流动和堆积等运动过程的主控因素（崔芳鹏等，2011）。

内部条件和外部条件之间相互关联，相互影响，共同作用促进滑坡的发育。内部条件是形成滑坡的前提条件，而外部条件则是滑坡的触发因素（殷跃平等，2016）。

2.4.2　滑坡形成模式

滑坡是地表过程的一个极端侵蚀过程。在构造运动与地壳的隆升过程中，形成高山和平原、湖泊发育等反差极大的地貌单元，随着隆升和沉降的进一步发展，这种反差还在逐渐增大。山体的增高、地表径流的侵蚀和下切，形成了一系列的高陡临空带。无论基岩或堆积物，其非均一性是绝对的，非均一的岩土体会发育相对软弱的"面"，一旦软弱"面"连成沿斜坡的条带，即形成潜在滑带。在河流等动力的下切中，滑带以上的坡体拥有足够的临空面。在某一时空区域出现极端暴雨、极端地震活动或极端的人类爆破等动力作用时，坡面便失稳，形成滑坡。

中国的大型滑坡尤其是中国西部地区的大型滑坡，具有规模大、机理复杂、危害大等特点（殷跃平，2001）。这些滑坡包括岩质滑坡、土层滑坡，均具有不同的发育机理。

2.4.2.1　土质滑坡的发育模式

土质滑坡按滑动面或者破坏面的纵剖面形态可分为平滑型和转动型滑坡两种类型。

土质滑坡是斜坡土体以剪切破坏为主的斜坡破坏。根据经典土力学理论，土质滑坡的剪切破坏服从摩尔-库仑准则，根据摩尔-库仑定律，土体的内摩擦力主要由内聚力和内摩擦角两部分组成。内聚力是指同种物质内部相邻各部分之间的相互吸引力，这种相互吸引力是同种物质分子间存在分子力的表现。而内摩擦角是土颗粒的表面摩擦力和颗粒间的嵌入和连锁作用产生的咬合摩擦力的综合体现。反映在土体的宏观特征则表现为：土质滑坡在滑带的形成和逐渐贯通的过程中，其内聚力往往会逐渐变小，而内摩擦角不会出现明显的变化。滑体的变形和解体状况往往比较复杂，对于土体尤其是饱和土体，在变形前期，土颗粒的流动可能是蠕变的主要原因。但在变形中后期，颗粒的微破裂将逐渐占据主导地位，并出现加速蠕变现象。在滑坡的发育过程中，随着蠕变的进行，滑带土的抗剪强度逐渐减小（许强等，2015）。土体滑坡解体后在一定的条件下，可在继续的运动过程中发展成为泥流或者泥石流等（图2-29）。

影响土质滑坡的因素有很多，但降雨通常是诱发土质滑坡的一个主要因素。大中型滑坡的滑动过程极难模拟，现以蒋家沟坡面坍滑土体发育过程为例，通过实验分析，揭示其机理。土体从最初降雨到失稳的过程可分为6个阶段（Chen et al.，2016）：①强降雨入渗阶段：降雨初期，雨水大量入渗，土体表面出现一些细微的张裂隙，坡脚土体在雨水渗透力作用下产生挤压现象，但无地表径流形成。本阶段土体的含水量及孔压变化较为平缓，土坡处于稳定状态。②超渗产流阶段：随着降雨的持续，土体中含水量逐渐增加，雨水入渗速率逐渐降低，最终降雨速率大于入渗速率。在此过程中，土体的饱和度逐渐增大，雨水下渗速率逐渐减少，表层土体入渗率降低，当降雨速率大于土体入渗率时，土体表面产生超渗产流。由超渗产流形成的地表径流层，进一步促进表层土含水量增加，最终导致其黏滞力降低，抗滑力降低，下滑力增大，稳定性下降。③由土体饱和导致的土体强度降低的阶段：随着含水量增加，土体逐渐趋于饱和，土体密度增大，超渗产流进一步增加，形成一定的侵蚀力，并侵蚀土体表层细颗粒物质。④由孔压升高导致土体强度进一步降低的阶段：这一阶段土体的内摩擦角及摩擦阻力降低，导致土体的抗剪强度及稳定性进一步降低。⑤土体蠕滑阶段：本阶段初期，土体出现较小的破坏，此后土坡后缘裂隙发育。随着土坡后缘裂隙的发育，在动水压力等作用下，土体的下滑力增大，此时土体处于临界平衡状态。⑥土体坍滑阶段：本阶段土体孔压及动水压力继续上升，黏滞力下降，下滑力超过抗滑力使得土体产生坍滑。

图 2-29 坡面土体失稳典型特征

2.4.2.2 岩质滑坡的发育模式

岩质滑坡的演化机理及过程往往较为复杂，其典型的地质-力学模式包括滑移-拉裂-剪断"三段式"模式、"挡墙溃屈"模式、近水平岩层的"平推式"模式、反倾岩层大规模倾倒变形模式、顺倾岩层的蠕滑-拉裂式模式。每一类模式都具有其对应的地质结构条件和变形破坏的机理。但是岩质滑坡的发生一般都伴随着滑动面上的"锁固段"的突然破坏。每一种滑坡的发育模式均有其各自的机理(黄润秋, 2013), 例如, 岩质边坡的滑移－拉裂－剪断三段式模式是指边坡的变形破坏具有分三段发育特征, 即下部沿着近水平或者缓倾坡外的结构面蠕滑、后缘拉裂、中部锁固段剪断。具有这类变形破坏模式的边坡往往具有以下的地质结构: ①坡体主体由相对均质的脆性岩体或半成岩体构成, 但坡角发育近水平或者缓倾坡外的结构面。②以坚硬的岩体为主, 但夹有相对较薄的软弱夹层构成的互层状边坡。"挡墙溃屈"模式的岩质滑坡, 其边坡失稳机理的基本特征是: 边坡整体结构较为松弛(如强、弱风化带), 但在边坡下部或中下部存在局部完整性和强度均很高的"刚性"地质体, 后者在整个边坡中实际上起到了类似挡土墙的作用, 它承担和"挑住"了因上部坡体变形而传递下来的巨大"推力", 如同通常意义的"锁固段"一样, 起到了维系边坡整体稳定的关键作用。随着边坡变形的进一步发展, "锁固段"最终会因为应力的过量积累而产生突发性的脆性破坏, 形成高速滑坡。反倾向层状岩质边坡中大型倾倒变形及滑坡发生的基本规律为: ①反倾向层状岩质边坡大规模倾倒变形通常发生在具有一定柔性特点的近直立薄层状地层中。当陡倾的坚硬地层中含有大量的软弱片岩时, 也有发生大规模倾倒的可能。②反倾地层中, 滑坡较少, 而一旦见到, 规模往往较大。究其原因, 是大规模倾倒变形长期地质演变的结果, 岩层可能发生很大的柔性弯曲而不折断, 一旦破坏, 必然是变形发展到了极致的产物。阶梯状蠕滑－拉裂则通常见于受平行边坡陡、缓两组结构面控制的高边坡中。在这种模式下, 缓倾裂隙一般构成蠕滑段, 陡倾裂隙则构成拉裂段, 蠕滑面整体呈陡－缓相接的阶梯行或者台阶状。

　　每一种滑坡的发育模式均有其适用的边界条件(黄润秋, 2003a), 例如岩质边坡的滑移－拉裂－剪断三段式模式是指边坡的变形破坏具有分三段发育特征(图 2-30), 即下部沿着近水平或者缓倾坡外的结构面蠕滑、后缘拉裂、中部锁固段剪断(黄润秋, 2013)。这类边坡的变形破坏机制表现为三个阶段性过程: ①边坡形成过程中发生回弹错动性质

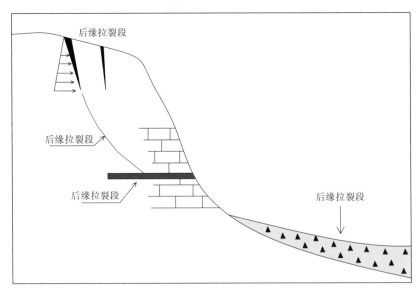

图 2-30　滑移－拉裂－剪断"三段式"模式作用示意图

的表生改造，使得边坡坡顶形成拉张应力区，并出现后缘拉裂。②表生改造完成后，坡体在自重应力的长期持续作用和驱动下，沿缓倾结构面发生持续的蠕滑变形，导致坡体后缘拉裂并向下扩展，且在这个过程中形成了岩体的锁固段。③当后缘拉裂加深到一定深度时，锁固段长期应力积累的突然释放将使得坡体发生突发的脆性破坏。这类边坡往往因发生突发的脆性破坏使得其位能得以释放，并带动坡底的堆积物形成高速滑坡。

2.4.3 大型滑坡发育的内外动力条件

滑坡通常不是在某一种因素的作用下形成的，而是在内外动力因素联合作用下形成的。内动力因素通常是地震，外动力作用最常见的因素为极端气候，具体为极端干旱和极端暴雨。地震引发滑坡的现象十分普遍，包括地震直接触发滑坡的形成和地震间接引发滑坡的形成，前者如汶川大地震引发的大光包滑坡（黄润秋等，2008），后者如官坝河滑坡（Wei et al.，2014）、都江堰中兴镇滑坡（王佳运等，2014）。虽然地震直接触发滑坡的形成现象很普遍，然而更多的滑坡灾害主要是由地震与极端气候等外动力因素共同作用的结果。干旱改变了区域地表土体的结构，降低了地表的植被覆盖率，进而增加了地表径流的入渗量，这些条件的改变有利于岩土强度的降低，利于滑坡的发育；极端的暴雨则增加了土体的下滑力，并降低了岩土体的强度，促进滑坡的形成。地震、干旱、暴雨的混合作用促进了大型滑坡的发育。下面以樟木滑坡、易贡滑坡和小林滑坡为例来揭示内外动力因素耦合作用促进滑坡发育的机理（图 2-31）。

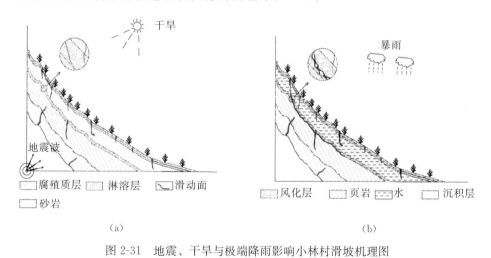

(a)　　　　　　　　　　　　　(b)

图 2-31　地震、干旱与极端降雨影响小林村滑坡机理图

2.4.3.1 樟木滑坡的形成机制与破坏模式分析

通过深大钻孔、区域重大滑坡的比对、年代测试、地下径流示踪、沉积相分析和工程地质勘查等方法揭示出时代 2.42 万年、面积 1.26km^2、残留平均厚度 19.02m 的岩质古滑坡；岩质古滑坡上部覆盖崩坡积物和冲洪积物的盖层。樟木滑坡体是由岩质古滑坡、堆积层老滑坡和堆积层现代滑坡的多层多期次特大型滑坡体组成。从深部到表层分布着岩质古滑坡、堆积层古滑坡和现代滑坡三个层次，岩质古滑坡覆盖在基岩上，其上覆盖着大量的崩坡积物和冲洪积物，崩坡积物进一步发育福利院堆积层古滑坡和邦村东堆积

层古滑坡；堆积层古滑坡上进一步发育福利院现代滑坡、邦村东现代滑坡和中心小学变形体(图 2-32)。各滑坡的基本特征参见表 2-13。

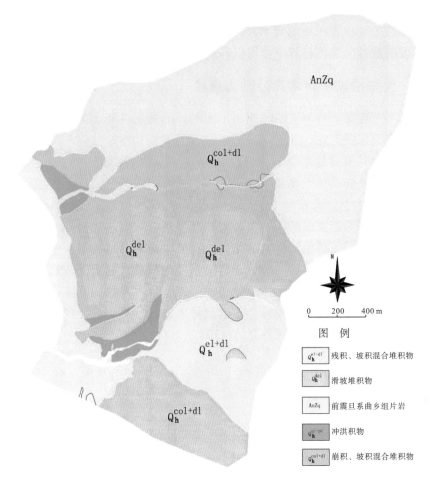

图 2-32　调查区岩土体工程地质类型分布图

表 2-13　樟木滑坡类型与特征

名称	划分依据
樟木镇岩质古滑坡	①调查显示基岩和崩坡积之间存在破碎岩；②钻孔发现滑动砾石土；③破碎岩与基岩产状、节理密度、风化程度差异大；④地形满足滑坡发育条件；⑤破碎岩与基岩不整合露头可见；⑥区域岩质古滑坡广泛发育
福利院堆积层古滑坡	①钻探资料显示基覆界面滑带土发育；②地形地貌显示滑坡周界清晰，呈现明显的圈椅状形态，为一负地形
邦村东堆积层古滑坡	①钻探资料显示基覆界面滑带土发育；②地形地貌显示滑坡周界清晰，呈现明显的圈椅状形态，为一负地形，地表有三级规模较大的缓倾滑坡平台
福利院现代滑坡	①钻探资料显示滑带土存在；②地貌上为"长舌状"负地形；③裂缝、鼓胀、倾倒变形、不均匀沉降、剪切变形和房屋拉裂等变形特征显著
邦村东现代滑坡	①钻探资料显示滑带土存在；②地貌上呈钟形的凹陷地形；③滑动变形特征显著
中心小学变形体	①钻探资料显示发育粉土软弱面；②上部窄下部宽的扇形地形特征；③地基不均匀沉降、房屋剪切破坏、倾倒变形等变形特征

1.樟木镇岩质古滑坡形成机制分析

岩质古滑坡发生的地质时代推测为晚更新世(Q_3)，其滑面主要受南倾的节理面和河床的侵蚀面控制。其过程与机理推测如下：①后缘拉裂。波曲的下切作用促使其支沟电厂沟侵蚀基准面降低，电厂沟下蚀与侧蚀增加坡脚的凌空面，促使边坡变陡，边坡在演变过程中，坡顶形成拉张应力区，顺着南倾的陡倾节理发育后缘的拉张裂隙。②蠕滑变形。后缘拉裂向下发展，形成前缘的蠕滑段、后缘的拉裂段和中间维持坡体稳定的锁固段。③滑动阶段。随着后缘拉裂的发展及前缘蠕滑段的发展，滑面贯通坡体滑动。

1)影响岩质古滑坡发育的因素

樟木镇岩质古滑坡的影响因素主要包括地形地貌、地质构造、地震和地层岩性。

(1)地形地貌。樟木镇岩质古滑坡位于喜马拉雅山南侧的高山峡谷区，波曲河自东向西流经滑坡前缘，前缘河谷高程为2100～2300m，两岸地势陡峻，相对高差在800m以上。岩质古滑坡发育在波曲左岸一侧，海拔3500m以上的坡体表面坡度在50°以上，海拔3500m以下坡度相对变缓，为30°～35°；滑坡后缘位于基岩陡壁下，高程为2800～2900m，前后缘高差600～700m。岩质古滑坡发生在基岩下部海拔2700m以下的缓坡地带，平均坡度为30°，前后高差约300m。因此，高陡的斜坡地形是影响樟木镇岩质古滑坡的一个重要因素。

(2)地质构造。樟木镇岩质古滑坡位于喜马拉雅地槽褶皱区内，属高喜马拉雅基底结晶岩带褶皱体系，为喜马拉雅结晶基底复式背斜北翼的一小部分。受地质构造影响，区内的活动断裂相当活跃，构造运动和褶皱也异常复杂。断层的上盘滑坡往往较为发育。波曲河压扭性断层，走向为NNE-SSW方向，向SEE方向陡倾，倾角65°左右；波曲-迪斯岗正断层，产状为(110°～120°)∠(65°～75°)，走向NEE。樟木岩质古滑坡位于两个断层上盘，同时断层两侧的地形不对称，断层下盘的西侧山体陡峭，基岩裸露，岩体完整；上盘基岩风化剥蚀强烈，岩体破碎，樟木沟飞瀑处为小型正断层，走向近NWW，产状为(210°～230°)∠(55°～65°)，与之平行的大节理发育，产状与坡向一致，形成构造顺向坡。区域内主要发育三组节理，其中，节理1产状(140°～160°)∠(66°～74°)，节理2产状(300°～320°)∠(63°～75°)，节理3产状(180°～220°)∠(66°～78°)。节理1和节理2相互交割呈"X"形，组合节理的发育更利于岩体向临空面方向发展。以上因素为大型岩体沿软弱滑动面滑动提供了可能(图2-33)。

(3)地震。樟木岩质古滑坡位于喜马拉雅山脉地震区轴部，地震活动频繁。自1833年以来，在樟木镇周围100～200km²，曾发生8级及8级以上地震2次，5级及5级以上地震21次。8级以上强震的活动周期为100年，对樟木地质灾害影响较大的是临近的两次地震，即1833年8月26日聂拉木8级地震和1934年1月5日印度达班加8.4级强震。另外，利用汪素云(1993)建立的有感半径R与震级Ms的关系式(当震级Ms<5时，$R=10^{-2.803+0.974Ms}$；当震级Ms≥5时，$R=10^{0.611+0.289Ms}$)筛选出对研究区域有影响的历史地震事件(图2-34)。分析结果表明，发生在中国境内及边境附近有记录的地震事件中，共有28次地震对樟木滑坡有着不同程度的影响。其中，震级Ms≥8的地震共4次，震级7≤

Ms<8 的地震共 3 次，震级 6≤Ms<7 的地震共 5 次，震级 5≤Ms<6 的地震共 13 次，震级 Ms<5 的地震共 3 次。

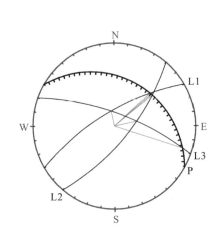

编号	结构面名称	倾向/(°)	倾角/(°)
P	坡面	210	30
L1	节理1	150	70
L2	节理2	310	69
L3	节理3	200	72
组合交棱线		倾向/(°)	倾角/(°)
P—L1		229	29
P—L2		232	28
P—L3		288	7
L1—L2		230	25
L1—L3		168	69
L2—L3		258	58

图 2-33　樟木滑坡区域节理赤平投影图

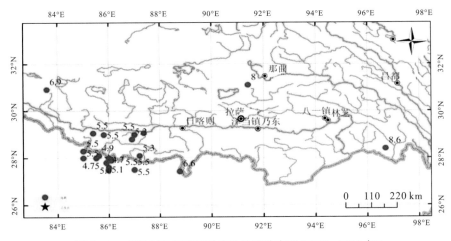

图 2-34　对樟木镇有破坏影响的地震分布图(1800~2010 年)

在确定了对樟木滑坡有影响的地震的基础上，采用俞言祥等(2001)拟合出的我国西部地区有效峰值加速度(EPA)衰减关系式，确定樟木滑坡区的有效地震峰值加速度值(图 2-35)。计算结果表明，1833 年聂拉木 8 级地震、1834 年定日绒辖乡 6.25 级地震、1934 年聂拉木 5.25 级地震、1974 年聂拉木东南方向 6.1 级地震和 1978 年聂拉木南 5.6 级地震等 5 次地震对樟木滑坡影响最大，地震有效峰值加速度值分别为 236.19Gal、77.02Gal、173.38Gal、127.36Gal 和 53.84Gal。另外，根据《中国地震动参数区划图》(GB18306—2001)，樟木的地震有效峰值加速度为 0.20Gal，地震动反应谱特征周期 0.40s，地震基本烈度为Ⅷ度。在频繁的震动下，可使滑动带岩体的结构遭到破坏，岩体的下滑力巨增，造成其抗剪强度指标急剧减小，从而引起突发性滑坡。据相关资料，地震烈度在Ⅵ度以上地区就有滑坡、崩塌发生，Ⅸ度以上地区滑坡、崩塌密集分布。依据区域的滑坡分布特点，滑坡沿樟木沟和邦村东沟成串分布，这种分布特点极大地说明了区域滑坡与地震的密切关系。

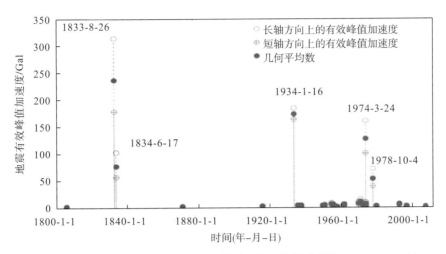

图 2-35　樟木镇地震有效峰值加速度值随时间变化关系曲线(1800~2010 年)

（4）地层岩性。影响樟木岩质古滑坡形成的另一重要因素是地层岩性。由综合钻探资料可知，樟木岩质古滑坡上覆破碎岩体平均厚 19m，下覆为中风化基岩或新鲜基岩，中间夹圆砾与角砾砾石土层，厚度一般为 0.8~3.0m。基岩和破碎岩块的岩性均为质地较软弱的片岩、片麻岩及变粒岩。据实验，上覆天然破碎岩体抗剪峰值强度 c 平均为 40kPa，$\varphi=36°$；饱和破碎岩体抗剪峰值强度 c 平均为 36kPa，$\varphi=34°$。中间角砾混合土天然抗剪峰值强度 c 平均为 28kPa，$\varphi=32°$；饱和破碎岩体抗剪峰值强度 c 平均为 24kPa，$\varphi=30°$。下覆新鲜基岩天然抗剪峰值强度 c 平均为 58kPa，$\varphi=42°$；饱和破碎岩体抗剪峰值强度 c 平均为 54kPa，$\varphi=36°$。这表明，岩体与岩体之间的软弱带强度非常低，岩体可沿此类软弱面发生滑坡。

2）岩质古滑坡形成机制分析

如前所述，樟木岩质古滑坡位于喜马拉雅山脉地震区轴部，该区域地震活动频繁；樟木镇雨量极其充沛，年平均降水量为 2820.0mm，洪水频繁；整个樟木镇地处高山峡谷区，地形的抬升和沟谷的下切速率快，这些因素均为岩质古滑坡的孕育提供了有利条件。另外，樟木岩质古滑坡层理倾向(27°∠15°)与坡向(210°∠50°)相反，两者构成反倾关系。反倾类边坡变形破坏失稳的显著特点是：滑动面的形成一般都需要经历较长的时效变形孕育过程，岩层可发生很大的柔性弯曲而不折断，其破坏一定是变形发展到极致的产物，一旦失稳，其破坏形式通常是剧烈的，造成的危害也相当严重。也就是说，这类边坡的滑动面的形成完全是自身演化的结果，并非像顺倾边坡那样，存在一些先决条件的潜在滑动面。也正是因为这样，这类边坡的变形现象比较常见，而演化到形成滑坡的情形并不常见；一旦演化到滑坡阶段，由于其长期的地质历史积累，必然是深层的、大规模的。

分析樟木后山岩壁的表面形态及坡度后初步推测，岩质古滑坡的滑床为樟木沟右岸的陡崖，滑落前滑体所处的海拔应为 2700～3700m(图 2-36)。就樟木镇而言，区域内岩体节理裂隙极其发育，主要发育三组大型节理：节理 1 产状为(140°～160°)∠(66°～74°)，节理 2 产状为(300°～320°)∠(63°～75°)，节理 3 产状为(180°～220°)∠(66°～78°)，节理面倾角大。在长期的表生改造过程中，因坡体表面岩体的崩落卸荷，坡体回弹，并在重力作用下，由组合节理面(由节理 1 与节理 2 相互交错呈"X"形)切割而成的岩体会发生倾倒变形，在坡顶拉张应力区出现后缘拉裂缝；在自重应力的长期持续作用下，倾倒的岩体会导致节理 3(与坡面产状大体一致)拉裂、扩展与贯通(图 2-37 和图 2-38 中阶段 1)。区域降雨频繁，将使软弱结构面充填的软弱物质经常处于准饱和状态，岩体强度低。另外，长时间的浸润，会加速硬质结构面强度的降低。再加上区域频繁的地震影响，山体经常受到强烈震动，导致岩层结构面松动，而且地震作用会新增加大量的导水裂隙，同时串通和扩大各含水裂隙、岩体结构面之间的水力联系。到地质历史时期的某个时段，表层岩体与下覆基岩之间便形成了贯通性较好的滑动面。

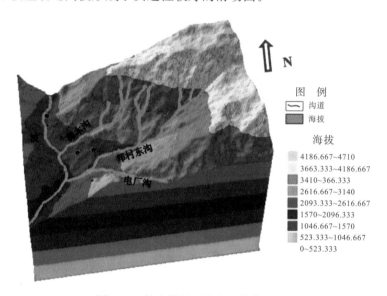

图 2-36　樟木滑坡三维高程等值线图

依据区域大量滑坡带状分布的特点和区域大暴雨频繁发生的特点，滑坡的形成可能与区域地震活动及强暴雨相关。在强地震或强降雨及自重作用下，岩质滑体后缘拉裂，中部"锁固段"被剪断，前部岩体剪出，滑面贯通，岩体整体从高位剪出，高速滑动，运动过程中不断铲刮表层松散残坡积土及岩体。当前缘碰及前方高陡坡体，岩体前部突然减速、解体，然后迅速爬至一定的坡高处静止下来；滑体中后部由于前部碰撞、缓冲消能作用而慢慢堆积在坡面上，岩体结构破坏程度相对前部而言较低。总结推测，樟木岩质古滑坡在形成过程中经历了一整套链式反应过程：滑动面贯通(后缘裂缝拉裂—中部"锁固段"剪断—前缘剪断)—滑体高速滑出—刮擦坡面—前缘骤停、解体、爬坡、静止—中后缘减速、静止(图 2-37 和图 2-38 中阶段 2)。整个滑动过程中，滑体后缘垂直滑动距离约为 1100m，水平滑移距离约为 1000m；前缘垂直滑动距离约为 400m，水平滑移距离约为 1600m。另外，巨大的岩质滑体将原来的电厂沟向滑动方向水平推移约 450m。

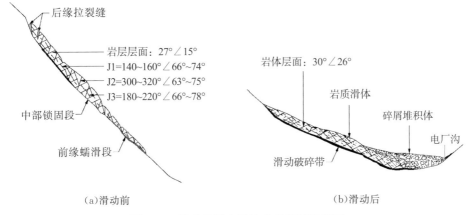

图 2-37　樟木岩质古滑坡启动机制示意图

受区域节理控制的波曲河与电厂沟交汇区域附近的岩体相对破碎、软弱，下切速率较快地形成地貌上的一个"裂点"，河流下切形成临空面，区域南倾的节理形成软弱带，促使滑坡发育。在较长的一段地质历史时期，由岩质古滑坡前缘解体形成的大量碎屑物质不断被电厂沟中的强大水流冲刷、剥蚀，导致改道后的电厂沟不断下切。当表层的松散碎屑物被冲刷完后，高速的水流接着侵蚀下伏较完整的古岩质滑体和新鲜基岩，形成新的电厂沟沟道(图 2-38 中阶段 3)。与此同时，樟木后山陡峻岩壁上的岩体不断崩落、堆积、风化，形成崩坡积物。这些崩坡积物不断地堆积在岩质古滑坡的表面，一方面，阻止了岩质古滑体的剥蚀和风化；另一方面，随着崩坡积物的不断堆积，表层覆盖层厚度增大，促使新的表层土质滑坡的孕育乃至形成。位于坡体上方的覆盖层，在水流及地质构造等外界营力的改造作用下，最终形成了今天所见的樟木沟(图 2-38 中阶段 4)。

综上所述，滑坡发育的地质时代推测为晚更新世(Q_3)，其滑面主要受南倾的节理面和河床的侵蚀面控制。其过程与机理推测如下：①后缘拉裂，波曲的下切作用促使其支沟电厂沟侵蚀基准面降低，电厂沟下蚀与侧蚀增加坡脚的临空面，促使边坡变陡，边坡演变过程中，坡顶形成拉张应力区，顺着南倾的陡倾节理发育后缘的拉张裂隙；②蠕滑变形，后缘拉裂向下发展，形成前缘的蠕滑段和后缘的拉裂段和中间维持坡体稳定的锁固段；③滑动阶段，随着后缘拉裂的发展及前缘蠕滑段的发展，滑面贯通坡体滑动。

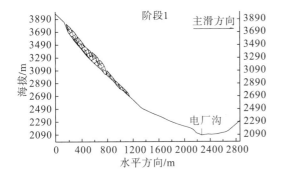

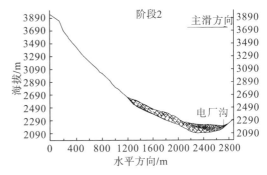

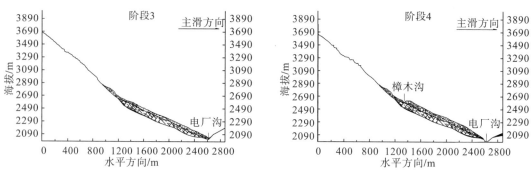

图 2-38 樟木岩质古滑坡孕育、形成和演化示意图

2. 堆积层古滑坡形成机制分析

1)滑坡稳定性影响因素分析

(1)福利院堆积层古滑坡影响因素。①地下水：滑坡区所在区域降水量特别集中，是西藏少有的暴雨中心之一，丰富的降水量加大了滑坡体内的地下水的富集，不仅可以削弱岩(土)体抗滑力，改变滑坡的力学性能，降低滑坡的强度，尤其是软弱结构面的抗剪强度；还改变了坡体的应力状态，增加水压力(包括动、静水压力两部分)。②岩土体特性：该滑坡体组成为碎块石土，碎块石土结构较为松散，抗剪强度和抗风化能力较低，是福利院滑坡发生的有利因素。③地震与暴雨激发：区域地震和暴雨是激发堆积层古滑坡活动的关键因素(图 2-39)。

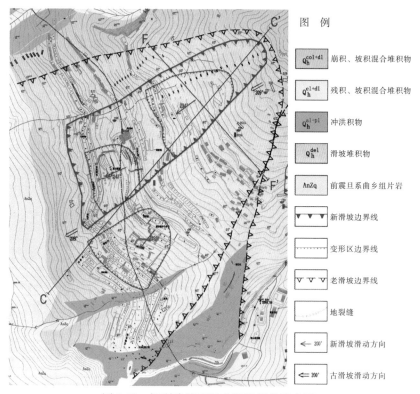

图 2-39 福利院堆积层古滑坡周界示意图

（2）邦村东堆积层古滑坡影响因素。①坡度：邦村东古滑坡平均坡度约 $32°$，中部较为平缓，平均坡度为 $21°$，下部地表坡度变化较大，为 $20°\sim42°$，滑坡体前缘局部坡度可达 $62°$，因此，滑坡前缘的岩土体可能首先失稳进而造成后部岩土体牵引滑动。②岩土体特性：坡体组成主要为块碎石土，经室内分析及野外调查，此类碎块石土结构较为松散，抗剪强度低，容易产生变形面下滑。③降雨与地震：降雨对邦村东滑坡的影响很大。该滑坡坡体物质组成主要以碎石土为主，岩土体孔隙率高，雨水的大量下渗不仅导致斜坡上的土石层饱和，还增加了滑体的重量，降低土石层的抗剪强度，导致滑坡产生。此外，区域地震活动容易激发滑坡的发生，并影响震后滑坡的稳定性。

2）堆积层古滑坡变形机制分析

根据 $\mathrm{I}\text{-}\mathrm{I}$、$\mathrm{II}\text{-}\mathrm{II}'$、$\mathrm{III}\text{-}\mathrm{III}'$ 等滑坡纵向主剖面的信息，福利院堆积层古滑坡后缘滑坡体较厚，平均厚度为 $41.6\mathrm{m}$；前缘坡体厚度较薄，平均厚度为 $18.3\mathrm{m}$，表现出从前到后滑坡体逐渐变厚的特征；邦村东堆积层古滑坡后缘滑坡体较厚，平均厚度为 $48.68\mathrm{m}$，滑坡体前缘坡体厚度较薄，平均厚度为 $11.8\mathrm{m}$。综合以上两个滑坡体厚度，总体表现为坡体后缘厚、前缘厚度薄的显著特征。

随着后缘的不断加载，加上前缘波曲以及邦村东沟的强烈下切，崩、滑堆积体不断地由后部变形发展到前缘变形，滑坡体内部的潜在滑动面将会形成，并且其抗剪强度受不利因素（如强降雨、地震等）的影响而下降，抗滑力就会降低，在静水、动水压力等不利因素的影响下，坡体内部下滑力增大，当整体抗滑力小于下滑力后，堆积体从蠕变发展到加速运动，而当位移发展、积累到一定程度时会导致崩、滑堆积体分别沿垂直波曲以及邦村东沟两个方向发生整体滑动。根据滑坡体的变形形态以及运动特征，可判断福利院古滑坡以及邦村东古滑坡的形成是受到后山崩塌堆积的不断加载的作用，加上前缘河流下切侵蚀的影响发展而形成推移式滑坡。

3. 现代滑坡形成机制分析

1）滑坡稳定性影响因素

（1）福利院现代滑坡稳定性影响因素。影响福利院现代滑坡稳定性的因素主要包括地形地貌、地层岩性、水的作用及人类工程活动等。

①地形地貌。福利院现代滑坡地处河谷斜坡地带，滑坡地面坡度为 $25°\sim35°$，坡体后缘坡度较陡，可达到 $45°\sim50°$，斜坡坡度较大，为滑坡发育提供了有利的条件。

②地层岩性。第四系覆盖层结构较松散，易渗水，其物质组成主要为含碎石、粉质黏土组成的碎石土，其强度较低，当其含水量较大时，抗剪强度将进一步降低，易沿与第四系残坡积覆盖层内力学性质软弱面产生滑移。

③水的作用。水是产生滑坡的重要因素，暴雨或持续降雨将造成滑坡体岩土体饱水，增大岩土体重度，降低岩土体的抗剪强度，导致坡体稳定性降低；同时，静、动水压力对坡体的稳定性影响很大，可能导致坡体的失稳破坏。

④人类工程活动。滑坡体前缘公路斜坡以及房屋修建开挖坡脚，改变了坡体的原始

地形，对坡体前缘卸荷，减小了滑坡体阻滑力，从而降低滑坡的稳定性。

（2）邦村东现代滑坡稳定性影响因素。影响邦村东现代滑坡稳定性的因素主要包括地下水、坡度、岩土体特性、降雨和地震。

①地下水。现场调查发现，在邦村东现代滑坡东西两侧各有一条小支沟分布，沟内常年有水，根据对该滑坡变形迹象的记录分析，地表水的冲刷是滑坡浅表变形的主要诱因之一。由于樟木沟和强玛沟道径流的入渗，地下水位相对较高易造成邦村东滑坡活动(图 2-40)。

图 2-40　邦村东现代滑坡远观图

②坡度。坡体中下部地表坡度变化较大，坡度为 21°～42°，滑坡体前缘局部坡度可达 62°，较大的坡度容易诱发坡体失稳。

③岩土体特性。该滑坡体发育于古滑坡之上，滑体由碎石土、粉质黏土构成，在丰富的地下水以及较大坡度等因素的影响下，岩土体的力学强度较低，造成坡体稳定性下降而形成滑坡。

④降雨和地震。降雨和地震是激发滑坡的关键因素，该滑坡 1982 年的活动可能与1978 年较强的地震和当年的暴雨相关。

（3）中心小学变形体稳定性影响因素。影响中心小学变形体稳定性的因素主要包括地形地貌、地层岩性、水的作用等。

①地形地貌。樟木镇中心小学变形体地处中低山之间相夹持的河谷斜坡地带，滑坡坡体表面坡度为 26°～37°，局部地段可达到 40°，斜坡坡度较大，为滑坡发育提供了有利的条件。

②地层岩性。第四系覆盖层结构较松散，易渗水，其物质组成主要为碎石土，强度较低，当含水量较大时，抗剪强度将进一步降低，易沿软弱面产生滑移。

③水的作用。水是产生滑坡的重要因素，暴雨或持续降雨将造成滑坡体岩土体饱水，增大岩土体重度，降低岩土体的抗剪强度，导致坡体稳定性降低；同时，地下渗流静、动水压力对坡体的稳定性影响很大，可能导致坡体的失稳破坏。

2)现代滑坡变形机制分析

(1)福利院现代滑坡形成机制分析。滑坡地面整体坡度为 25°～35°，在坡体后缘坡度较陡，可达到 45°～50°。福利院现代滑坡区周围分布有大量民居，中尼公路贯穿而过，人类工程活动强烈，根据现场调查以及对该滑坡活动历史资料的收集，该滑坡的变形破坏区域与修建道路时的切坡以及房屋修建时造成的坡脚开挖有着密切的关系，往往会在坡脚区形成最大剪应力增高带，首先出现变形破坏，继而过渡到坡体中后部，在坡体上部出现拉应力区，形成拉张裂缝，表现出前部坡体先滑动，中后部坡体有继续活动空间并不断向前滑移，体现出滑坡变形由后向前扩展的特征，为牵引式滑坡类型。

(2)邦村东现代滑坡形成机制分析。邦村东滑坡前缘处于邦村东沟陡峭的岸坡上方，地形较陡，局部坡度在 60°以上，形成良好的滑动临空条件。该滑坡的形成是从滑坡后缘开始，变形自上而下发展，规模不断扩大，然后逐级向下发展过渡到坡体中前部，出现新的滑动，呈现出推移式滑坡的力学特性和变形形态。

(3)中心小学变形体形成机制分析。中心小学变形体坡度较大，坡度为 26°～37°，局部地段可达到 40°。变形体潜在滑动面最大埋深约 32.4m，潜在滑面角度总体上是 20°～30°。在坡体表面密集的房屋建筑静力荷载以及来往中尼公路的大型载重货车的动荷载共同作用下，首先在坡体后部、中部形成拉张裂缝，在变形体前缘的房屋建筑在后缘坡体强大的推力作用下，墙体上出现了大量的剪切裂缝、房屋向外倾倒以及梁柱剪切破坏等现象。目前该滑坡处于蠕变期，由于樟木镇中心小学变形体宏观变形的出现，地表裂缝、地面沉陷等变形的形成，加上樟木镇雨量丰富，降雨或地表水沿滑坡体的裂缝进入坡体或滑面的入渗量会明显增加，一方面会显著增加坡体内的动静水压力，导致已破坏区域及其临域承受的应力继续增加，另一方面使这些部位的岩土强度降低得更为充分，加剧其变形的发展，不断的变形又导致抗剪强度再次降低，从而持续地发生破坏，这一过程不断地、重复地进行，在暴雨作用以及各种荷载作用下，中心小学变形体内部可能形成完全贯通的滑动面，发展为推移式滑坡。

(4)樟木滑坡形成机制分析。樟木滑坡是在古崩滑堆积体上发育的多层、多级、多块滑坡，就滑坡的形成时代而言，既有新滑坡，又有老滑坡以及古滑坡。这些滑坡内不同年代堆积而成的坡体物质，无论是不利的物理力学性质、堆积体稳定性本身，还是不同时期、不同岩性结构面的存在，都将以不利的本体条件为日后滑坡的形成和发展做好准备，这是樟木滑坡得以发生和发展的内部因素。

滑坡发育和发展的其他主要条件是地下水和当地的强降雨、后缘崩塌加载以及人类工程活动，而相对作用较大的是两大河流的强烈切割。从时间上看，早期以波曲河切割和区域构造运动为主；随后以邦村东的冲刷、构造运动和降雨为主；如今则以人类工程活动局部开挖滑坡前缘和大气降雨与渗流为主。滑坡的变形破坏模式根据自身的条件和复杂多变的外部因素而表现出不同的形式。

早期滑坡(古滑坡)的破坏主要是河流切割下的牵引滑动模式，及个别时期过度崩塌加载及地下水参与下的推动式变形模式，而当前滑坡的主要变形破坏以局部浅表层滑坡活动为主，该类浅层滑坡，有的是在暴雨作用下，特别是后部地表水的集中倒灌作用下，滑坡以推动式破坏的形式出现；有的是因为前缘公路开挖和房屋建设破坏了固有平衡，从而产生了的一些牵引式滑坡。无论是推动式还是牵引式滑坡，滑面的形式都不是圆弧形的，而是以软弱面和岩层分界面控制的直线型。需要特别说明的是，前级滑坡的变形与发展，将拖带后级滑坡的复活与发展；而针对浅层滑坡的变化，若不及时治理又将进一步影响着中层滑坡的稳定。

2.4.3.2　西藏自治区易贡扎木弄沟崩塌滑坡机理分析

2000 年 4 月 9 日，我国西藏自治区波密县易贡乡扎木弄沟发生了规模巨大的滑坡泥石流（殷跃平，2000）。经计算，约 1.1 亿 m³ 的岩体从海拔 5300m 的山顶崩滑，崩滑体所产生的强大的动力带动沟内沉积的近百年的碎屑物质快速运移到沟口，堵塞易贡藏布河道，并形成了总堆积方量约 2.19 亿 m³ 的天然坝体。该滑坡泥石流输移的松散固体物质堵江形成堰塞坝后，堰塞湖水位不断上升，蓄积水量达 30 亿 m³，淹没 4917 亩*农田、12770 亩草场、2168 亩茶园和电站、木板厂、石材厂、道路等，4000 余群众被迫转移。2000 年 6 月 10 日堰塞湖溃决，溃决洪峰流量高达 12.4 万 m³/s。溃决洪水冲毁了易贡藏布和帕隆藏布沿江的 318 国道通麦大桥、墨脱解放桥、公路、溜索、骡马驿道等基础设施，318 国道中断 76 天。据不完全统计，2000 年滑坡泥石流－堰塞湖溃决灾害链造成的直接经济损失高达 12 亿元，并造成下游印度数十人死亡，250 余万人受灾。

1. 易贡崩滑体的基本特征

根据灾害发生过程中不同部位物质运动及堆积特征，可将此次滑坡泥石流分为 4 个区域，即崩滑区、滑坡区、泥石流流通区和泥石流堆积区（图 2-41）。

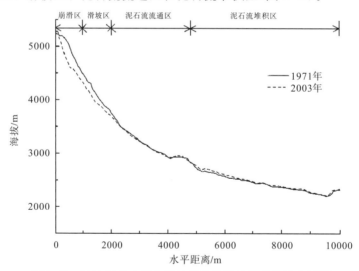

图 2-41　2000 年扎木弄沟滑坡发生前后地形变化及分区图

崩滑区位于扎木弄沟沟谷源区，海拔为 4500～5320m，高差 820m。崩滑体总体呈楔形，崩滑后裸露出的底部形态，形似 "V" 形悬谷，两侧壁陡，悬谷后壁新形成的轮空面，坡度相对较缓，由 NE 向 SW 倾斜，后缘靠山峰部分则呈近直立的陡壁，岩壁表面

＊　1 亩约为 666.67m²。

较为平整。该沟沟源处沟谷两侧均发育有与侧壁近于平行的 NE 向断层裂隙带,构成"X"形组合形态,贯通性极好。滑坡区后缘高程约为 4500m,前缘高程约为 3750m,长度约 1200m,谷角坡度约 35°。

泥石流流通区为峡谷区,沟谷长 3500m,平均宽度约 850m,高差 1500m 左右。沟谷槽两侧坡度为 45°~70°,局部呈悬崖陡壁(图 2-42)。谷底相对平缓,走向 NE—SW。沟槽北端附近,谷底宽约 50m,高 150m,上部宽约 150m;沟谷槽南端,底部宽约 150m,上部宽约 300m,高度与北部相接近,谷内存在大量的碎屑状早期崩滑物质。

 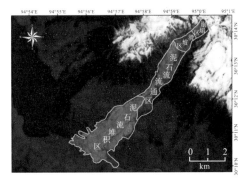

图 2-42　2000 年扎木弄沟滑坡(含崩塌)形态和边界

泥石流堆积区位于扎木弄沟原沟口堆积扇上及易贡藏布两岸,泥石流堆积物质形成了一个类似于喇叭状的堆积扇体,其纵坡十分平缓,平均坡度为 8°~10°。主堆积带位于扎木弄沟下游中央区和易贡藏布河床处,这两个区域的堆积厚度明显大于两侧山谷坡地和堆积区最前缘部分。

泥石流堆积区前缘(偶而也见在两侧和近后缘地带),见有总体表现为槽、垅沿运动方向相间分布的波状地形,类似于风沙堆积区中所常见到的呈锥状或丘状地形(图 2-43)。这类锥状或丘状堆积体均发育在碎屑堆积(或表面富有碎屑物种)区带内的相对突起的正地形部分,其个体规模不等,形态多样。锥状堆积体,中部直径多在 3~17m,高为 1.5~15m,形态为顶部尖削的锥体;边缘的锥状堆积体较小,底部直径为 1~8m,高度为 0.5~3m,形态则多呈顶部浑圆的丘状。

图 2-43　滑坡泥石流堆积区形态

泥石流运动物质堆积在扎木弄沟沟口，分布于海拔约 2700m 以下，其前缘部分一直抵达易贡藏布河床对岸的相龙弄巴泥石流堆积扇，形成天然坝体，将易贡藏布阻塞。堆积体前沿最大堆积宽度达到 2.5km，后缘堆积宽仅约 300m，从后缘到前缘总长度达 4.5km，投影面积为 6.6km² （图 2-44）。

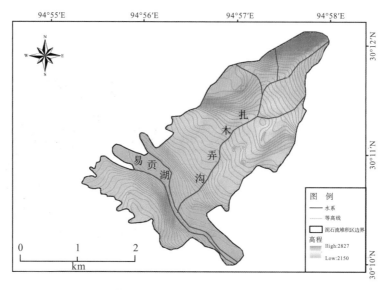

图 2-44　滑坡泥石流堆积区边界

堆积体的物质组成比较复杂，主要由砂土夹石构成，砂岩占 80%～85%，块石体积最大达数百立方米；母岩主要由花岗岩、大理岩、板岩组成，风化强烈；平面上堆积体各部分物质组成不同，其中央区域及左侧块石相对较多，其余部分以砂性土夹碎石为主，砂性土分选性差，各部分的含量不一，整个堆积体表面结构松散。

泥石流堆积物的岩性 90% 以上为花岗岩，变质岩仅占 10%。堆积体中部由大块石组成（含量＞90%），块石直径 80% 在 3m 以上，最大两个块石直径达 42m 和 44m。块石堆积区的长轴方向与运动方向完全一致，块石直径沿泥石流运动方向呈逐渐减小趋势，其西南端块石直径总体为 20～30cm，堆积区大块石长轴与运动方向近于垂直。目前调查显示，扎木弄沟堆积扇上直接出露的大石块最大直径为 11.4m×10.7m×5.2m（图 2-45）。

图 2-45　目前扎木弄沟堆积扇上的大石块

2. 易贡崩塌滑坡成因机制分析

易贡扎木弄沟发生大型滑坡泥石流灾害，整个过程包括崩滑→滑坡→泥石流→堰塞湖溃决→洪水灾害→河谷地形改造→河谷次生崩塌、滑坡，形成了一个非常完整的地质灾害链(黄润秋，2003b)。其发生的成因机制和具体过程为：崩滑区受易贡—鲁朗走滑断裂和嘉黎断裂的复合控制作用，花岗岩体内断裂结构面极其发育，将花岗岩体切割成倾向山外的巨大楔形岩体，巨大的楔形崩塌岩体所处位置具有巨大临空面，奠定了崩滑发生的地形条件。数日持续的高温导致的冰雪超量融化及其后数日大雨所形成的地表径流贯入山体裂缝。地表径流和冰雪融水的冻融作用，使得崩滑体的后缘陡倾裂隙快速发展。崩滑体沿着软弱结构面或者裂隙面发生持续的蠕滑变形，并导致崩塌体的后缘陡倾裂隙和前缘的缓倾裂隙面强度进一步降低。后缘拉裂段与前缘的蠕滑段强度降低后，崩滑体的稳定性降低，达到其稳定性临界值时崩滑体滑动崩落。骤然失稳的山体，在重力的作用下，以巨大的动能冲击沟内的松散碎屑物质，使其在沟内基本处于饱水状态的碎屑物质中产生瞬间异常超孔隙水压力，并且使得松散碎屑物质底部发生液化，使其抗剪强度骤然降低到零。这些松散碎屑物质在后续持续崩落的巨大岩体的冲击作用下，被迅速带走并铲蚀沟谷两侧的山体，进而转化为泥石流。根据危岩体岩性及已有的崩滑破坏实例，结合利用结构面的特征分析，并考虑到坡面上冰雪冻融和降水与地震的综合作用，确定扎木弄沟崩滑体的破坏模式为滑移–拉裂–剪断式。扎木弄沟具体的变形破坏机制主要表现为以下的阶段性过程。

(1)节理的发育控制着崩滑体的边界与规模。崩滑体形成过程中，由于受到区域性构造的影响，扎木弄沟流域的花岗岩节理裂隙十分发育，主要发育四组大型节理：节理 1 产状为 $203°\angle34°$，节理 2 产状为 $94°\angle57°$，节理 3 产状为 $211°\angle86°$，节理面倾角大，节理 4 产状为 $163°\angle45°$。节理的分割作用使得岩体非常破碎，特别是节理 3 控制着后缘陡倾拉裂缝的发育，节理 1 则控制着崩滑体滑动面的发育，具体见图 2-46。

(2)极端气候与径流的变化促进崩滑体稳定性降低。地表径流和冰雪融水的冻融作用，使得崩滑体的后缘陡倾裂隙快速发展。崩滑体沿着软弱结构面或者裂隙面发生持续的蠕滑变形，并导致崩塌体的后缘陡倾裂隙和前缘的缓倾裂隙面强度进一步降低。后缘拉裂段与前缘的蠕滑段强度降低后，崩滑体的稳定性降低。

(3)极端气候与径流的变化促进崩滑体稳定性降低。地震活动与岩体强度的衰减促使岩体沿裂隙拉裂产生崩滑。实验已知，风化花岗岩的强度指标 C 为 9.1MPa，φ 为 58.85°。应用库仑定律，考虑暴雨和地震工况，结合区域内花岗岩 3 组张拉裂隙的产状特点进行岩质崩滑体的稳定性计算。计算结果显示，当后缘的拉裂段岩体开裂到363m时，前缘的蠕滑段贯通，此时崩滑体达到极限平衡状态，此时锁固段长度为206m。当崩滑体后缘前缘进一步开裂，岩体的锁固段小于206m，岩体滑动，并且由于滑面的坡度可达到50°，之前的岩体局部以崩塌的方式向下运动，形成崩滑体(图 2-47)。

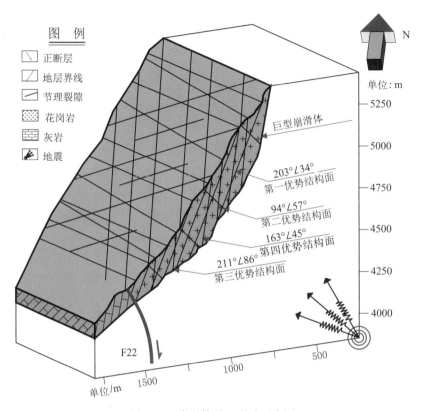

图 2-46　崩滑体节理裂隙展布图

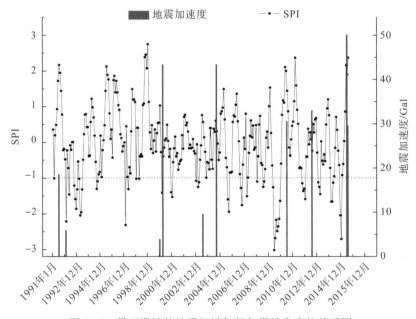

图 2-47　易贡滑坡的地震极端气候与滑坡发育的关系图

2.4.4　台湾小林村滑坡机理分析

2009 年 8 月 7 日至 10 日，莫拉克台风给台湾带来了 200 年一遇的暴雨，累积降水量达 2019.5mm(甲仙气象站)，最大降雨强度达 94mm/h，平均降雨强度达 21.0mm/h。降雨导致台湾发生了有史以来最为严重的台风次生山地灾害，特别是 8 月 9 日清晨高雄市甲仙小林村发生滑坡，导致小林村 462 人遇难。

小林村地处高雄市甲仙区(图 2-48)，基脚位置为东经 120°38′23.546″，北纬 23°09′19.207″，海拔 450.0m。滑坡顶点高程为 1280m，滑坡前缘高程为 450m，滑坡体前后缘高差为 830m；滑坡的坡度相对较缓，为 21°~23°；滑坡长 3.2km，宽 0.8~1.5km，平均厚度为 12.5m，滑坡体的最大厚度 86.2m，滑坡区域面积 3.68km²，滑动区域的面积约 2.0km²，滑坡体积达到 2500 万 m³；滑动时间持续约 95s，滑坡的滑动速度估算可以达到 20.4~33.7m/s，其内摩擦角为 14°；滑坡滑动后，高速碎屑流经坡底，扑向旗山溪的对面山体，爬高约 80m。滑坡发育于砂岩和页岩复合区，基岩为中新统到上新统的云水坑群的泥岩、砂岩和页岩层(图 2-49)。

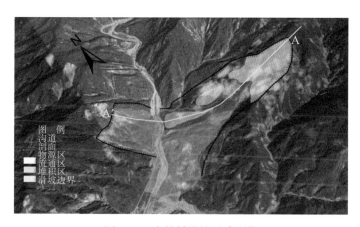

图 2-48　小林村滑坡遥感影像

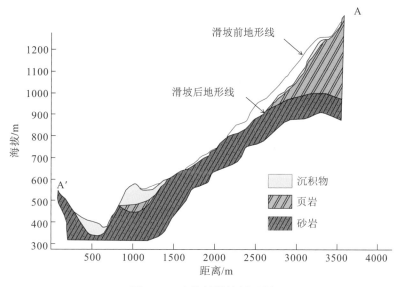

图 2-49　小林村滑坡剖面图

地震、长期干旱叠加极端降雨导致小林村滑坡的发生。地震的影响期在 5 年内较明显，往往 2～3 年达到高峰期。2008 年 3 月 5 日，距小林村 2km、经度为 120.7°、纬度为 23.2°的区域发生 5.1 级地震，小林村地震加速度达 150.4Gal，位于 7 度烈度区内。2006 年影响到小林村的地震有 3 次，最大加速度为 67.9Gal（表 2-14、图 2-50）。首先，经过 2006 年 3 次地震的影响，土体的黏聚力和有效黏聚力逐渐降低，土体的强度降低。其次，2008 年 3 月 5 日地震导致土体强度进一步下降，使得土体失稳。而该区域 2009 年 1～7 月以来干旱严重，除 3～4 月有少量的降雨外，其他月份均没有降雨或极少量的降雨，总降雨量仅为历来均值的 57%，台南的曾文水库和扁山头水库蓄水量仅为正常蓄水量的 30%，2009 年 5 月，该区域标准化降雨指数达 −2.44，根据 SPI 划分的干旱等级标准，5 月区域干旱程度为特旱（表 2-15、图 2-50）。在极端干旱气候的影响下，植被枯萎，土体开裂，物理风化加强，松裸土体增加。受莫拉克台风影响，8 月 6 日夜至 8 日，累计降雨量已达 1527.5mm（表 2-16）。由于地震和干旱的作用，土体表面裂隙发育，大量的降雨使得土体趋于饱和，土体已处于失稳的临界状态。在 8 月 9 日持续降雨情况下，于清晨 5 点发生滑坡灾害。

表 2-14　小林村滑坡灾害发生前 5 年内影响该区域的各次地震加速度

时间	纬度/(°)	经度/(°)	震级 Ms	震中距小林村距离/km	EPA^{lw}/Gal	EPA^{sw}/Gal	EPA^{w}/Gal
2006-4-1	22.90	121.00	6.5	44.0	92.1	50.0	67.9
2006-4-16	23.00	121.20	5.9	55.2	34.0	18.5	25.1
2006-12-26	21.97	120.42	7.0	137.8	31.3	18.4	24.0
2008-3-5	23.20	120.70	5.1	2.0	162.5	139.1	150.4

表 2-15　2009 年 1～7 月各月的标准化降雨指数 SPI

类别	1 月	2 月	3 月	4 月	5 月	6 月	7 月
SPI	−0.43	−0.71	1.29	0.49	−2.44	−0.53	−0.79
干旱等级	无旱	轻旱	无旱	无旱	特旱	轻旱	轻旱

表 2-16　莫拉克台风期间 8 月 6 日至 10 日小时降水量　　　　　（单位：mm）

时间	日期				
	8 月 6 日	8 月 7 日	8 月 8 日	8 月 9 日	8 月 10 日
1:00	0	32	14.5	16	3.5
2:00	0	8	20.5	24	8.5
3:00	0	9	51.5	21	17.5
4:00	0	3	32.5	28.5	4
5:00	0	15	30.5	17.5	5.5
6:00	0	21.5	35	42	1.5
7:00	0	9	48.5	43	2

续表

时间	日期				
	8 月 6 日	8 月 7 日	8 月 8 日	8 月 9 日	8 月 10 日
8:00	2	9	29.5	35.5	1.5
9:00	0.5	13	22.5	18.5	0
10:00	0.5	20	16.5	19	1
11:00	0	9.5	21.5	13	5
12:00	0	12	31	12	21.5
13:00	0	19.5	41.5	8	6.5
14:00	0	20.5	48.5	2	23.5
15:00	0.5	23	73.5	2.5	2
16:00	0	17.5	59.5	6.5	2
17:00	0	14.5	78.5	9.5	30.5
18:00	0	21	94	6	34.5
19:00	0.5	25.5	76.5	5.5	32
20:00	0	19.5	39.5	2	0
21:00	0	25.5	64.5	0.5	0
22:00	15	17	50	2.5	0.5
23:00	9	13.5	53	3.5	0
0:00	27.5	22	39	6	0

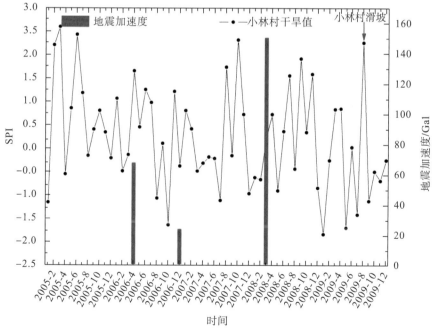

图 2-50　小林村滑坡与地震加速度、SPI 值的关系图

第 3 章　山地灾害监测预警体系

3.1　山地灾害监测预警的关键问题

目前山地灾害监测预警存在的关键问题包括监测系统寿命与灾害发生频率不匹配、灾害预警阈值确定困难、监测设备及其传输功能限制等(Chen et al.，2016)。

3.1.1　监测系统寿命与灾害发生频率不匹配

灾害性山地灾害通常发生的频率较低，多为 50~100 年一遇，而目前我们的监测系统(包括监测的设备和监测人员)中，监测设备的寿命较短，监测人员的责任期不长，通常为 5~10 年，这一矛盾决定了长期监测预警的困难和对早期预测的依赖性。本节将以泥石流为例进行说明。

1)灾害性泥石流的规模频率特征

世界范围内山区地壳的隆升与山地的剥蚀和湖海的淤积是一个持续的地质过程，形成了传统的"威尔士"循环。以青藏高原为例，其剥蚀速率最大可以达到 12mm/a(李廷栋，2010)。在地震和极端气候等内外动力的影响下，特别是低频率强降水和大流量冰川融水作用下，容易产生大规模的灾害性泥石流。泥石流一次的侵蚀量可以达到流域几年甚至几十年的剥蚀总量，所以泥石流是山区剥蚀过程的一种极端表现。这种极端现象决定了其性质的低频率特征。据统计，近年来世界范围内发生的死亡失踪大于 10 人的灾害性泥石流事件中，50 年一遇的占 23%，而 100 年一遇及其以上的占 77%。没有高频率的发生大规模泥石流灾害的事件。典型的代表如中国 2010 年 8 月 8 日舟曲泥石流灾害(1765 人死亡失踪)为 100 年一遇的泥石流规模；2012 年 6 月 28 日矮子沟最大规模泥石流灾害(41 人死亡失踪)为 50 年一遇；世界最为严重的泥石流灾害，如 1999 年 12 月 16日发生于委内瑞拉的泥石流灾害导致 3 万人死亡失踪，然而，如此规模的泥石流灾害其频率为百年不遇。

2)短寿命的监测系统与泥石流灾害的低频率不匹配

由于灾害性泥石流的频率普遍较低，50 年一遇以上的灾害一般平均 50 年左右发生一次，当激发条件较有利时也可能低于 30 年暴发一次。但目前的监测预警设备的寿命大多为 10 年，如南京水利科学研究院生产的翻斗式雨量计的设计寿命为 10 年；水位站点的设备如超声波泥位计为 10 年。国家相关规定，监测预警设备的报废年限为 10 年，所以设备的寿命仅为灾害性泥石流暴发周期的 1/5～1/3，而实际上泥石流监测预警设备通常运行时间更短，仅为 4～6 年。如汶川地震灾害后，2009 年四川省在 39 个重灾县实施县级流域的山洪灾害监测预警工程，每个县平均投资 600 万元；鉴于部分仪器设备的损毁和功能的失效，2014 年又启动山洪灾害非工程措施的升级建设，每个县 100 万～300 万元人民币。所以仪器设备的实际有效期仅约为泥石流灾害期平均值 50 年的 1/10。

依据现有的退休制度，男性一般 60 岁退休，大学生毕业时年龄为 23～25 岁，一般的工作人员的工作年限通常为 35 年左右，即使某一个工作人员常年致力于一个流域的监测预警，其监测的时间也仅为泥石流成灾平均年限 50 年的 65%，而依据中国就业的特征，平均单个职业的就业年限仅为 5 年，是泥石流灾害暴发平均周期 50 年的 1/10。仪器设备的寿命远低于灾害性泥石流的平均周期，监测人员的更换使得泥石流灾害可持续的监测预警实施困难。准确和有效的监测预警有赖于易发泥石流的动态评估和预测。即有效的监测预警需要针对未来发生泥石流可能性大的流域或者区域，而这种可能性是动态的，因此，早期预测成为实时监测预警准确性的基础。

3.1.2　灾害预警阈值确定困难

泥石流的启动是降水等径流作用使土体失稳流态化的结果(Iverson，1997)。降水成为监测预警的核心指标，我们依据大量的历史调查、泥石流启动实验和理论模型确定不同区域的临界雨量。然而由于影响泥石流启动的指标为动态的，不同流域或同一流域不同的时间和不同的泥石流过程临界雨量也不同，所以降雨指标的准确性确定困难较大。一般地，泥石流首先形成于流域内高坡度的松散固体物质集中区，其雨量要求较少，临界雨量值较低；泥石流汇流并侵蚀在坡降相对较小的主沟床时要求的雨量相对较高；泥石流成灾规模通常较大，其要求的临界雨量值最大。所以泥石流活动的区域以及规模不同，其临界雨量会出现较大的差异。此外，不同时间同一流域由于其形成条件的动态变化，泥石流临界雨量差异较大。如在西班牙的 SENET 流域 2009 年 8 月 7 日和 2010 年 3 月 25 日暴发的泥石流的临界雨量分别为 6mm/5min，30mm/h 和 2mm/5min，8.7mm/h，5min 降水量的变化率 66.7%，而 1h 的降雨变化率达到 71.0%(Hurlimann et al.，2011)。又如蒋家沟 1981 年发生的泥石流，其临界雨量变化于 2～7mm/10min，变幅达到 71%(吴积善等，1990)。

3.1.3　监测设备及其传输功能限制

已有监测预警手段，包括依据泥石流的振动、地声、超声、次声、降水、泥位、孔压和含水量等监测设备大多不同程度地存在缺陷；系统的辅助设备如电源、安全防护也存在问题，此外传输系统也存在稳定性的问题。

以泥石流的次声警报监测设备为例，目前发现基于泥石流的次声(频率小于 20Hz 的长波声段)可以监测到泥石流的发生，然而在实际的应用中不仅发现泥石流会产生次声波，其他的介质运动也有产生次声波的可能，导致设备的预警空报率较高；同时由于基于次声的定位十分困难，目前还没有良好的技术可以依据次声定位泥石流发生的位置。辅助设备以电能为例，虽然在技术上选用了节能的设备，也依据区域的日照特点，进行了太阳能的设计，但在泥石流暴发时往往太阳能不足，并且太阳能板在山区恶劣的环境下极易遭受损坏，有时还容易遭受人为的破坏。泥石流监测预警的传输系统通常包括主信道和备用信道（如卫星传输等）。然而在实际的操作中，由于卫星信道普遍成本较高，所以在实际操作中信号常常是利用手机 CDMA 或 GPRS 传输，而这类传输与山区的天气相关，在暴雨时期，通信和信号普遍较差，使得通信也无法得到保障。所以如何综合集成多类仪器进行互补性监测，如何提升现有监测设备的可靠性与有效性、集成科学可靠的监测预警技术体系，如何在极端环境灾害条件下确保稳定传输，也成为监测预警需要解决的问题。

3.2 基于过程的分级多指标泥石流监测预警技术体系

鉴于山地灾害监测预警存在的问题，需要建立一套科学实用有效的综合监测预警系统。以泥石流为代表的灾害过程是一个逐级递进的过程，任何一个过程都有可能由于能量和物质总量的不足导致过程终止。所以需要针对动态泥石流过程研究一套基于泥石流动态发育过程的早期预测、实时预警相结合的综合型监测预警系统。因此，作者的研究团队根据多年研究与实践，建立了基于过程的分级多指标泥石流监测预警技术体系（Chen et al.，2016；杨成林等，2014）。该体系从根本上对泥石流形成运动的整个过程进行监测，从而达到预警的目的。主要包括早期基于地震和干湿循环过程影响的灾害预测和基于泥石流启动、运动和成灾阶段的多指标实时监测预警。整个系统实现了早期预测与实时监测预警相结合、多预警指标与监测预警指标分级相结合，技防与群测群防相结合。

3.2.1 早期预测与实时监测相结合的监测预警技术体系

作者构建了从灾害预测、启动过程监测预警、运动过程监测预警到成灾预警的全套技术体系，研发了基于泥石流形成运动过程的监测预警系统并示范和推广应用，提高了监测预警精度。

泥石流的形成和运动经历了物源和水源的准备阶段、坡面土体的失稳启动阶段（或由滑坡引起）、冲切沟道的运动和侵蚀增大阶段、主沟的汇流与成灾阶段。经降水激发产生的泥石流体拥有稳定的震动、超大的流量、明显特征的地声，所以形成、运动和成灾过程可以利用降雨雨量、泥位（流量）、地声和振动指标监测预警。本书建立了基于过程的分级多指标泥石流监测预警技术系统，具体包括基于地震和干湿循环过程的泥石流早期预测系统；基于雨量的泥石流发生前期预警；基于雨量、孔隙水压力和含水量指标的泥石流启动监测预警系统；基于雨量、泥位、地声、振动等指标的泥石流运动、临灾监测预警体系。完善了预警指标和等级的系统划分方法，以启动临界雨量、土体孔隙水压力和含水量作为启动阶段指标；以由汇流临界雨量、支沟流域中上游泥位和地声作为运动阶段指标；以成灾临界雨量、主沟中下游泥位和振动作为临灾阶段指标。整个系统在早期预测基础上进行监测和预警，解决了低频率灾害与短寿命监测设备的矛盾，实现了高可靠度预警。预警体系示意图和监测过程见图 3-1 和图 3-2。

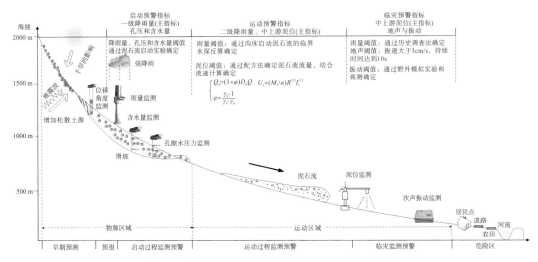

图 3-1　基于形成过程的泥石流综合监测预警体系

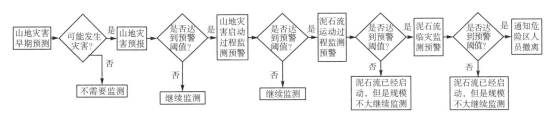

图 3-2　监测预警体系的监测过程

3.2.2　多监测预警指标体系

针对泥石流滑坡单一指标预警可靠度不高的问题,选择反映灾害形成的孔压、含水量与雨量指标,基于土体失稳的含水增加和孔压降低引发土体强度衰减的机理,建立多指标预警阈值,提升预警的可靠性。

研究发现密度小、级配宽的松散土体在降水等径流作用下,土体湿陷收缩、孔压和含水增加与局部超渗产流和超蓄产流的局部冲刷是土体失稳滑动的力学机理(以蒋家沟为代表的实验土体强度可由 0.83kPa 降至 0.53kPa 后突降至 0.09kPa,下降约 83%),土体内部孔压的突然消散与饱和含水量的维持及地表变形的加速具有关联性。通过宽级配砾石土体滑坡并转化为泥石流的实验,确定了泥石流启动的降雨、土体含水量和土体孔隙水压力多指标预警阈值,确定了滑坡启动的降雨、地表变形速率、土体含水量和土体孔隙水压力多指标预警阈值。选择汶川地震灾区、干旱河谷的 5 处 60 组坡面失稳转化为泥石流的实验,发现土体破坏启动时相对于平均孔压的增量分别达到 22.63%～36.18%,含水量为饱和含水量的 79.5%～87.3%。确定土体破坏启动的孔隙水压力阈值为前期平均孔压的 120%,土体含水量阈值为饱和含水量的 80.0%(图 3-3)。

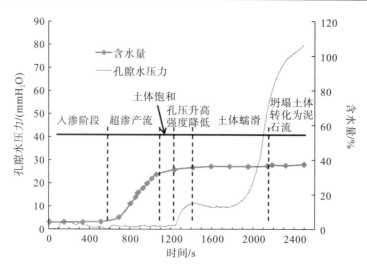

图 3-3　土体破坏启动过程中孔隙水压力和含水量变化

3.2.3　监测预警指标分级

　　基于泥石流启动实验、沟道启动反演计算和历史灾害事件调查分析，形成了泥石流启动、汇流和成灾三级雨量预警指标，解决了无资料区临界雨量确定困难的问题。

　　泥石流的启动、汇流和成灾过程中所需的雨量通常是逐渐增加的。灾害事件统计的雨量通常为成灾雨量，但由于气象台站通常位于河谷和平坝区域的城镇，其数值通常小于山区真实的临界雨量，可以在消除误差的情况下，采用统计数值确定，如基于泥石流发生频率和暴雨频率的计算方法；泥石流的启动雨量通常较小，可以采用野外人工降雨实验，通过统计土体失稳启动泥石流过程中的临界雨量来确定。泥石流汇流过程通常会启动沟床的固体物质，实现汇流的增量，可以采用启动沟床物质的临界流量推算可能的临界雨量加以确定。分别采用修正后的 Tognacca 公式模算启动沟床物质的临界单宽流量和采用高桥保启动沟床物质的临界水深模型，分别计算启动沟床物质的水文条件，应用区域水文手册或水文模型模算满足临界水深或单宽流量所需要的临界雨量，这也为无降雨资料或少资料地区泥石流临界雨量的确定提供了新方法。

3.3　山地灾害监测预警体系管理

3.3.1　群测群防管理

　　山地灾害群测群防体系是指县、乡、村地方政府组织城镇和农村社区居民为防治山地灾害而自觉建立与实施的一种工作体制和减灾行动，是有效减轻灾害的一种"自我识别、自我监测、自我预报、自我防范、自我应急和自我救治"的工作体系，是当前社会经济发展阶段山区城镇和农村社区为应对灾害而进行自我风险管理的有效手段(中华人民共和国国务院，2003)(图3-4)。这项工作的根本特点就是地质灾害在哪里出现就在哪里应对，突出强调所在地区居民减灾的自发性与自觉性，突出强调减灾行动的实时性，追求减灾成本的最小化和减灾效果的最大化(刘传正等，2006)。

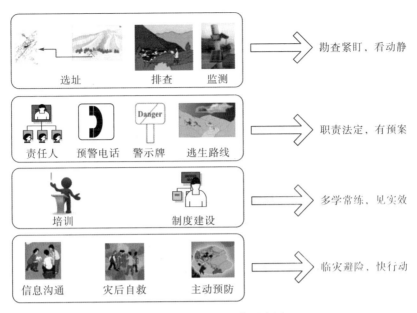

图 3-4　群测群防工作示意图

1)群测群防对象

群测群防的对象有 3 类(刘传正等,2006):一是以单体存在的危岩崩塌、滑坡和泥石流及地裂缝等。孤立存在的滑坡体、具备孕育崩塌的危岩体和可能发生滑坡的变形斜坡与泥石流沟等一般容易被发现并被列为监测对象。二是由于人类不合理开发利用地质环境,如因房屋建设、采矿(石)、修路、堆土(矸石)等孕育的崩塌、滑坡和泥石流灾害隐患点。三是由于降雨、融冻等极端气象条件变化引发的区域或流域群发型崩塌、滑坡和泥石流等。对持续强烈的局地暴雨影响下的完好斜坡地区,要特别注意防范呈现坡面型"链式"反应的崩塌-滑坡-泥石流灾害,这类区域是实施群测群防的难点(吕学军等,2005)。初步总结群测群防对象的特点如下(高克昌等,2005):区域性、群发性、"链式"反应、同时暴发性、持续超强降雨作用、地形陡峻、地质结构上软下硬、植被类型特殊、房屋结构抗破坏强度低。

2)工作阶段划分

地质灾害群测群防工作可划分为六个阶段,具体体现为"六个自我",即"自我识别、自我监测、自我预报、自我防范、自我应急和自我救治",突出强调实现防灾减灾的实时性,避免贻误减灾战机,努力把灾害损失和人员伤亡降到最低限度。

3)组织实施

群测群防体系实施的原则是"政府负责、分级管理、自觉监测、站点预警、协同防御"。群测群防体系由村(组)、乡(镇)和县(区)等 3 级监测预警机构组成,各负其责,责任到人。

村(组)级监测负责该村(组)地域内的山地灾害隐患点的监测预警;乡(镇)级监测负

责该乡(镇)地域内较大的山地灾害隐患点的监测预警；县(区)级监测负责该县(区)域境内的重大山地灾害隐患点的监测预警，负责该县的群测群防的技术指导和管理，是群测群防与专业监测研究的联络部。各级监测站、点均由分管该工作的主管领导(县长、乡长、村长)负责，责任落实到人(图3-5、图3-6)。

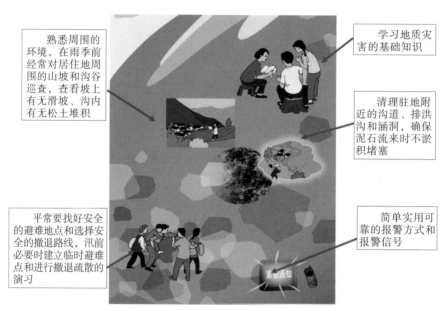

图 3-5　群测群防组织示意图

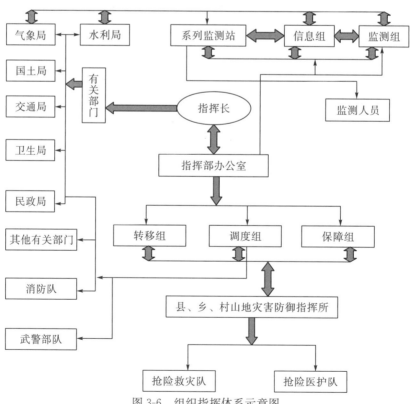

图 3-6　组织指挥体系示意图

4)群测群防体系的运行管理

群测群防体系建立之后，"如何保证该体系正常有效地运行"是另一关键工作。由于该体系的运行是一项持续性的工作，而且只有持之以恒才能发挥该体系对灾害的有效监测、预报预警的作用，最终才能减灾防灾，减少与降低地质灾害对人民生命财产造成的损失。因此，如何保障已经建立好的群测群防体系有效地运行，应注意以下几方面的工作(刘传正，2005)。

(1)体系机构的存在要有保证。县级的指挥中心(指挥部或领导小组)，乡镇级监测组，村级监测小组都要巩固保留下去，人员要相对固定，特别是具体的负责人，都在群测群防体系中负有重大的任务与责任，不能空缺，因故空缺的要及时补上，保证体系工作的连续性、正常性(图 3-7)。

图 3-7　监测人员与责任

(2)加强监测点的管理。加强对灾害监测点的管理，建立健全监测点的档案资料，注意这些点的发展变化，有的点通过多年的监测及有关的治理措施的落实，其稳定性可能发生了变化，从原来的不稳定趋于稳定，对这样的点可降低监测级别或对监测频率进行适当调整。另外一种情况是，有些点随着地质环境条件的内因及外因的变化，危险性增大，应加强监测，提高监测级别，并提高监测密度。还有一种情况是，随着地质环境条件的变化，在全县(市)范围内，可能新增加一些灾害隐患点，要在相关的专业部门的指导下及时把这些新发现的隐患点纳入监测范围。

(3)监测点的分级管理。根据监测点具体情况，对监测点实行分级管理，分为省级、县级、乡镇级 3 个级别。通过分级管理，落实各级有关部门的责任，对监测点实行有层次的管理，突出重点，照顾全面。

(4)定期检查，把好质量关。有关部门要对监测点进行定期检查，根据监测点的分级情况，分别实行不同的监测检查，如乡镇级的监测点主要由乡镇监测组(国土所)组织检查，县级监测点主要由县国土资源局组织检查，省级监测点的检查原则上要有省级地质环境监测总站的技术人员参与。

(5)及时收集汇总监测资料。要及时收集汇总各监测点的监测资料，装订成册，妥善保管，以备查阅。该项工作需由县国土资源部门及乡镇国土所去完成。监测资料采取逐级上交方式，乡(镇)国土资源管理所负责收集本乡(镇)内所有监测点的资料，然后上交给县(市)国土资源部门；县(市)国土资源部门负责收集全县(市)的监测资料，上交给地质灾害技术部门统一保管，以便汇总编发相应的公报。各监测点的监测资料应定时汇交到乡镇国土所，县国土资源局负责群测群防工作的兼职干部负责督促各乡镇及时收集监测资料，资料汇交至县国土资源局后再统一上交省地质环境监测总站录入数据库。

(6)发现异常，及时处理。监测员在监测过程中发现异常情况，应立即向上一级报告，并加密监测。异常情况如裂缝变宽、出现新的地裂缝、坡上或坡脚泉水流量或其水质异常、坡上树木产生歪斜、出现新的小滑塌等现象。村委会、乡(镇)政府或乡(镇)国土资源管理所接到报告后，应及时掌握情况，分析险情，采取相应预防措施，并及时把情况向县(市)国土资源部门报告。县(市)国土资源部门接到报告后，应及时分析险情，采取相应预防措施，并及时把情况向上级及省级地质环境监测总站报告，以便派出技术人员到现场进行技术指导与协助处理。

3.3.2　专业监测管理

山地灾害监测预警系统是一个长期运行监测的系统，要求系统必须长期稳定工作。

1)硬件管理

(1)野外监测仪器应定期标定，每年由专业人员对雨量计、泥位计、视频等设备进行维护，确保数据精度保持一致。

(2)定时检查计算机网络、服务器、网络用户终端计算机，定期查病、杀毒。服务器、路由器、其他相关设备和各个监测站工作状态必须为正常，所有监测数据都能正常收到。

2)软件管理

(1)中心站软件系统运行情况，数据库软件、I/O软件、视频处理软件是否全部启动，并确认运行是否正常。

(2)查看遥测设备采集实时情况表，观察各站有无缺报情况。

(3)查看各监测站有无异常现象；有降雨时雨量数据是否异常。

(4)分析数据的最近时间和合理性。

(5)定期检查数据发布系统是否能及时地将预警信息通过指定的方式发送给相关安全责任人员。

3)数据管理

(1)监测数据存档，按规定格式填写，并存入专用文件夹，纸质文件和电脑文件同时保存。

(2)系统管理员应定期对数据进行数据库备份，并把数据拷入移动盘或光盘防止丢失(可1年做一次)，并作为永久资料进行保存。

(3)系统管理人员定期例行检查(每日)，查询历史和最新实时数据，检查数据有无异常波动，当数据异常时应派出工作人员到达现场检查数据异常原因，如发现监测现场有危险，应立即通知相关部门，争取在第一时间发出预警信息。系统管理员还应查询最新数据表，检查数据接收情况和监测站工作状态，发现监测站工作异常时应及时通知维护管理人员采取措施维护系统。

第 4 章　山地灾害评估与预测

　　山地灾害的评估与预测包括：山地灾害的判识、危险性评估与区域预测。然而不同的山地灾害类型，其研究深度不同，并且具有各自的特征。山洪灾害与气象、水文区域规律关系密切，目前对其判识、评估和预测做了大量的研究；泥石流的区域预测、判识和危险性评估研究也较深入；而滑坡的研究则更多集中于判识与危险性评估；冰湖和堰塞湖的危险性研究也较为深入。所以本章针对不同的灾种对较深入的研究成果进行有重点的介绍。

4.1　山洪灾害判识与评估

　　山洪灾害的形成及发生与区域地形地貌、地层岩性、地质构造、新构造运动、地震活动及气象、水文等自然因素密切相关(图 4-1)。

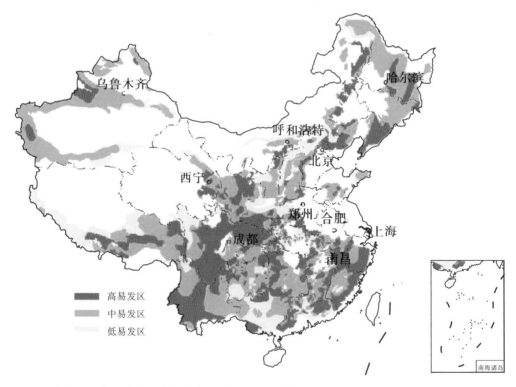

图 4-1　降雨诱发山洪灾害易发程度(中国山洪灾害防治区划)(张平仓，2011)

4.1.1　山洪灾害易发性、危险性评估

4.1.1.1　山洪灾害易发性评估

山洪灾害是指降雨在山丘区引发的溪洪灾害及由此诱发的泥石流、滑坡等对国民经济和人民生命财产造成损失的灾害。山洪具有突发性、水量集中、破坏力大等特点。山洪及其诱发的泥石流、滑坡，常造成人员伤亡、毁坏房屋、田地、道路和桥梁等，甚至可能导致水坝、山塘溃决，对国民经济和人民生命财产造成极大的危害（胡桂胜等，2011b）。本节以四川省山洪灾害易发程度区划为案例进行研究。

1）方法和步骤

（1）统计小流域图层中各类灾害点的分布。在小流域图层基础上，分别将 3 类灾害点的分布图层叠加，以小流域为单元进行统计，统计内容包括每一个小流域的面积，溪河洪水、泥石流灾害发生的次数，泥石流堆积扇的总体积，滑坡的个数、总平面面积及其体积等。再将小流域中各类灾害的统计分析数据换算成相应小流域单位面积内的数量值，即每 1km² 溪河洪水发生的次数，泥石流沟的条数，每 1km² 泥石流堆积扇固体物的体积，每 1km² 滑坡体的个数，面积及体积等，统计结果储存在相应灾害点分布图层的属性表的字段中。最后，根据该数量值确定四川省各类灾害易发程度分区判别指标，绘制并生成灾害类型的高、中、低易发区分区图。

（2）确定各类灾害易发程度分区判别指标。在综合考虑四川省山洪灾害的特点和时空分布规律的基础上，结合各类灾害的实际统计数据，制定四川省各类灾害易发程度分区判别指标，见表 4-1。

表 4-1　四川省溪河洪水、泥石流、滑坡易发程度分区指标

分区	溪河洪水 /（次/km²）	泥石流			滑坡	
		次（条） /km²	堆积扇固体物 /（m³/km²）	堆积扇 /（个/km²）	面积 /（m²/km²）	体积 /（m³/km²）
高易发区	>0.0097	>0.0227	>40	>0.0064	>700	>15000
中易发区	0.0097~0.0018	0.0227~0.0027	40~3	0.0064~0.0019	300~700	15000~3000
低易发区	<0.0018	<0.0027	<3	<0.0019	<300	<3000

2）山洪灾害易发程度区划

综合处理所获得的各类统计、分析结果，生成溪河洪水、泥石流、滑坡 3 类灾害易发程度（高、中、低易发）分区图层。

3）山洪灾害易发程度区划结果

由统计分析结果可得，四川省山洪灾害涵盖了 1951~2003 年共计 914 次灾害，这些灾害分布在 538 个流域中。依据上述判别指标进行易发程度区划。四川省山洪灾害易发程度分区：高易发区面积 42576.95km²，占四川省山洪灾害规划区总面积的 10.04%；中

易发区面积 64739.12km²，占 15.26%；低易发区面积 316791.24km²，占 74.70%。

4.1.1.2 山洪灾害危险性评估

山洪灾害危险区是指受山洪灾害威胁的区域，一旦发生山洪，将直接造成区内人员伤亡以及房屋、设施的损坏。危险区一般处于河谷、沟口、河滩、陡坡下、低洼处和不稳定山体的坡脚。

1）划分原则

危险区划定应体现以人为本的原则，以保障人民群众生命安全、最大限度地减轻人员伤亡和财产损失为目标。在危险区域的前期普查过程中，做到不遗漏任何一个受山洪灾害威胁的小流域和小流域内的居住点，要对小流域内的居住点逐个调查、评估和统计。

2）危险区评估方法

（1）按小流域划分。根据防治区内自然地理、经济、人口分布、河流洪水特性及暴雨分布，对山洪灾害曾发生、易发点进行普查，按小流域面积基本控制小于 200km²（对于山洪灾害特别严重的流域面积适度放宽）的原则，把防治区内易发山洪灾害的地点划定为小流域山洪灾害危险区。

（2）按山洪灾害涉及场镇易发程度划定。在山洪灾害防治区内，因暴雨引起的河道两岸滑坡易发点、山洪泥石流易发点、沿河场镇洪水易淹点及病险水库威胁点全部划分为山洪灾害危险区。

（3）按山洪灾害重点监测区域划定。在山洪灾害易发程度的统计基础上，对易发点、高发点、危害程度等指标进一步分析、筛选、统计，根据山洪灾害的威胁对象（包括人口、经济、重要基础设施或企业等），结合流域山洪灾害的工程治理情况，综合考虑，划分山洪灾害重点监测区。

3）危险区范围确定方法

山洪灾害危险流域包括两类：一是已经发生过山洪灾害的流域；二是潜在会发生山洪灾害的流域。

已发生山洪灾害流域危险区范围确定。已发生山洪灾害流域危险区范围的确定采用两种方法：一是现场调查法，二是模拟计算法，最后将结果进行比较，以最大范围作为最终的危险区范围。

①现场调查法。现场调查法主要是以实地勘察为基础，通过对历史山洪（或泥石流）留下的痕迹，或通过目击者的介绍和指认，确定历史上最大一次山洪泥石流所危害的区域，即山洪灾害危险区范围。

②模拟计算法。模拟计算法是根据流域的基本特点，结合区域的气象、水文特征，模拟计算流域的洪水或泥石流峰值流量（以百年一遇设计值为划分依据），再根据沟道的最大过流能力来确定危险范围。

下面以茂县南新镇白水寨沟为例，对山洪灾害危险区范围的确定方法进行演示。

白水寨沟基本情况：白水寨沟位于四川省茂县南新镇境内，是岷江左岸的一级支流，距离南新镇约 1.5km，流域范围为：N31°28′39″～N31°34′57″，E103°44′15″～E103°51′06″。白水寨沟是一条泥石流沟，流域面积 75.07km²，主沟长 14.4km，沟床平均纵比降为 139.8‰，1995 年 8 月 10 日曾发生过一次较大规模的泥石流。白水寨沟泥石流危害对象主要为流域内白水村和别立村 30 多户居民的生命、财产安全，同时位于流域内的白水电站(1000kW)、白水一级电站(3200kW)、尾水电站(300kW)和位于沟口主河岷江上的南新电站(5.7 万 kW)都将受到一定影响。

暴雨洪峰流量和泥石流峰值流量计算：根据白水寨沟泥石流的特点，其百年一遇泥石流容重值(γ_c)1.59g/cm³，沟道堵塞系数(D_c)1.1，依据四川省水文手册，流域气象水文特征值如表 4-2 所示。

表 4-2　白水寨沟流域水文、气象特征值统计表

H24(最大 24h 平均降水量)/mm	H6(最大 6h 平均降水量)/mm	CV(变差系数)	CS(变差系数 3.5CV)
40.8	30	0.52	1.82

将以上流域参数及气象水文特征值分别代入配方法计算公式，计算得白水寨沟百年一遇暴雨洪峰流量 $Q_p=299.5\text{m}^3/\text{s}$，泥石流峰值流量 $Q_c=450.9\text{m}^3/\text{s}$。

白水寨沟行洪能力计算：白水寨沟主要危害对象为别立村居民安置点，在相应沟段测得断面如图 4-2 所示。

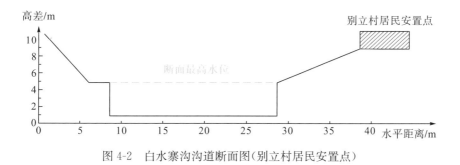

图 4-2　白水寨沟沟道断面图(别立村居民安置点)

根据实地勘测，该断面宽 20m，深 4m，面积为 80m²，沟道比降 4°。分别按满宁公式和稀性泥石流流速计算公式计算出该断面处洪水和泥石流的流速分别为：$V_p=3\text{m/s}$，$V_c=4.5\text{m/s}$，从而计算出该断面洪水和泥石流的最大过流量分别为：$Q_p(\max)=240\text{m}^3/\text{s}$，$Q_c(\max)=360\text{m}^3/\text{s}$。

淹没范围的确定

漫堤流量 Q_1：

$$Q_1(\text{洪水})=Q_p-Q_p(\max)=299.5-240=59.5\text{m}^3/\text{s}$$

$$Q_1(\text{泥石流})=Q_c-Q_c(\max)=450.9-360=90.9\text{m}^3/\text{s}$$

漫流高度 Δh：

$$\Delta h(\text{洪水})=59.5/20=2.975\text{m}$$
$$\Delta h(\text{泥石流})=90.9/20=4.545\text{m}$$

根据山洪、泥石流的漫流高度，结合地形，白水寨沟洪水、泥石流危险区范围见图 4-3。白水寨沟百年一遇洪水对别立村居民安置点无直接影响，而百年一遇泥石流对居民安置点将构成直接危害。

4.1.1.3 山洪灾害风险评估

灾害的"风险"包含有三方面的含义，即灾害造成的损失、事件发生的概率和可能产生的后果。联合国提出的自然灾害风险表达式为

风险(risk)=危险(hazard)×易损性(vulnerability)

在山洪灾害风险区划中，危险度是前提，易损度是基础，风险则是结果。山洪灾害造成的损失和危害很大程度上取决于承灾体承受能力，即社会经济易损性的大小。山洪灾害承灾体(基础设施、社区、家庭等)对不同的自然灾害具有不同的易损性特征和表示函数。许多学者对自然和经济易损性做了深入的研究，并对多种自然灾害的易损性建立了分析体系和评价方法或模型，来用于指导高风险地区人们的防灾救灾。

4.1.2 山洪灾害早期预测

1. 2015 年全国山洪灾害预测技术与方法

在研究地震、干旱和后续的降雨对山洪泥石流等灾害影响基础上，基于灾害历史，考虑地震加速度、干旱 SPI 指标、后续降雨的动态影响，建立动态山洪灾害评估模型。

具体方法：首先收集 2014 年 4.5 级以上地震及 2008 年以来 7 级以上地震分布、2014～2015 年冬春连旱分布图、2015 年降雨预测分布图以及全国历史山洪灾害易发分布图(图 4-3)，将受地震影响程度、干旱程度、历史山洪灾害易发程度划分为 3 个等级；再将三幅图进行矢量叠加，对叠加的结果按表 4-3 进行分类；再次与 2015 年强降雨预测分布图进行叠加，若易发区属 2015 年强降雨影响区，则将山洪灾害易发等级做升一级处理，反之，山洪灾害易发等级做降一级处理(表 4-3)。

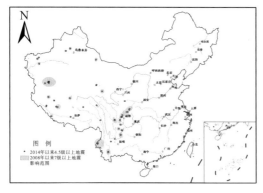

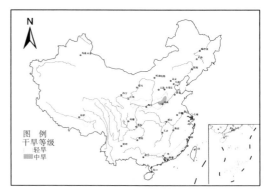

(a)2014 年 4.5 级以上地震及 2008 年以来　　　　　　(b)2014～2015 年冬春连旱分布图
7 级以上地震分布

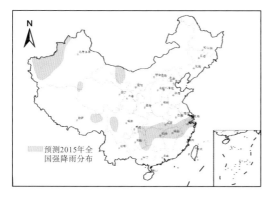

(c)2015 年降雨预测分布图

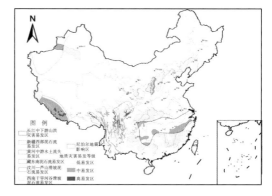

(d)全国历史山洪灾害分布图

图 4-3 山洪灾害早期预测基础数据图

表 4-3 山洪灾害易发等级的划分依据

历史山洪 活动程度	地震烈度	干旱等级	易发性级别	历史山洪 活动程度	地震烈度	干旱等级	易发性级别
高	高	高	高	中	中	低	中
高	高	中	高	中	低	高	高
高	高	低	高	中	低	中	中
高	中	高	高	中	低	低	中
高	中	中	高	低	高	高	高
高	中	低	中	低	高	中	高
高	低	高	高	低	高	低	中
高	低	中	中	低	中	高	高
高	低	低	中	低	中	中	中
中	高	高	高	低	中	低	低
中	高	中	高	低	低	高	中
中	高	低	高	低	低	中	低
中	中	高	高	低	低	低	低
中	中	中	高				

2. 2015 年山洪灾害易发性预测结果

易发性评估结果显示，我国 2015 年存在的山洪灾害危险性大的区域包括：Ⅰ川滇干旱河谷山洪泥石流易发区、Ⅱ藏东南山洪泥石流易发区、Ⅲ长江中下游山洪灾害易发区、Ⅳ汶川—芦山地震带山洪泥石流易发区、Ⅴ黄河中段水土流失易发区、Ⅵ新疆西部山洪泥石流易发区。依据影响程度划分不同等级的易发区域，其中，低易发区 981014.19km²，中易发区 284136.42km²，高易发区 42201.18km²，总计 1307351.79km²（图 4-4、表 4-4）。

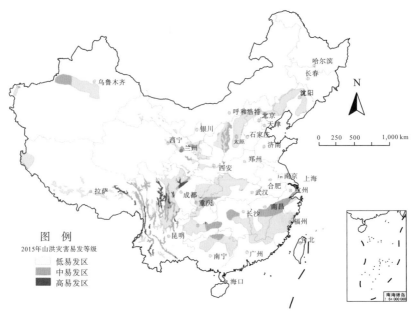

图 4-4　易发性评估结果

表 4-4　区域类别分布

区域类别	Ⅰ川滇干旱河谷山洪泥石流易发区	Ⅱ藏东南山洪泥石流易发区	Ⅲ长江中下游山洪灾害易发区	Ⅳ汶川—芦山地震带山洪泥石流易发区	Ⅴ黄河中段水土流失易发区	Ⅵ新疆西部山洪泥石流易发区
主要划分依据	地震频繁发生，典型干旱河谷发育，地形影响点暴雨发育	地震频发，冰川发育，降水丰富	厄尔尼诺的影响可能导致夏季产生大量的降水	汶川—芦山地震带物源丰富	历史上为泥石流等山地灾害高发区，受区域干旱的影响	近年地震频繁，地处西风带，年降水量增加
分布区域	金沙江、澜沧江、怒江、雅砻江流域	帕隆藏布和易贡藏布流域	重庆东南部、黔东南苗族侗族自治州与湖南中部清水江沿线、浙江富春江沿线、江西赣江中游	龙门山山区及大渡河流域	沿黄河分布于陕西榆林、延安东部地区和山西忻州、吕梁、临汾西部地区	伊犁河流域、喀什西部
面积/km²	152982.59	11849.38	127585.47	105909.76	214323.9	93265.13

4.2　泥石流灾害评估与预测

泥石流灾害的评估与预测包括：泥石流沟的判识、危险性评估和灾害预测等内容。

4.2.1　泥石流沟判识

泥石流发育与流域地貌的稳定性相关，这种稳定性可以用地貌系统参数来描述。这些参数包括：泥石流产生的土源条件、水源条件、地形条件的判识信息，结合泥石流运动痕迹和堆积痕迹的信息，并将泥石流活动性与地貌发育、流域演化阶段联系起来，可以综合地为泥石流沟的判识提供依据。

4.2.1.1 泥石流沟判识依据

我们把凡是发生过泥石流或存在产生泥石流潜在危险的沟谷称为泥石流沟。泥石流沟的判识通常会遇到三种情况，第一为肯定某条沟是泥石流沟；第二为肯定某条沟不是泥石流沟；第三为某条沟可能是泥石流沟。主要工作流程见图 4-5。

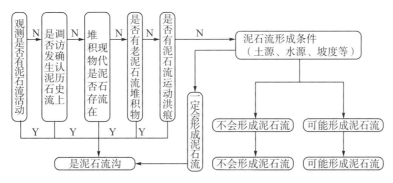

图 4-5 泥石流沟判别工作流程图

4.2.1.2 泥石流沟判识的充分条件

区分泥石流沟和一般的洪水沟的充分条件就是沟道中具有泥石流运动和堆积的痕迹。

(1)观测到有泥石流活动。如果观测到某条沟道有泥石流正在活动，那么这条沟道肯定是泥石流沟，这是最简单也最准确的判定泥石流沟道的方法。但是泥石流的暴发偶然性比较大，如果不是固定设置观测站，不容易直接观测到泥石流的暴发，因此许多沟道不能用该方法判断出，需要用其他方法来判定。例如云南省蒋家沟每年均会暴发几次甚至十几次泥石流，蒋家沟泥石流发育典型、类型齐全、过程完整、流态多变，为开展泥石流观测实验提供了得天独厚的天然条件，目前蒋家沟泥石流观测站是世界上观测资料最全、时间最长的泥石流观测站点，通过观察可以确定蒋家沟为泥石流沟。

(2)调访确认历史上是否发生泥石流。泥石流来势凶猛，破坏力强，往往给当地居民带来严重的危害。群众对大的泥石流事件记忆犹新。判识沟谷是否为泥石流沟道时，可以邀请几位熟悉情况、年纪较大的当地群众进行访问、座谈。请他们详细回忆当时情况，并到现场指认痕迹，讲述泥石流暴发时的各种情况。访问的主要内容如下：①泥石流灾害发生时间、次数、每次泥石流发生时的持续时间及泥石流暴发前后降雨强度和降雨持续时间。②历次泥石流暴发时冲毁的房屋、淹没的农田、损失的牲畜等灾害情况。③泥石流流体的含石比例、流动时的声响、流动状态及震动感觉等。④泥石流堆积物状况，包括有无堆积扇存在、最大石块的直径、有无超高抛高残留物等。⑤泥石流流体过后，山坡、沟道、沟岸有无破坏情况，沟岸有无泥痕及其位置。⑥泥石流灾害发生时的伴生现象，包括滑坡、崩塌等。

(3)调查沟道中和沟口处是否有泥石流堆积物。泥石流堆积分为现代泥石流堆积和老泥石流堆积。虽然同是泥石流堆积物，但是由于时间原因，现代泥石流堆积比较容易判定；老泥石流堆积由于新构造运动等因素的影响，往往被深埋地下或者堆积于山坡较高的地段，需要根据其组成物质的特征，判定是否为泥石流堆积物。总的来说，泥石流堆积物有其特有的性状，它携带着泥石流形成和流动的许多信息，通过对沟谷或沟口混杂堆积物的考察与分析，就能鉴别是否为泥石流沟道，具体特征如下。

①堆积物形态。泥石流堆积扇在断面上呈锥形，在平面上呈扇形，其纵、横比降较大，为 $3°\sim12°$。表面垄岗起伏，坎坷不平。而洪积扇纵、横比降小，分别为 $1°\sim3°$，表面较为平整。泥石流常常在沟道下游留下残留堆积和堤状堆积。

②堆积剖面。在堆积剖面上，一般可用表泥层或粗化层将泥石流堆积分为若干层次，每层代表一次泥石流活动，层内黏土、砂、砾石粗细混杂，无分选，粒径相差悬殊。稀性泥石流堆积物的砾石粗看杂乱无章，仔细分析则可显示明显的定向排列。

③颗粒特征。泥石流堆积物通常磨圆度差，大多为棱角状和次棱角状的颗粒。有时泥石流体中的砾石存在碰撞擦痕。与冰川擦痕比较，泥石流擦痕短而浅，擦面粗糙。黏性或偏黏性泥石流堆积物中常常有泥球或泥裹石。

④泥石流运动的痕迹。一般而言泥石流的规模都比同一沟谷的山洪规模大，泥位也比洪水位高，只要没有受到人为影响和破坏，泥石流痕迹能够保存较长时间，也容易发现和判识，标准如下。

残积物：泥石流过后，在沟道两侧地形变化处、基岩裂缝中、沟谷两侧较高部位、树杈、树皮、杂草间及建筑物上，都会遗留下泥石流残留物。

抛高和超高堆积物：泥石流在直进中遇到障碍物(孤石、建筑物、陡坎等)形成上抛运动，在这些障碍物上留下高于正常面(泥位)的堆积物；泥石流流经弯道时，在凹岸强烈碰撞产生超高，在低于超高高度的沟岸留下堆积物。

擦痕：泥石流过后，在弯道凹岸和顺直段两岸基岩面上常留下冲蚀、刻蚀痕迹，如冲光面、冲击坑、擦痕等，由于其他应力也可以形成类似痕迹，这一指标与其他指标配合使用。

其他痕迹：泥石流过后，还会留下一些具有特殊颜色和形态的特征，如房屋墙壁上留下的泥痕，土墙被冲刷后留下的粗糙斑痕，青砖墙被浸润后表面由灰色变为褐色，建筑物被冲毁后留下的残痕，沟床两岸被泥石流冲刷后不易生长植物的区段等。

泥石流活动痕迹是判识泥石流沟的最有力标志。除擦痕不能单独作为判别依据外，在一个沟谷中，只要发现其中任何一种痕迹，都可判定为泥石流沟道。

4.2.1.3　泥石流沟判识的必要条件

某些沟道可能从未发生过石流活动，或者虽然暴发过泥石流，但是年代久远，已经被当地居民忘记，并且泥石流留下的痕迹已不可寻。这些沟道往往在条件成熟的时候暴发泥石流，会造成极大的损失。这就需要从泥石流形成的基本条件入手，分析沟道是否为泥石流沟，必要条件包括松散固体物质的性质与数量、地形坡度与水源条件这三个方面。具体判别内容及标准如下。

1)松散固体物质的性质与数量

泥石流物源性质主要指物源的组成和结构；宽级配的松散固体物质为泥石流的物源。这些物源与区域构造、岩性的重力侵蚀发育程度相关。

(1)构造上，沟谷处在活动大断裂附近，沟内有破碎带存在，断层、节理、裂隙发育，岩体比较破碎，物源较丰富。

（2）岩性上，沟内出露软硬相间或软弱易风化岩层，如泥岩、页岩、千枚岩、胶结差的半成岩地层和土类堆积物、抗风化能力弱的花岗岩等；存在较厚实的残坡积层，并与其下基岩之间有相对不透水层，物源丰富。

（3）侵蚀程度，沟内崩塌、坍塌、滑坡等重力侵蚀比较活跃，分布相对集中；水土流失、坡面侵蚀比较强烈。

（4）物源上，沟道中有大量滑塌、滑坡等重力侵蚀和坡面侵蚀堆积物（往往为倒石堆）；存在被切去扇缘的支沟泥石流与坡面泥石流堆积扇；沟床上具有较丰富的砂砾石层；谷坡上存在较厚的冰碛物或堆积台地，这类流域物源丰富。

2）地形坡度

（1）流域特征：多为漏斗型、条形流域；相对高差一般在 300m 以上，坡面泥石流的相对高差一般在 200m 以上，沟谷切割比较强烈，沟网密度较大。

（2）沟道特征：沟床平均比降一般在 100‰ 以上，启动段沟床比降一般大于 260‰，部分衰退期泥石流沟沟床平均比降往往小于 100‰；沟道中部多为峡谷地形，存在陡坎和跌水。

（3）坡面坡度：山坡较陡，平均坡度一般大于 25°。

3）水源条件

泥石流形成的水源条件有以下几类。

（1）降雨：沟谷所在地出现大于某一量值的降雨（称作临界雨量），它随雨型、区域气候与松散固体物质补给条件而异。

（2）冰雪消融：沟内存在冰川积雪，5～8 月日平均气温在 9～10℃ 时，会产生大量冰雪融水；若雨热同期出现，则更易激发泥石流。

（3）堤坝溃决：沟道上游存在稳定性较差的各种坝体，如强度不够的塘库水坝，滑坡、崩塌、地震等堵沟形成的天然堆石坝，冰碛堰塞坝等。

（4）地下水：沟内有较强的地下水活动，地下水位在松散层与基岩界面上下波动。

4.2.1.4　泥石流沟的判识

综上所述，满足充分条件之一，就是已经发生过泥石流的沟谷，属于泥石流沟道；满足必要条件的沟道，具备泥石流发生的条件，以前虽不一定暴发过泥石流，在条件组合适宜时，可能暴发泥石流，属于泥石流沟道；不具备必要条件的沟谷，在相当长的时间内（100 年以上），其必要条件不会改变，泥石流发生的可能性极小，沟道不属于泥石流沟；但是特殊条件（比如强地震、强降雨、工程建设及工程弃渣等）往往是改变一个沟道的必要条件，在满足了泥石流发生的必要条件的情况下，这类以前不是泥石流的沟道将成为可能发生泥石流的沟道；只有充分分析了泥石流发生的必要条件，结合当地特殊地震、降雨和人类活动等变化因素，才能准确地判定其是否为泥石流沟。

4.2.2 泥石流灾害易发性、危险性评估

根据容重不同，可以将泥石流分为黏性泥石流（容重大于 $1.8kg/m^3$）和稀性泥石流（容重 $1.3\sim1.8kg/m^3$）。一般而言，土源数量增多有利于产生黏性泥石流，强地震区域在地形地貌和降雨条件满足泥石流暴发的前提下，强地震作用导致的松散土源数量增加成为地震诱发次生泥石流的关键。陈宁生等（2009）选择西部地震影响区域具有土源数据和泥石流性质特征的 39 条泥石流沟进行统计，用流域单位面积所拥有的松散固体物质方量为标准，统计分析已经发生过泥石流的沟道、流域中泥石流的性质、泥石流发生频率、泥石流暴发规模与土源数量的关系，见表 4-5。

表 4-5 泥石流沟松散物质量与泥石流性质关系统计表

序号	沟名	分布（所处道路）	流域面积 /km²	松散物总量/万 m³	单位松散物质量 /(m³/m²)	泥石流容重 /(kN/m³)	泥石流类型
1	苗尾电站鲁羌沟	云南省云龙县旧洲镇	7.78	79.60	0.10	1.71	稀性
2	杨房沟电站杨房沟	四川省凉山州木里县	14.25	158.00	0.11	1.7	稀性
3	广陕高速王家沟	四川省广元市朝天区宣河乡	2.80	70.00	0.25	1.6	稀性
4	撒多电站撒多沟	四川省凉山州木里县	53.11	1390.50	0.26	1.6~1.80	稀性
5	滨东电站娃娃沟	四川省甘孜州九龙县洪坝乡	25.62	700.30	0.27	1.7~1.8	稀性
6	深沟	小江右岸最高峰	28.32	877.92	0.31	1.50	稀性
7	尖山沟	小江县右侧	173.80	6604.40	0.38	2.00	黏性
8	黄登电站梅冲河	云南省兰坪县	19.60	842.80	0.43	1.96	黏性
9	邛山沟	四川丹巴县大金川支沟水卡子沟的右支沟	32.33	1454.85	0.45	2.04	黏性
10	石羊沟	昆明市东川区南端	10.61	509.28	0.48	1.60	稀性
11	腊利沟	小江流域的一条支沟，位于东川市区南侧	28.70	1492.40	0.52	1.3~1.50	稀性
12	桃家小河	昆明市东川区南面的阿旺区，小江中游右岸支沟	75.50	4303.50	0.57	1.50	稀性
13	踏卡电站喇嘛寺沟	四川省甘孜州九龙县踏卡乡	21.90	1650.70	0.75	1.67	稀性
14	查乌沟	雅泸高速	3.38	347.10	1.03	1.60	稀性
15	森格宗沟	西藏八宿县境内冷曲河西侧（川藏公路 K3824 段）	58.60	7325.00	1.25	1.40	稀性
16	许家小河	昆明市东川区南面的阿旺区，小江中游右岸支沟	10.16	1280.16	1.26	1.50	稀性
17	田坝干沟	雅泸高速	15.03	2239.47	1.49	1.50	稀性

续表

序号	沟名	分布(所处道路)	流域面积 /km²	松散物总量/万 m³	单位松散物质量 /(m³/m²)	泥石流容重 /(kN/m³)	泥石流类型
18	白鹤滩电站大赛沟	云南省巧家县	28.73	4978.80	1.73	2.10	黏性
19	龙蛇子沟	贵州习水县城北 15km 处的长嵌村附近	0.92	184.00	2.00	1.60	稀性
20	集中沟	四川石棉县蟹螺乡集中村	2.66	532.00	2.00	2.14	黏性
21	茶园沟	四川阿坝州汶川县克枯乡下庄村	19.40	3880.00	2.00	2.1~2.30	黏性
22	无名沟	雅拉河右岸，康定城北	0.90	186.30	2.07	2.1~2.30	黏性
23	嘎玛沟	西藏八宿县嘎同乡(川藏公路白马段)	66.50	14497.00	2.18	1.8~2.10	黏性
24	黑沙沟	昆明市东川区南面的阿旺区，小江中游右岸一支沟	3.28	849.52	2.59	2.2~2.30	黏性
25	沙拢沟	西藏松宗以东 18km	13.20	3841.20	2.91	2.1~2.20	黏性
26	罗坝街沟	黑水河左岸，距黑水县城 7 公里	18.60	5747.40	3.09	2.0~2.20	黏性
27	米堆弄巴	然乌以西 22km(川藏公路 84 道班)	123.80	42711.00	3.45	1.50	稀性
28	热水塘沟	四川石棉县蟹螺乡集中村	1.62	648.00	4.00	1.70	稀性
29	铜厂箐	昆明市东川区南面的阿旺区，小江中游右岸支沟	8.48	3408.96	4.02	2.20	黏性
30	索通沟	波密县索东村侧(川藏公路)	43.40	20094.20	4.63	1.90	黏性
31	黑水河	东川小江流域	4.20	1999.20	4.76	1.3~1.80	稀性
32	瓦达沟	西藏八宿县川藏公路 K691 段	22.60	12204.00	5.40	1.80~2.00	黏性
33	太平村沟	小江下游右岸	17.16	10330.32	6.02	2.20	黏性
34	培龙沟	西藏波密县—通麦乡 10km 处(川藏公路 K4100 段)	86.10	57687.00	6.70	2.2	黏性
35	冬茹弄巴	西藏波密县(川藏公路波密以东 80km)	23.74	18042.40	7.60	2.30	黏性
36	小白泥沟	小江大白河左岸	12.50	14325.00	11.46	2.00	黏性
37	大白泥沟	小江大白河左岸	18.05	25396.35	14.07	2.00	黏性
38	古乡沟	西藏波密县境内古乡村(川藏公路 K4044 段)	25.20	55944.00	22.20	2.20	黏性
39	角弄弄巴	紧邻古乡沟(川藏公路)	21.20	54992.80	25.94	2.06	黏性

　　统计发现，大部分泥石流流域均有丰富的土源，单位面积土源量 $>1m^3/m^2$ 的流域占总流域数的 70%。泥石流暴发规模和频率较高的流域，松散固体物质均十分丰富，如我国的西藏古乡沟，其流域面积 $25.2km^2$，全流域单位土源数量达到 $22.2m^3/m^2$。在 10~30km² 流域内，可能发生泥石流的沟道内，松散固体物的数量在 $0.1m^3/m^2$ 以上，而小于 $0.1m^3/m^2$ 时，发生泥石流的概率较小；松散物质量在 $0.1~0.3m^3/m^2$ 时，就可能发生泥石流，且泥石流规模较小，为稀性泥石流或者水石流；松散物质量在 $0.3~2.0m^3/m^2$ 时，

多发生一定规模的稀性泥石流；在 $2.0 \sim 5.0 \mathrm{m}^3/\mathrm{m}^2$ 时，较易发生泥石流，且泥石流发生频率稍高，规模不大，稀性或黏性泥石流都有；在 $5.0 \sim 10.0 \mathrm{m}^3/\mathrm{m}^2$ 时，较易发生泥石流，且发生频率较高，规模较大，多以黏性泥石流为主；在 $10.0 \sim 20.0 \mathrm{m}^3/\mathrm{m}^2$ 时，容易发生泥石流，且频率较高、规模大，为黏性泥石流；松散物质量 $>20.0 \mathrm{m}^3/\mathrm{m}^2$ 时，极易发生泥石流，且频率高、规模大，为黏性泥石流，见表 4-6。

表 4-6　松散物质量与泥石流类型关系统计表

单位松散物质量/$(\mathrm{m}^3/\mathrm{m}^2)$	泥石流类型
<0.1	—
0.1~0.3	稀性
0.3~2.0	大部分稀性(74%)
2.0~5.0	稀性/黏性
5.0~10.0	大部分黏性(80%)
10.0~20.0	黏性
>20.0	黏性

注：74%表示在统计资料中单位松散物质量在 $0.3 \sim 2.0 \mathrm{m}^3/\mathrm{m}^2$ 的泥石流沟中，稀性泥石流占 74%；80%表示单位松散物质量在 $5.0 \sim 10.0 \mathrm{m}^3/\mathrm{m}^2$ 的泥石流沟中，黏性泥石流占 80%。

由以上调查发现，稀性泥石流沟的单位面积松散物质的方量为 $0.1 \sim 2 \mathrm{m}^3$，而 90% 黏性泥石流沟的单位面积松散物质方量均 $\geqslant 2 \mathrm{m}^3$。在应急快速勘查判别泥石流沟时，可以通过遥感和野外填图获得松散固体物质数量，现场根据土源数量进行快速有效的判别。对于以一般程序和方法确定的泥石流沟，在地震后依然是泥石流沟；对于原来确定为非泥石流沟的流域，由于地震的作用增加了流域的松散固体物质，依据流域面积，将 $0.1 \mathrm{m}^3/\mathrm{m}^2$ 的土源数量作为泥石流沟的判别参照，将 $2 \mathrm{m}^3/\mathrm{m}^2$ 的土源数量作为黏性泥石流的判别参照，可快速地判识泥石流沟。

综上可知：①土源数量与泥石流发生的频率、类型、规模有密切关系。土源数量较少时，多为稀性泥石流或水石流；土源数量多时，泥石流发生的频率和规模较大，且以黏性泥石流为主。②以 $0.1 \mathrm{m}^3/\mathrm{m}^2$ 的土源数量作为泥石流沟和山洪沟的判别指标，以 $2 \mathrm{m}^3/\mathrm{m}^2$ 的土源数量作为黏性泥石流的判别指标，可以快速判识泥石流沟。

4.2.3　泥石流灾害预测

泥石流灾害与地震和干旱之间关系密切，地震在震后泥石流形成过程中起着重要的作用，具体表现为地震往往会在极短的时间内大大改变泥石流的形成条件，形成有利于泥石流暴发的松散固体物质；而干旱也从松散固体物质及水源等两个方面影响泥石流的形成条件，表现在泥石流土源上，干旱会引起土体表面开裂，同时会使得土体内部形成松散的土颗粒结构。在后期强降雨作用下，这种结构松散、不均匀的土体很容易发生细颗粒运移，导致内部结构发生巨大调整，形成泥石流灾害。基于此，根据泥石流发育区受地震活动和干旱事件的影响程度的不同，提出一种基于地震和干旱的泥石流灾害早期动态预测方法。

4.2.3.1　预测模型

选择近 100 年来中国政府及相关部门重点规划防治的 18 个泥石流发育区为研究区域(图 4-6)，依据地形地貌、气候带及灾害性泥石流分布特征，将中国大陆泥石流发育区进一步归纳为 10 个典型类型(Chen et al.，2014)。这 10 类泥石流区横跨中国大陆Ⅰ、Ⅱ、Ⅲ级地形阶梯，穿越中国大陆 13 个地震带(占中国 23 条地震带的 56.5%)，涵盖中国大陆东西部的湿润－半湿润－半干旱区与人类活动最为频繁的山区。通过查阅地方志、论文专著以及实地调访，从发生在这 18 个典型区域的众多泥石流事件中，以损失大于 500 万元或死亡人数大于 5 人为标准(同时，为保证研究区内泥石流事件受同一次地震或干旱事件的影响大体一致，同一区域灾害点的选择集中在半径 70km 范围内)，挑选出近百年来灾害性泥石流事件 116 次。在这些泥石流事件中，发生在春季的泥石流事件为 9 条，占总数的 7.8%，夏季为 101 条，占总数的 87.1%，秋季为 6 条，占总数的 5.1%。以这 18 个典型区中的大型灾害性泥石流事件为对象，研究地震活动、干旱事件对泥石流影响模式具有很强的代表性和客观性。

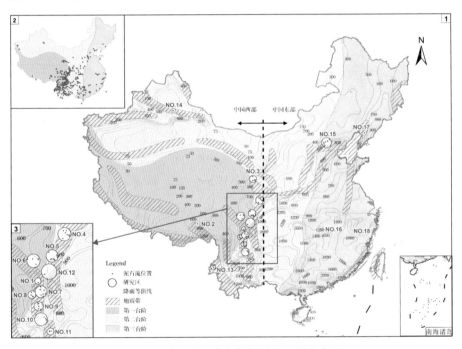

图 4-6　中国大型灾害性泥石流区域分布图

1)地震影响分析

利用有效峰值加速度(EPA)来评估某区域受地震事件的影响作用。有效峰值加速度大小采用加速度衰减关系式确定。研究表明，地震加速度等震线呈具有长轴和短轴特征的椭圆形。采用俞言祥(2001)拟合出的我国东西部地区(以东经 105°为界)有效峰值加速度(EPA)衰减关系式(表 4-7)，确定泥石流区的有效地震加速度值。本书忽略等震线长短轴走向与地震影响点的方位关系，分别计算出长短轴方向上有效峰值加速度，取其几何平均值作为地震影响点有效峰值加速度的参考值。

表 4-7　中国大陆有效峰值加速度衰减关系式

西部	长轴方向	$EPA^{lw}=10^{2.492+0.786M-2.787\log[R+3.269\exp(0.451M)]}$	$EPA^{w}=\sqrt{EPA^{lw}\cdot EPA^{sw}}$
	短轴方向	$EPA^{sw}=10^{1.093+0.591M-1.794\log[R+1.046\exp(0.451M)]}$	
东部	长轴方向	$EPA^{le}=10^{2.304+0.747M-2.59\log[R+2.789\exp(0.451M)]}$	$EPA^{e}=\sqrt{EPA^{le}\cdot EPA^{se}}$
	短轴方向	$EPA^{se}=10^{1.184+0.585M-1.794\log[R+1.046\exp(0.451M)]}$	

2）干旱作用分析

采用 Seile 等（2002）提出的基于降雨量的标准化降雨指标（SPI）确定某时间段区域的干旱等级（图 4-7）。鉴于大型灾害性泥石流的形成大部分集中在 6～8 月的夏季，少量分布于雨量大的春末 5 月（仅 2 次事件发生在 4 月底）和秋初 9 月（仅 1 次事件发生在 11 月初），干旱指数的计算以季为时间尺度进行（春季为每年 3～5 月，夏季 6～8 月，秋季 9～11 月，冬季 12～2 月）。在 SPI 指数的基础上，依据标准：SPI>−0.5 为无旱，−1<SPI≤−0.5 为轻旱，−1.5<SPI≤−1.0 为中旱，−2.0<SPI≤−1.5 为重旱，SPI≤−2.0 为特旱。

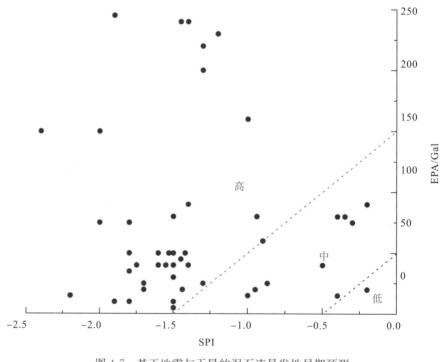

图 4-7　基于地震与干旱的泥石流易发性早期预测

3）模型建立

鉴于目前尚无确定地震、干旱与泥石流关系的标准，采用地震、干旱事件与泥石流暴发时间关系的相对密切程度，确定灾害性泥石流与地震活动、干旱事件的密切关系程度(因大型灾害性泥石流的暴发主要集中于夏季,所以干旱事件与泥石流关系以当年春季的干旱情况作统计)(表 4-8)。将 18 个发育亚区灾害性泥石流事件发生时间分别标记于地震 EPA 序列和干旱等级序列上,则得到地震 EPA、干旱等级与大型灾害性泥石流时间序列图(图 4-8)。依据地震 EPA、干旱等级与灾害时间关系的紧密程度,确定地震活动与干旱事件对泥石流影响的耦合关系(表 4-9)。分别采用地震后 5 年内和春旱后暴发灾害性泥石流数量与灾害性泥石流总数量的比值(关系耦合率)作为衡量地震干旱对泥石流事件促进的强弱衡量指标。

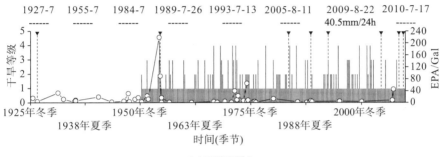

(a)四川贡嘎山

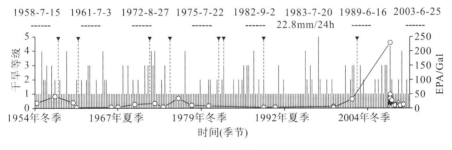

(b)四川黑茂汶

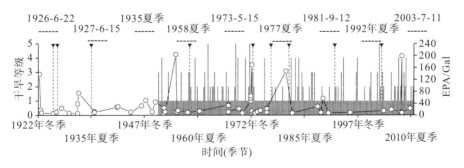

(c)四川金川—丹巴

与地震极高吻合，与干旱较低吻合

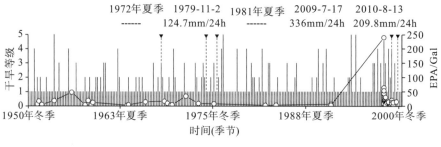

(d)四川龙门山

与地震极高吻合，与干旱高度吻合

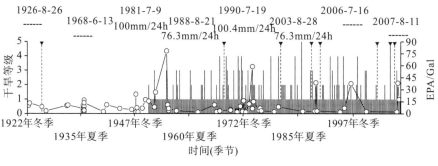

(e)四川石棉

与地震极高耦合，与干旱高度耦合

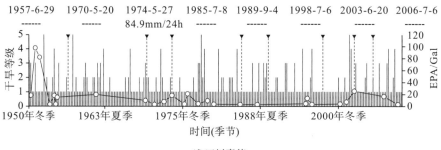

(f)四川喜德

与地震极高吻合，与干旱中度吻合

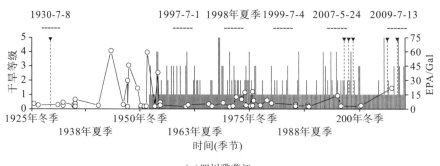

(g)四川雅砻江

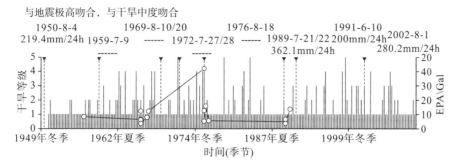

(h)北京

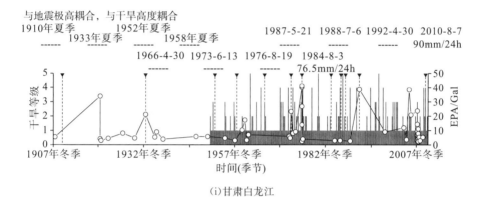

(i)甘肃白龙江

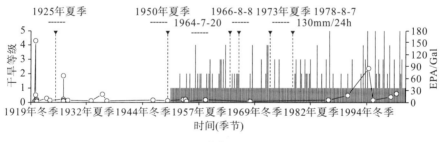

(j)甘肃兰州

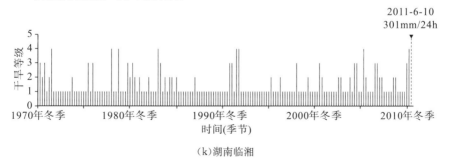

(k)湖南临湘

与地震中度吻合，与干旱中度吻合

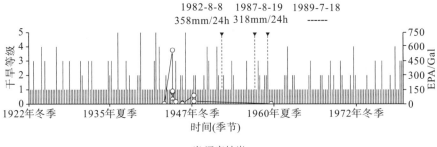

(l)辽宁岫岩

与地震极高吻合，与干旱较低吻合

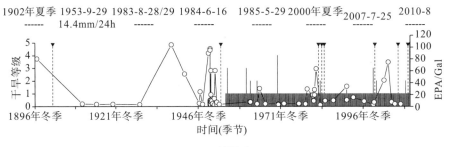

(m)西藏波密

与地震极高吻合，与干旱较低吻合

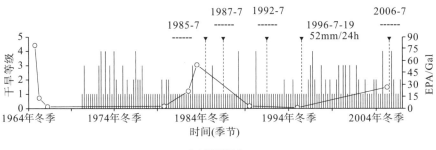

(n)新疆天山

与地震极高吻合，与干旱较低吻合

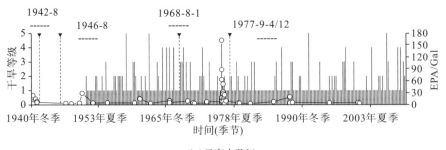

(o)云南大盈江

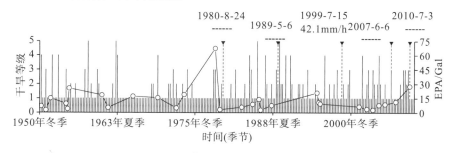

（p）云南宁南巧家

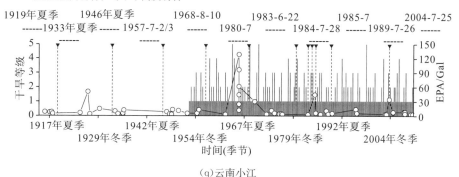

（q）云南小江

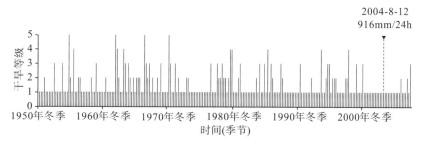

（r）浙江乐清

图 4-8　泥石流与地震干旱耦合关系序列图

表 4-8　泥石流与地震、干旱关系类型表

关系等级	与地震关系	与干旱关系	关系程度
1	区域内灾害性泥石流总次数的 70% 以上在地震后 5 年内暴发	区域内灾害性泥石流总次数的 70% 以上在当年春旱后的夏季暴发	关系密切
2	区域内灾害性泥石流总次数的 50%～70% 在地震后 5 年内暴发	区域内灾害性泥石流总次数的 50%～70% 在当年春旱后的夏季暴发	关系较密切
3	区域内灾害性泥石流总次数的 30%～50% 在地震后 5 年内暴发	区域内灾害性泥石流总次数的 30%～50% 在当年春旱后的夏季暴发	关系一般

续表

关系等级	与地震关系	与干旱关系	关系程度
4	区域内灾害性泥石流总次数不足30% 在地震后5年内暴发	区域内灾害性泥石流总次数不足30% 在当年春旱后的夏季暴发	关系不明显

表 4-9　中国大陆典型泥石流发育区泥石流与地震、干旱的耦合关系

类区	类区地形地貌和气候带特征	与地震关系	与干旱关系	影响模式	各类区内大型泥石流发育亚区	统计数值特征
I	一级阶梯东缘高山冰川影响湿润区	关系密切	关系不明显	地震活动控制着该区大型泥石流暴发周期	NO.1 四川贡嘎山南坡泥石流区、NO.2 藏东南波密泥石流区	NO.1 地震 8/8＝100% 干旱 2/7＝28.6% NO.2 地震 8/8＝100% 干旱 0/6＝0%
II	一、二级阶梯过渡带东北部中山半干旱区	关系一般	关系不明显	极端暴雨控制着该区大型灾害性泥石流的发生	NO.3 甘肃兰州泥石流区	NO.3 地震 2/6＝33.3% 干旱 1/4＝25%
III	一、二级阶梯过渡带东部高中山半湿润区	关系密切	关系较密切	地震干旱影响着该区大型灾害性泥石流的暴发	NO.4 甘肃白龙江流域泥石流区、NO.5 四川黑水－汶川－茂县泥石流区、NO.6 四川金川－丹巴泥石流区、NO.7 四川石棉－汉源－甘洛泥石流区	NO.4 地震 11/12＝91.7% 干旱 5/10＝50% NO.5 地震 7/8＝87.5% 干旱 4/8＝50% NO.6 地震 8/9＝88.9% 干旱 3/6＝50% NO.7 地震 6/8＝75% 干旱 5/7＝71.4%
IV	二级阶梯过渡带东南部高中山湿润区（年降水量为 800～1000mm）	关系密切	关系较密切至一般	地震干旱影响着该区大型灾害性泥石流的暴发	NO.8 四川雅砻江九龙泥石流区、NO.9 四川西昌－喜德泥石流区、NO.10 云南巧家－宁南泥石流区、NO.11 云南小江泥石流区	NO.8 地震 5/6＝83.3% 干旱 2/5＝20% NO.9 地震 8/8＝100% 干旱 3/8＝37.5% NO.10 地震 5/5＝100% 干旱 3/5＝60% NO.11 地震 7/8＝87.5% 干旱 3/5＝60%
V	二级阶梯过渡带东南部高中山湿润区（年降水量为 1000～2000mm）	关系密切	关系不明显	地震影响着该区大型灾害性泥石流的暴发周期	NO.12 四川龙门山泥石流区、NO.13 云南大盈江泥石流区	NO.12 地震 5/5＝100% 干旱 1/5＝20% NO.13 地震 4/4＝100% 干旱 0/2＝0%
VI	二级阶梯西北部高山半湿润区	关系密切	关系不明显	地震活动控制着该区大型泥石流暴发周期	NO.14 新疆天山北坡三工河泥石流区	NO.14 地震 5/5＝100% 干旱 0/5＝0%

续表

类区	类区地形地貌和气候带特征	与地震关系	与干旱关系	影响模式	各类区内大型泥石流发育亚区	统计数值特征
Ⅶ	二、三级阶梯过渡带北部中低山丘陵半湿润区	关系一般	关系较密切	干旱叠加暴雨可能掌控着该区泥石流的大规模暴发，地震作用影响较小	NO.15 北京泥石流区	NO.15 地震 4/8＝50%　干旱 3/7＝42.9%
Ⅷ	三级阶梯中部低山丘陵湿润区	关系不明显	关系密切	干旱叠加暴雨可能掌控着该区大型泥石流的暴发	NO.16 湖南临湘泥石流区	NO.16 地震 0/1＝0%　干旱 1/1＝100%
Ⅸ	三级阶梯东北部沿海中低山丘陵台风影响区	关系一般	关系一般	泥石流的形成受地震干旱影响较小，极端暴雨是导致泥石流暴发的决定性因素	NO.17 辽宁岫岩泥石流区	NO.17 地震 1/3＝33.3%　干旱 1/3＝33.3%
Ⅹ	三级阶梯东南部沿海丘陵台风影响区	关系不明显	关系不明显	大型泥石流的形成由极大暴雨或台风暴雨控制	NO.18 浙江乐清泥石流区	NO.18 地震 0/1＝0%　干旱 0/1＝0%

4.2.3.2　应用案例

1)2012 年我国西南山区泥石流灾害预测

西南山地(占西南地区总面积的 95%)大部分位于青藏高原东缘和东南缘，为我国最大的地形急变带。受东南和西南季风的影响，区域干湿季节分明，干旱河谷发育，泥石流占我国 40% 以上。据统计，我国有灾害记录的泥石流沟约 11100 条，其中 66% 位于西南地区。西南地区山地灾害易发区面积大，仅川滇两省的山地灾害易发区面积就达 25 万 km²，占两省总面积的 26.7%。同时西南山区山高谷深，水汽输移不畅，多形成局地小气候效应，造成降雨分布极不均匀，使得山地灾害发育的时空分布规律不易把控。受川滇两省土地资源的限制，大量居民区建立在老泥石流、山洪堆积扇或老滑坡堆积体上。

继 2010 年和 2011 年云南和四川南部大规模干旱后，2012 年连续第 3 年发生干旱，其中，云南全省干旱面积达 68.58%，其重旱至特旱区主要位于滇中和滇东北；四川省干旱面积达 46.1%，旱区主要分布在川西高原南部和川西南。受春旱的影响，灾害增加的可能性极大，防灾形势十分严峻。

此外，川滇干旱区也是地震高发区，分布着腾冲—澜沧、滇西、滇东、安宁河谷、康定—甘孜、武都—马边等 6 个地震带，且大部分区域刚刚经历过汶川地震的影响。在经历了长历时的干旱后，区域泥石流等山地灾害发生的临界雨量降低，发生超强暴雨的概率增加，在暴雨作用下区域性泥石流滑坡等山地灾害暴发的可能性增大。

依据地震活动、干旱事件和历史灾害事件确定云南、四川干旱区泥石流灾害高、中、低危险区的面积分别为 2.54 万 km²、9.69 万 km² 和 4.25 万 km²(图 4-9)。

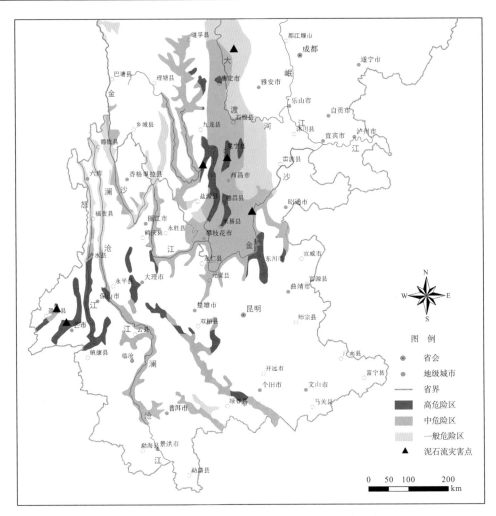

图 4-9 川滇干旱区 2012 年泥石流等山地灾害危险区分布图

2)2013 年 "4·20" 芦山地震后四川省泥石流灾害预测

四川省山区面积 42.8 万 km²，发育着武都—马边（龙门山地震带）、康定—甘孜和安宁河谷地震带，地震带面积约占全省总面积的 1/4。同时，四川地处长江上游，在极端气候影响下，东南暖湿气流的强弱变化使得全省范围经常遭遇极端气候影响。地震活动与极端干湿循环气候控制着四川省重大地质灾害的发育。

2008 年 "5·12" 汶川地震、2013 年 "4·20" 雅安芦山地震、2012～2013 年川东南冬春连续的干旱与 2013～2014 年极大可能拉尼娜年（一般地，拉尼娜年内西部山区的降水将增加）的到来使四川的地质灾害防治形势异常严峻。其重点防治区域包括雅安芦山地震强烈区、汶川地震强烈影响区、芦山和汶川地震的叠加区、川东南冬春连旱区和大渡河雅砻江中游地质灾害易发区等。

依据研究，以芦山地震加速度 50Gal（Ⅵ度地震烈度）划分震后泥石流影响区，考虑泥石流物源已有 5 年固结历史，以汶川地震Ⅷ度地震烈度划分震后泥石流影响区，以冬春连旱气候作为干旱的影响指标，并综合考虑历史灾害、地形和岩性对地质灾害的影响程度综合分析确定高、中、低易发区。高易发区的中雨即可能引发灾害,中等易发区的暴雨可能引发灾害。不同程度易发区可以与地质灾害危险性评估的危险性大、中、小进行比较(图 4-10)。

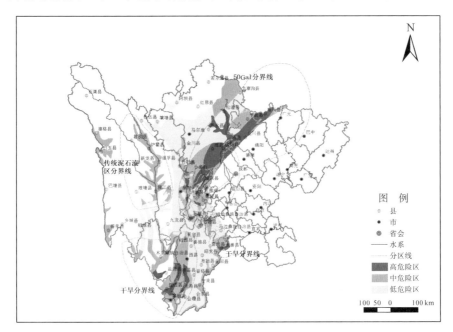

图 4-10　2013 年四川省泥石流灾害易发性预测

综合研究发现,泥石流易发区分布如下。

(1)芦山地震影响区。该区域以地震加速度 50Gal(Ⅵ度地震烈度影响区)为界,北邻小金,南到甘洛,西抵康定,东达眉山形成一个椭圆形区域,总面积 4.8 万 km²。区内高易发区主要集中在中北部宝兴县城以北区域,面积 11387km²,此外中南部中危险区面积 14961km²,低危险区面积 6209km²。

(2)汶川地震影响区。该区域为汶川地震的强烈影响区,大致以广元、绵阳、小金和理县为界,区域总面积 30707km²,地跨华西雨屏湿润气候区、岷江干旱河谷半湿润至半干旱区。湿润区年降雨量 1400~2200mm,植被覆盖率高,地震活动为泥石流滑坡地质灾害的主控因素;半湿润-半干旱区年降雨量 500~900mm,植被覆盖率低,生态脆弱,地震和干湿循环气候联合控制区域地质灾害发育,历史上地质灾害相对较多。汶川地震后地质灾害明显增多,特别是震后的 2010 年泥石流灾害规模达到最大。区域高、中、低易发区的面积分别为 13968km²、6012km² 和 2419km²,其高危险区沿龙门山中央断裂呈北东-南西向展布,长约 250km,宽约 50km。区域内数年内仍然可能暴发较大规模的泥石流滑坡灾害,但总体趋势是减小的。

(3)芦山地震和汶川地震影响叠加区。该区域南部为汶川地震和芦山地震叠加的影响区,范围大致以小金、理县和都江堰为界,呈北东-南西向展布,总面积 9340km²。区域跨越湿润到半湿润、半干旱气候带。地震控制湿润区泥石流滑坡灾害,地震和干湿气候控制半湿润和半干旱区泥石流滑坡灾害。地震活动的叠加使这一区域将成为地质灾害最危险的区域,其高、中易发区面积分别为 7010km² 和 818km²,占全区面积的 75% 和

9%。区域目前发育较小规模的崩塌滑坡,雨季以后会有泥石流灾害发育,由于汶川地震土体存在固结趋势,而芦山地震作用摧毁了这个固结过程,使得 5 年内地质灾害规模较大,而且比较平稳。

(4)川东南干旱河谷与近期干旱区。四川省南部分布着两个 2012～2013 年冬春连旱区,包括以冕宁、普格、会理和稻城为界的川南区,以及以雷波、永善和马边为界的川东南干旱区。其总面积分别为 42116km² 和 5834km²。这一区域的地形高差大,以干旱河谷为主,夏季暴雨集中,历史上泥石流滑坡频繁发生。地质灾害受前期干旱、地震和雨季降雨联合控制,受灾主要对象为水利水电工程、区域厂矿、村镇居民。2013 年高、中、低易发区的面积分别为 5168km²、21155km² 和 7658km²,高易发区沿金沙江和安宁河河谷分布。2013 年地质灾害数量可能增加,特别是拉尼娜年中暖湿气流深入西部山区后引发降水量的增加。但灾害激发因素动态变化,次生灾害不稳定。

(5)传统泥石流易发区。传统的泥石流滑坡多发区由于其形成条件变化不大,在类似环境下也有地质灾害发生的可能性,特别是雅砻江中上游地区雅江到甘孜一线和金沙江中上游也有一定的危险性。其中雅砻江中上游中易发区和低易发区的面积分别为 9129km² 和 5067km²。区域地质灾害呈低频状态稳定发展。

3)2014 年鲁甸地震区泥石流灾害预测

鲁甸地震灾区地处牛栏江流域,紧邻金沙江东岸,为滇东地震带的北部边缘,区域地质环境和经济特点表现为硬岩广泛分布,地形陡峻,社会经济相对落后,大中型水电站集中。区域发育大量二叠系-石炭系硬质玄武岩、碳酸盐岩和碎屑岩,占Ⅵ度烈度区范围的比例分别为 50%、35% 和 15%(特别是河谷区玄武岩和灰岩分布集中,岩土表面覆盖多为区域性红壤);地貌上属中等切割区(切割深度 500～1000m)。多年平均降雨量 800～900mm,河谷区降雨更少,为典型干旱河谷;这一带历史上属于我国严重的水土流失区和泥石流滑坡灾害区,受地震和干湿循环极端气候联合控制,区域的重力侵蚀和地质灾害历史上就十分严重。这一自然与社会经济背景奠定了小震大灾的基础(图 4-11)。

鲁甸县所在的昭通地区经历了 2009～2013 年的干旱期。以昭通为例,其多年平均降雨量为 1104mm,变化范围为 600～1800mm,属于“湿润区”水平,但从 2009 年秋季～2013 年春季,昭通地区连续 4 年大旱,年平均降雨量分别为 557.2mm、670.6mm、317.6mm 和 562.3mm。

区域地质环境形成了山区硬岩(玄武岩、灰岩)、软岩(碎屑岩)不同的岩土组成结构,与河谷和高原面组成了不同的地质地貌结构。河谷区构造发育,硬岩分布广,地震引发的破坏大,且区域断层等构造线多沿河谷分布;鲁甸县为典型的干旱河谷,极端干湿循环影响极大,同时,鲁甸地处我国滇东地震带的北缘,历史上震中在鲁甸境内的大地震较少,这一地区地质灾害主要受地震和旱涝循环的交替气候决定。

依据地震活动、干旱事件、硬岩分布、历史灾害事件确定鲁甸泥石流灾害高、中、低危险区,其集中分布于震中和地震影响区的干旱河谷区,对沿江分布的大中型水电站威胁较大。高、中、低易发区面积分别为 3117.4km²(占总面积的 29.71%)、3644.5km²(占 34.74%)和 3729.4km²(占 35.55%),总面积达 10491.3km²。

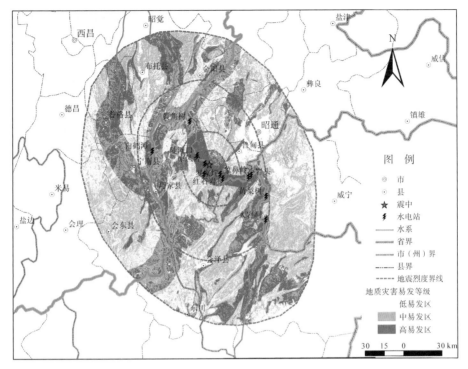

图 4-11 2014 年鲁甸地震区震后泥石流灾害预测

4) 泥石流灾害预测模型效果评述

该泥石流灾害预测模型在实际运用中取得良好的应用效果。2010 年是我国大规模泥石流集中发生的一年，当年轰动全国的甘肃舟曲泥石流、汶川地震灾区的绵竹清平泥石流、都江堰龙池虹口泥石流和汶川县红椿沟泥石流均位于本次预测结果中的高易发区，当年暴发的四川九龙县泥石流和云南贡山泥石流也分别位于预测区中的高易发区和中等易发区。2012 年，我国西南水电基地遭遇了大规模的泥石流灾害，以白鹤滩电站矮子沟泥石流和锦屏电站泥石流造成的灾害最大，而这两处灾害均位于当年预测的高易发区。2013 年，采用该模型预测的泥石流高易发区主要位于汶川地震灾区和川南地区，当年在汶川地震灾区的 G213 沿线的大多数沟道均暴发了大规模泥石流灾害，以七盘沟泥石流、桃关沟泥石流和连山大桥泥石流造成的灾害最严重。

4.3 冰湖、堰塞湖溃决危险性评估

4.3.1 冰湖溃决危险性评估

冰湖溃决灾害诱因很多，也较复杂，为综合分析诸类影响因素，须建立科学合理的判别模式和评价体系，以辨识冰湖溃决风险大小及其影响程度。随着冰湖溃决灾害研究的逐渐深入，关于冰湖危险性的研究也逐步向评价指标定量的方向发展。不同学者根据研究区已溃决冰碛湖特点提出了相应的冰碛湖溃决风险评价指标体系。根据冰湖溃决历史事件及环境背景，目前冰湖溃决风险主要有定性的直接判别法和定量的危险性指数法（吕儒仁等，1999）。

1）冰湖溃决热量指数法

冰湖溃决热量指数（I_h）主要用于冰湖溃决灾害的预测预报。冰川终碛湖的海拔位置一般很高，从3800m到5600m都有分布。通常冰湖溃决发生在6～9月，即夏秋季是冰川强烈消融的时期。显然各月发生的冰湖溃决对于冰川消融所获得的热量大小不同，直接关系到汇入冰川终碛湖水量的大小以及影响冰湖上游现代冰川的活动性，于是有研究人员（吕儒仁等，1999）提出用距冰川终碛湖最近的气象观测站0℃以上的日平均气温累积值（℃）与该站全年0℃以上平均气温的累积值的比率（I_h），即热量指数来衡量冰湖溃决的可能性。很明显，6月发生的冰湖溃决的热量指数是最小的，越往后越大。下面列举了西藏10个典型溃决冰湖的热量指数（I_h）（表4-10）。

表 4-10 西藏境内典型冰湖溃决的热量指数（I_h）

冰湖名称	所在位置	发生时间（年.月.日）	湖面海拔/m	邻近气象站	邻近气象站海拔/m	至发生时大于0℃积温/℃	全年大于0℃积温/℃	热量指数（I_h）
桑旺错	康马	1954.7.16	5150	拉萨站	3658	1738.8	3182.4	0.5464
吉莱错	定结	1964.9.21	5271	定日站	4300	1291.6	1458.0	0.8859
达门拉咳错	工布江达	1964.9.26	5210	林芝站	3000	2528.6	3199.9	0.7902
阿亚错	定日	1968.8.15	5560	定日站	4300	904.3	1324.1	0.6830
隆达错	吉隆	1964.8.25	5460	定日站	4300	1053.7	1458.0	0.7227
坡戈错	索县	1972.7.23	4332	索县站	3950	876.4	1610.9	0.5440
扎日错	洛扎	1981.6.24	—	错那站	4280	245.5	1790.0	0.1372
次仁玛错	樟木	1981.7.11	4640	聂拉木站	3810	671.0	1610.7	0.4166
金错	定结	1982.8.27	5350	定日站	4300	1331.9	1711.8	0.7781
光谢错	波密	1988.7.15	3799	波密站	2736	1632.9	3271.2	0.4992

表4-10说明，6月发生冰湖溃决的热量指数$I_h<0.14$，7月则为0.41～0.55，8月为0.68～0.78，9月最大，为0.79～0.89。国外有研究人员曾用冰湖溃决发生时各月0℃以上的积温曲线进行预测。

对一个地区而言，除了现已设立的高山科学观测站外，不可能在冰川附近有常规的长期高山气象观测站，要获得冰湖溃决时相应的气象观测资料是很困难的。西藏有关气象站距离冰湖水面的高差不一，变幅为800～2000m，要克服因高差大小不一、各地气温垂直递减幅度不同而导致积温无法进行直接比较的困难，利用热量指数概念及计算方法进行冰湖溃决灾害预测预报是一种解决途径。但在统计中也发现在6月份热量指数较小的背景下，也有冰湖溃决的现象，由此可见，实际上并不是热量指数较高的9月份冰湖溃决的频次最多。

2）冰湖溃决危险性指数法

迄今为止，西藏的冰湖溃决大都是因为冰舌末端冰体高速崩滑入冰湖，造成浪涌和冲击波，击溃终碛堤坝或溢流拉槽刷深平时的溢流口，或击溃坝体薄弱部位造成新的溃口所致，因此，冰舌末段变坡点以下的冰体称为危险冰体。其体积可用平均厚度(m)和危险冰体的面积(m²)相乘得到。

对于海洋性冰川，平均厚度为

$$h = 5.2 + 15.4F^{0.5}(\text{m}) \tag{4-1}$$

对于大陆型冰川，平均厚度为

$$h = -11.32 + 53.21F^{0.3}(\text{m}) \tag{4-2}$$

对于冰川面积 $F<1.0\text{km}^2$ 的悬冰川，平均厚度为

$$h = 34.4F^{0.45}(\text{m}) \tag{4-3}$$

式中，F 是连续性冰川的面积，km^2。

冰体涌入湖中，相应体积的湖水被排走，故可以将危险冰体的体积与冰湖水体体积的比值(R)的倒数称为冰湖溃决的危险性指数，即 $I_{dl}=1/R$。这里 R 用倒数，其含义在于 R 值越大，发生的概率越小。例如米堆沟的光谢错，计算得出 R 值为 30.44(表 4-11)，但它却是 20 世纪 30 年代至今最后溃决的一个冰湖。用其倒数，即 I_{dl} 值是最小的，这与实际发生的情况相吻合。表 4-11 中的危险性指数为判断冰湖是否溃决提供了宝贵的资料。

表 4-11 西藏境内重点冰湖溃决危险性指数(I_{dl})

冰湖名称	所在位置	现代冰川面积/km²	平均厚度/m	危险冰体面积/km²	危险冰体体积/10⁴m³	冰湖库容/10⁴m³	危险冰体与冰湖体积比值(R)	危险性指数(I_{dl})
康则错	波密	38.1	100.3	2.910	29187.3	1575.0	18.53	0.0540
光谢错	波密	26.75	84.8	2.297	19478.6	640.0	30.44	0.0329
达门拉咳错	工布江达	2.47	58.5	0.259	569.8	45.8	1.37	0.7299
吉莱错	定结	6.51	82.0	1.250	10250.0	2362.5	4.34	0.2304
阿亚错	定日	3.67	67.3	0.500	3365.0	1470.0	2.29	0.4367
曲马切错	定结	16.94	113.0	1.230	13899.0	4350.0	3.20	0.3125
错朗玛	定日	20.65	120.6	5.450	65727.0	10000.0	3.79	0.2639

4.3.2 堰塞湖溃决危险性评估

对于堰塞湖的风险评估，很多学者都进行过研究。陈晓清等(2008)选择堰塞湖的坝高、最大库容和坝体结构作为分级指标，将单个堰塞湖溃决危险性分为极高危险、高危险、中危险和低危险 4 个等级，对 21 处堰塞湖的危险性进行应急评估。Ermini 等(2003)通过统计 84 座堰塞坝资料(阿尔卑斯和亚平宁山区 36 座、日本 17 座、美国和加拿大 20 座、新西兰和印度等其他国家 11 座)，提出了用地貌无量纲堆积体指数(DBI)来判定坝体稳定性。乔路等(2009)将堰塞湖危险度模糊综合评价的影响因子分为水文地质评价、堰塞坝稳定性评价、库区地质灾害发育情况及其稳定性评价以及溃坝产生的损失评价 4 个方面，利用模糊层次分析法对这 4 个方面进行定量分析，判断杨家沟堰塞湖属于高危级，溃坝影响较为严重。目前已出版的《堰塞湖风险等级划分标准》对堰塞体的影响指标涉

及不多，选用的危险性评价指标主要为堰塞湖库容、堰塞体物质组成和堰塞体高度，而溃决损失指标采用风险人口数、城镇重要性和公共或重要设施，并且对于快速评估的要求也难以满足。本节重点介绍以下三种方法。

（1）快速评估方法（陈晓清等，2008）。汶川地震堰塞湖存在时间短、人工干预可能小、应急减灾方案制定紧迫，对堰塞湖的风险评估必须快速且合理，提出了以坝高、物质组成和库容为主要指标的堰塞湖溃决危险性快速评估方法（表4-12）。

表 4-12　堰塞湖危险性分级标准

危险级别	分级标准			
	坝高/m	最大库容/万 m³	物质组成	对下游可能威胁程度
极高危险	>80	10^4	以土质为主	极其严重
高危险	50~80	10^3~10^4	土含大石块	严重
中危险	25~50	10^2~10^3	大石块含土	中等
低危险	<25	<10^2	以大块石为主	轻微

（2）权重评估模型（刘宁等，2013）。以堰塞湖密度（$z1$）和堰塞湖平均高度（$z2$）为主导因子，以地震平均烈度（$x1$）、最大相对高差（$x2$）、年平均降水量（$x3$）和岩性软弱度（$x4$）为辅助因子，建立区域重大堰塞体危险性评估模型：

$$H_{区} = 0.29F_{z1} + 0.29F_{z2} + 0.14F_{x1} + 0.14F_{x2} + 0.07F_{x3} + 0.07F_{x4} \qquad (4-4)$$

（3）二值逻辑回归危险性评估模型。基于堰塞坝漫顶溃决模拟实验分析，应用 SPSS 统计分析软件的二值逻辑回归分析中强迫引入法、向前选择法、向后消去法，对三种方法的结果进行分析与比选，确定最优的计算分析方法，构建了堰塞坝稳定性二值逻辑回归评估模型，并应用汶川草坡河塘堰塞坝、青川红石河堰塞坝等 4 个溃决堰塞坝对模型进行实例验证与分析，效果良好。

$$P = \frac{e^{26.653x_1 + 0.2x_2 - 26.911x_3 + 9.633x_4 + 1.063x_5 + 151.416x_6 - 0.0178x_7 + 1583.593}}{1 + e^{26.653x_1 + 0.2x_2 - 26.941x_3 + 9.633x_4 + 1.063x_5 + 151.416x_6 - 0.0178x_7 + 1583.593}} \qquad (4-5)$$

式中，P 为回归判断模型指标；x_1 为坝高；x_2 为坝宽；x_3 为坝长；x_4 为坝体密度；x_5 为级配；x_6 为最大库容；x_7 为上游来水量。

以上成果成功应用于唐家山堰塞湖等汶川地震堰塞湖的应急评估，以及灾后岷江、绵远河等区域堰塞湖危险性评估，取得了巨大的社会经济效益和防灾效益。

4.4　滑坡判识与危险性评估

4.4.1　滑坡识别

滑坡识别是评估的基础，滑坡的发生发展通常有一个较长的过程，所以判识滑坡体的标志包括预判的标志和滑坡的滑动标志。

4.4.1.1　滑坡的预判

滑坡的预判可以从形态标志、地层标志、地形地物变形、地下水异常和历史记载与访问材料进行(殷跃平等，1996)，具体内容见表 4-13。

表 4-13　滑坡的预判标志

标志		具体内容
类别	亚类	
形态	宏观形态	①圈椅状地形；②双沟同源；③后方洼地；④大平台地形(与外围不一致，非阶地、非构造或差异风化平台)；⑤不正常河道弯曲
	微观形态	①反倾向台面地形；②小台阶与平台相间；③马刀树；④坡体前方、侧边出现擦痕面、镜面(非构造成因)；⑤浅表崩滑广泛；⑥劣地
地层	老地层边位	①产状变化(非构造因素)；②架空、松弛、破碎；③大段孤立岩体掩覆在新地层之上；④大段变形岩体位于土状堆积物之上；⑤大块孤石混杂于全强风化地层之中
	新地层标志	①鸡窝煤；②变形、变位岩体被新地层掩盖；③山坡后部洼地内出现小片湖相地层；④上游侧出现湖相地层
地形地物变形地下水异常		①古墓、古房屋等变形；②构成坡体的岩、土强度极低；③开挖后易崩滑；④斜坡前部地下水呈线状出露；⑤坡面上、台坎下出现多处呈一排或多排线状分布的地下水出水点；⑥古树等被掩埋
历史记载与访问材料		①发生过滑坡的描述；②发生过变形的描述

4.4.1.2　滑坡滑动的判识

滑坡滑动的标志包括地动、地声、异味、动物行为异常和地下水变化异常等，具体内容见表 4-14。

表 4-14　滑坡滑动的判识标志

判识标志	具体内容
地动	人能感觉到的微微震动，无规律，多为上下震动
地声	发出人能听到的地声，类似石头滚动或闷声
异味	多为硫化氢味，有的滑坡在发生前几天就出现此现象
动物行为异常	如牲畜惊慌不安，不愿进圈等
地下水变化异常	如新增泉水、泉水减少、变色、变味等
其他标志	滑坡区地表开裂位移、建筑物变形、顺向斜坡马刀树、滑坡前缘泉水渗出等

4.4.2　滑坡的危险性评估

滑坡危险性评估是指依据滑坡发育的地质环境条件进行的现状评估、预测评估和综合评估。

4.4.2.1　滑坡危险性的现场评估

滑坡危险性现场评估是在调查滑坡发育的地质环境基础上，在野外对滑坡发育的基本特征、水文地质特征、滑坡稳定性、滑坡致灾情况、滑坡防治情况等进行调查，评价滑坡稳定性，划分滑坡灾害危害程度，最后对滑坡危险性进行评估。

(1)滑坡的现场调查。滑坡现场调查包括地质环境条件、滑坡基本特征、水文地质特征、滑坡稳定性、滑坡致灾情况和滑坡防治情况 6 个方面(表 4-15)。

表 4-15 滑坡的现场调查

序号	现场调查项目	具体内容
1	地质环境条件	搜集当地已有的地质、气象、水位环境资料及滑坡史
2	滑坡基本特征	调查滑坡微地貌形态及其演变过程；调查滑坡发育的形态要素；查明滑动带形态、组成及其力学性质；分析滑坡的活动可能性
3	水位地质特征	调查滑坡发育的地表水、地下水、湿地、泉水分布及流量等情况
4	滑坡稳定性	调查滑坡带内物体的变形破坏情况；残留滑体的稳定状况；不稳定牵引体及其危险性；分析滑坡所造成的损失、危害范围及次生灾害情况
5	滑坡致灾情况	滑坡造成的财产毁损情况
6	滑坡防治情况	已有的减灾措施、防治工程及其效果

(2)滑坡危险性现场评估。依据滑坡现场调查情况，考虑滑坡稳定性、危害对象及其危害程度、可能造成的损失情况，对滑坡危险性进行评估，所以，滑坡的危险性现场评估是在滑坡稳定性和危害程度评价的基础上进行的。

滑坡稳定性现场评估主要采用定性的地质分析法，考虑滑坡发育的地形条件、前缘临空条件、滑面起伏情况、滑面饱和阻抗比及透水性、滑坡滑距、滑坡周围新的堆积体加载情况及其发展趋势、滑体变形破坏情况等因素，建立稳定性地质判别指标，进行定性评估。

滑坡灾害危害程度指滑坡灾害造成的人员伤亡、经济损失与生态环境破坏程度。可以在稳定性评估的基础上，根据滑坡威胁人数及可能造成的经济损失，评估滑坡灾害的危险性。

在滑坡的危险性现场评估中，需要科学地划分灾害的危险区，划分出滑坡运动、破坏作用可能达到的区域。滑坡的危险区划分是根据滑坡滑动区、后部裂缝影响区、前部堆积区确定。在划分过程中需要充分考虑灾害链效应的影响范围。即在特殊状况下，也要考虑滑坡运动造成溃坝、堵江等灾害链的危险区。例如，2001 年 5 月 1 日导致 74 人死亡失踪的重庆武隆鸡尾山大型山体滑坡灾害，滑坡体长 2150m，最大宽度 470m，面积 46.8 万 m^2，体积 700 万 m^3，其危险区范围还应包括滑坡滑动后转化为泥石流的运动和堆积的影响范围(图 4-13)。

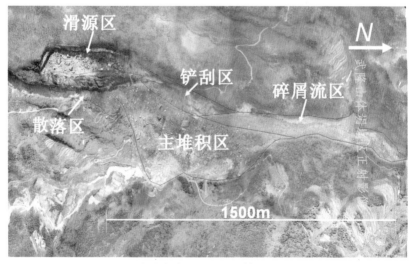

图 4-13 重庆武隆鸡尾山大型山体滑坡(赵松江摄)

有时滑坡的影响范围可跨沟、跨流域发生。如 2010 年 6 月 14 日 23:30 左右，康定市捧塔乡金平电站绕坝公路发生滑坡，虽然体积仅 2.0 万 m³，但由于跨过银厂沟，造成沟对岸的葛洲坝水电集团第二工程有限公司施工工地两幢工棚被压塌，造成 23 人死亡，7 人受伤(图 4-14)。

图 4-14　康定市捧塔乡金平电站绕坝公路滑坡(赵松江摄)

4.4.2.2　滑坡危险性的定量评估

滑坡危险性评估方法有定性定量方法、统计分析方法、层次分析法、可拓物元模型方法、数学模型法、动态模拟方法、多尺度滑坡危险性评估方法、基于极端气候与地震活动的滑坡动态危险性评价方法等(表 4-16)。

表 4-16　滑坡危险性定量评估

方法	概述
定性定量方法	①定性方法：由经验丰富的专业技术人员现场评价斜坡的稳定性及其发展趋势，划分危险性分区图；②定量方法：从工程地质的观点出发，分析评价区内典型单体滑坡的成因机制和发育特征，找出各类滑坡发生的控制因素与滑坡危险性之间的关系，然后以此关系作为判定准则，评价预测研究区内滑坡危险性，进一步可细分为专家系统法、多元统计法、模糊数学法、信息量法和神经网络法等
统计分析方法	统计分析方法是目前国内外研究人员研究滑坡危险性使用最多的一类方法。统计分析方法是建立在滑坡影响因子与滑坡分布关系客观分析之上的一种方法，可以最大限度地客观反映滑坡分布与致灾因子之间的关系，使地质灾害危险性评价更加趋近于客观现实。该方法具体包括信息量法、专家系统方法、多元统计方法、聚类分析方法等
层次分析法	层次分析法(AHP)是一种将滑坡危险性评估定性方法与定量方法相结合来确定各评价因子权重的方法，主要包括 3 个步骤：①评价者对影响和控制滑坡发生的所有因子进行层次分解；②对这些因子在考虑它们之间内在关联性的基础上按规定给予一定的数值；③通过求解这些数值构成的矩阵得到因子权重。最后，选取滑坡危险性评价因子及计算得到的各评价因子权重，构建滑坡危险性评估数学模型，结合滑坡危险性分类标准，获取区域滑坡危险性分级结果。该方法可与遥感(RS)和地理信息系统(GIS)技术结合获取评价因子及权重信息

方法	概述
可拓物元模型方法	可拓物元模型方法是依据可拓学物元理论,建立以经典域、节域、待评物元为基础的系统模型,确定各评价指标与各危险级别的关联关系,进而确定物元特征权重、待评物元与各危险级别的关联度,最终建立可拓综合评价模式,提出滑坡危险性评价分级标准并进行滑坡危险性级别评估
数学模型法	数学模型方法首先要对研究区地质环境背景进行深入、全面、系统的定性分析,在此基础之上建立概念模型,进而抽象成数学模型进行滑坡危险性评价。主要包括模糊综合评判法和神经网络法
动态模拟方法	VanWesten 提出的一种预测降雨诱发滑坡发生的时空概率的动态模型设想,在获取确切可靠的斜坡土体组成、类型及厚度等数据的基础上,利用每日或更长时段的降雨数据,对斜坡土体水文地质条件进行动态的实时模拟,预测滑坡变形破坏情况,定量评价滑坡危险性
多尺度滑坡危险性评估方法	一种针对强震扰动背景下的滑坡危险性评估方法。利用信息量模型反演地震诱发的同震滑坡空间分布特征,以此为前提开展区域和局地两种空间尺度的滑坡危险性预测评估。在区域尺度评估中,利用可能最大降雨预测方法和信息量模型,结合地震危险性区划成果,进行不同超越概率下的最大降雨量时空分布预测及其诱发滑坡的危险性评估;在局地尺度评估中,利用基于崩塌运动学特征的数值模拟进行危险性评估
基于极端气候与地震活动的滑坡动态危险性评价	基于区域极端的干湿气候循环和地震的影响,采用 SPI 模拟指标和地震有效加速度 EPA 的分析,预测评估滑坡存在的动态危险性,如台湾小林村滑坡危险性评估

4.4.2.3　滑坡危险性评估与应用——以都江堰灵岩苑滑坡为例

都江堰市灌口街道鲜家沟——纸房沟灵岩苑(图 4-15)坡地位于都江堰市的东北侧山地。滑坡整体地形较平缓,为一缓倾斜粉质黏土夹块石岩屑类坡积坡地。坡脚开发有数家农家乐,坡面上,部分坡地依然在耕种,此外别无其他开发建设项目。因邻近地区曾发生过小型滑坡、泥石流灾害,对已开发的部分房屋、设施等构成了一定影响。因此,从地质环境、场地地质灾害、场区稳定性及场区开发可能性四个方面对该区滑坡灾害进行危险性评估,并应用于区域土地规划。

1)地质环境评价

地质环境评价从地形坡度、地层岩性、生态环境三方面来评价。

(1)场区地形坡度整体较缓,在 $12°\sim30°$,极少数坡地达 $34°$ 以上,不利于崩塌、滑坡的发生。仅西侧的鲜家沟切割较深,为 $4\sim10m$,两侧坡度 $30°\sim40°$,边岸有小规模坍滑现象。

(2)场区地层岩性结构特征也不利于崩塌滑坡发生,坡地内下伏基岩强风化层和表面黄褐色黏性土夹小碎石,属易滑地层,但由于表面松散层很薄,下伏基岩倾向又与坡向相反,很难在松散层与基岩间的风化面上形成滑动面,不利于崩塌、滑坡的发生。

(3)场区良好的生态环境也不利于崩塌、滑坡的发生,场地内生态环境总体维护较好,无明显的乱挖乱建现象。缓坡台地耕地、林地及冲沟两侧的灌丛、乔木茂密。场地西侧鲜家沟中下游两侧还做了浆砌石防冲护坡墙,增加了场地的稳定性。据调查,鲜家沟、纸房沟中上游比降较大,降雨量也很丰富,但沟床上固体物质较少,植被较好,不具备典型泥石流发生的条件,历史上也未发生过典型的泥石流。

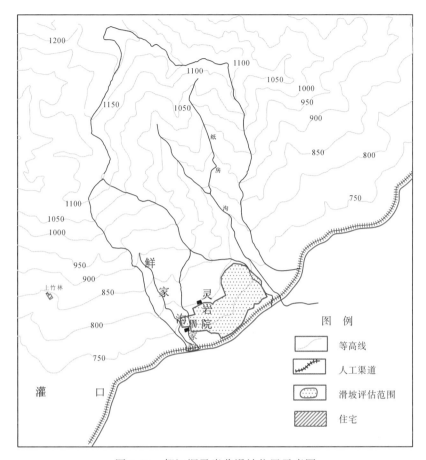

图 4-15　都江堰灵岩苑滑坡位置示意图

2）场区地质灾害危险性评估

场区总体稳定，没有典型的崩塌、滑坡和泥石流等地质灾害。但场地周边和局部仍存在少量的不稳定地质体，存在建筑开挖边坡小规模坍滑的可能。场地中、下部平均坡度小于 13°，属稳定斜坡，可作为建设用地，但开挖边坡仍存在小型坍滑的可能，因此开挖边坡应做相应的护坡挡墙；场地上部部分坡地坡度 15°～25°，属于次稳定斜坡，开挖以后有可能引起局部边坡失稳，需加固防护。场区顶部局部地方坡度大于 25°，同时有较厚的松散堆积土，这类边坡多属不稳定边坡，不宜修建人工建筑，但宜在加固防护的基础上作为绿化用地。

场地西侧鲜家沟和纸房沟发生山洪灾害时冲刷两岸，岸坡存在小规模崩塌、滑坡的可能，同时，有可能淹没场地西侧局部边缘区，经稳定性计算分析，其影响范围距沟边 12m。

参照场区主纵断面工程地质图（图 4-16），利用条分法选用峰值抗剪强度和多次抗剪强度参数进行稳定性计算，得出场区不同地块的稳定性系数均大于 1，表明此场区基本稳定。

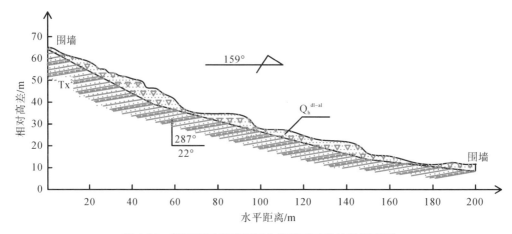

图 4-16　都江堰灵岩苑场区主纵断面工程地质剖面图

3）场区稳定性分析与分区

前已论述，鲜家沟—纸房沟灵岩苑坡地总体是比较稳定的，仅周边地带和鲜家沟、纸房沟两岸出现局部坍岸和洪水冲刷、淹没的危险。据此对场地进行稳定性分区。

（1）分区选取的因素与指标。本场地稳定性分区选取地形坡度、地层岩性、沟水冲刷、斜坡变形破坏现状等因子，采用因子叠加值与工程地质类比和稳定性计算相结合的综合分析法对斜坡进行稳定性分区。地形坡度可划分为稳定地形（<15°）、次稳定地形（15°～25°）和非稳定地形（>25°）；地层岩性可划分为稳定地层（基岩）和易滑地层（松散碎石土）；沟水冲刷可划分为沟水顶冲、沟水侧侵和无沟水冲刷三种情况。同时，划为危险区的斜坡均进行稳定性计算，确定危险区划分的最大边界、范围。

（2）场地稳定性分区等级及划分结果。依据以上综合分析方法，将场地稳定性划分为稳定区、次稳定区和非稳定区，具体划分结果见表 4-17。

表 4-17　场区稳定性分区统计表

分区等级	位置	面积/m²	占总面积比例/%
稳定区	场地中、下部	88803.99	77.51
次稳定区	场地中上部大部分区域	19578.11	17.09
非稳定区	场地上部，鲜家沟、纸房沟两侧	6185.41	5.40

4）场区滑坡危险性评估

依据以上场区斜坡稳定性分区结果，可将场区滑坡划分为危险性大区（非稳定区）、危险性中等区（次稳定区）和危险性小区（稳定区），具体见图 4-17。

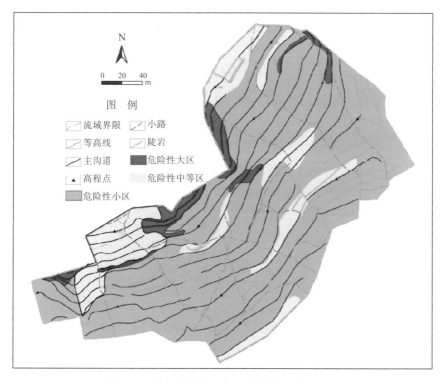

图 4-17　都江堰灵岩苑场区滑坡危险性分区图

第5章　山地灾害监测指标与特征阈值

本书中山地灾害涉及山洪、泥石流、滑坡和冰湖、堰塞湖。不同的山地灾害，其监测指标也不同，各类山地灾害的监测指标见图5-1。以下分类介绍不同灾害的监测指标及其特征阈值确定方法。

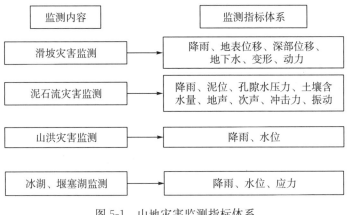

图 5-1　山地灾害监测指标体系

5.1　山洪灾害监测指标与特征阈值

根据历史降雨及山洪灾害情况，结合地形、地貌、植被、土壤类型等，确定每个小流域各级水位或雨量等预警指标。①水位预警指标分为：警戒水位（准备转移）、危险水位（立即转移）；②雨量预警指标分为：警戒雨量（准备转移）、危险雨量（立即转移）。

1）水位

小流域的水文预警指标，主要依据历史成灾水位。如果有明确的历史成灾水位资料，选取历史成灾水位的最小值作为立即转移指标，在最小的历史成灾水位上适当降低，作为准备转移指标。如果缺乏实测历史成灾水位资料，则将可能造成灾害的最低水位作为立即转移指标，在可能成灾最低水位基础上适当降低作为准备转移指标。

2）降雨量

根据《全国山洪灾害防治规划山洪灾害临界雨量分析计算细则（试行）》，临界雨量有以下几种算法：

　　(1)内插法。此方法适用于在已分析过单站临界雨量区域内有一些雨量站空白区(或有站但无降雨量实测资料)。依据是：降雨量的分布从气候角度来看是空间连续的，临界雨量虽与地质条件及气象条件有关，但在典型区选取时，已限定区域内地质条件及气象条件相差不大，因此，可以认为临界雨量在典型区内也是连续的，可勾绘等值线。将各单站各时段临界雨量填在对应的雨量站点位置，通过勾绘等值线图的方法(每一个时段一张图)，求出空白处山洪沟的临界雨量，如果一条山洪沟有几条等值线穿过，则需据等值线图求出空白区平均值来确定临界雨量。另外，当与选定典型区相邻较近点(一般区域间最近点距离不超过 50km)有雨量站(且有降雨实测资料)，绘等值线图时应参考这些资料。

　　(2)比拟法(地质、地貌及降雨等条件综合分析法)。此方法适用于典型区之外确无资料条件作临界雨量分析的区域或山洪沟，当这些区域的其他条件如地质条件(地质构造、地形、地貌、植被情况等)、气象条件(地理位置、气候特征、年均降雨量等)、水文条件(流域面积、年均流量、河道长度、河道比降等)与典型区域某一条山洪沟较为相似时，可视为两者的临界雨量基本相同。如区域或山洪沟内有些条件与典型区存在差异，可据实际情况适当进行调整，最后确定区域或某条山洪沟的临界雨量。

　　(3)灾害实例调查法。这是在无资料地区最常用的一种方法。它是通过大量的灾害实例调查和雨量调查资料(有条件时也可收集一些专用雨量站实测资料，如厂矿、企业、水电站等单位的专用雨量站资料，也应收集区域周边邻近地区的雨量资料，便于分析比较)，进行分析筛选，确定灾害区域临界雨量。采用此方法必须作全面的灾害实例调查和对应雨量调查，对所调查到的灾害及其对应的降雨资料进行统计分析时，根据调查资料情况，可以统计各场灾害不同时段(但时段不可能像有资料区域进行详细划分)和过程降雨量，将历次灾害中各时段和过程的最小雨量作为临界雨量初值。因受调查资料的可靠性和准确性影响，临界雨量初值也会存在一定的误差，可通过与周边邻近地区的临界雨量进行综合对比分析，最后合理确定临界雨量值。溪河洪水、泥石流、滑坡在有条件地区应分类调查，但三者之间在有些地区有时也存在密切的关系，如泥石流与滑坡是一对密不可分的孪生兄弟，有可能很难分类调查，不能分开的就合并进行临界雨量的分析计算(假定三种灾害临界雨量相同)。

　　(4)灾害与降雨频率分析法。通过对灾害场次的调查，分析山洪灾害发生的频率，如某区域自 1950 年以来共发生了 14 次山洪灾害，那么山洪灾害发生的频率 $p=14/(2003-1950+1)=25.9\%$。分析计算与灾害相同频率的降雨量，全国各省都有不同时段(10 分钟、1 小时、6 小时、24 小时)的年最大雨量等值线图、变差系数等值线图(Cs/Cv 一般各省都已固定)，山洪灾害区域的各频率设计雨量可以计算出来，取与山洪灾害发生频率相同的降雨量设计值为临界雨量初值，假定灾害与降雨同频率，若根据资料分析认为两者不同频率，在做出相应的折算后，确定与灾害频率相应的降雨频率，求出降雨设计值作为临界雨量初值。通过与周边邻近地区的临界雨量进行综合对比分析，最后合理确定临界雨量值。在计算面设计雨量时，如区域较小可以看作一个点(区域中心)，区域较大应考虑点面换算关系。

　　(5)基于水文模型的临界雨量推算方法。由于山区小流域普遍缺乏山洪资料，因此可以假定暴雨与洪水频率一致。在此基础上，由预警水位反推预警雨量。基本步骤是：

①根据小流域内受山洪威胁村庄、城镇的分布位置，确定预警断面，并实地测量预警断面形状；②基于 DEM 提取预警断面以上的地形地貌特征参数，如：流域面积、主沟长度、沟道比降以及地貌瞬时单位线法所需的各级序河川数量、河川长度、漫地流长度与坡度等参数；③依据所确定的警戒水位和危险水位，结合断面形状、比降等，采用水力学方法计算相应水位下的断面流量；④采用推理公式法或地貌瞬时单位历线法，推求 $p=2\%$、$p=5\%$、$p=10\%$、$p=20\%$、$p=50\%$ 以及 $p=100\%$ 六个频率下的洪峰流量，并绘制设计洪峰流量频率曲线图；⑤依据设计洪峰流量频率曲线图，确定警戒流量和危险流量对应的频率；⑥依据警戒流量和危险流量对应的频率，确定相应的降雨量作为预警阈值。

5.2　泥石流灾害监测指标与特征阈值

5.2.1　泥石流启动过程指标与特征阈值

5.2.1.1　降雨量

目前，有关泥石流预警雨量阈值的研究，主要集中在泥石流临界雨量上，即引发泥石流的雨量。对于天然沟道，在一定降雨条件下，沟道中会产生泥石流，但泥石流不一定能造成灾害，如降雨导致沟道岸坡松散堆积物进入沟道，但若降雨强度不够，该部分松散堆积物在沟道中运动一段时间后即发生淤积，不会对下游造成危害。结合前人研究结果，并参考泥石流灾害评估成果，将泥石流预警雨量阈值划分为三个等级（表 5-1）（Chen et al.，2016）。

表 5-1　泥石流预警雨量分级

预警雨量阈值级别	不同等级泥石流预警雨量阈值确定方法
一级雨量（临界）	指引发坡面泥石流但不形成泥石流的汇流的雨量；采用实验方法确定
二级雨量（警戒）	指引发泥石流的汇流但不一定成灾，但在沟道中有较小规模泥石流运动；通过模型计算确定
三级雨量（危险）	指引发泥石流且很大可能造成灾害；通过历史调查法和频率法计算确定

目前，泥石流预警雨量指标主要包括 10 分钟预警雨量指标（10min）、1 小时预警雨量指标（1h）、24 小时预警雨量指标（24h）。我国山区泥石流灾害多由短历时暴雨触发，计算 24 小时预警雨量指标意义不大，因此本书着重计算 10 分钟预警雨量指标和 1 小时预警雨量指标。

泥石流预警雨量阈值计算方法较多，但大多是根据不同区域泥石流灾害案例进行统计分析所提出来的方法。根据监测区水文、气象、地质等因素，本书拟采用灾害历史调查法、模型计算法、频率法和实验方法分别确定泥石流预警雨量，在此基础上进行综合分析，最终确定泥石流预警雨量。

1）一级预警雨量

泥石流启动受诸多因素的影响，这也使泥石流启动的研究异常复杂。前人的研究成果表明：坡面坡度、降雨强度、降雨量、土体的颗粒级配、土体的密度等都显著影响泥石流的启动。

因此可以采用模型实验法来确定一级预警雨量(图 5-2)。该方法主要是通过野外人工降雨泥石流启动原型试验，分析泥石流启动和运动过程中不同密度宽级配土体失稳转化为泥石流的具体降雨量指标。

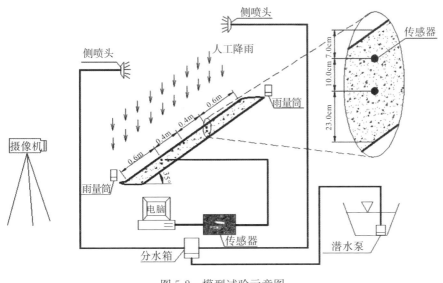

图 5-2　模型试验示意图

2)二级预警雨量

按照泥石流形成的动力条件，可将泥石流划分为土力类泥石流和水力类泥石流。土力类泥石流是指准泥石流体或山坡强度降低而启动形成的泥石流，偏黏性；水力类泥石流是指水流对坡面或沟槽强烈侵蚀而形成的泥石流，偏稀性。

目前，尽管水力类泥石流启动的研究成果较土力类泥石流少，但还是有不少学者提出了水力类泥石流启动模型，这些启动模型按照建模理论可以分为两类：其一，采用摩尔－库仑破坏准则建立的水力类泥石流启动模型，代表性成果主要是 Takahashi 模型(Takahashi，1978)、Sassa 模型(Sassa，1985)、Berti 模型(Berti et al.，1999)等；其二，依据实验资料或调查资料建立的经验模型，其中最具代表性的有 Tognacca 模型(Tognacca et al.，2000)、Gregoretti 模型(Gregoretti et al.，2008)等。

基于摩尔－库仑理论的模型，考虑了沟床坡度、沟床堆积物内摩擦角、沟床物质容重等因素的影响，从理论上来讲是完善的，只是该类模型不能考虑沟床物质颗粒分布对泥石流启动的影响。以最具代表性的 Takahashi 模型为例：

$$\tan\theta = \left[\frac{C_*(\sigma-\rho)}{C_*(\sigma-\rho)+\rho(1+h/a)}\right]\tan\varphi \tag{5-1}$$

式中，θ 是沟床坡度；φ 是堆积物内摩擦角；σ、ρ 分别为固体颗粒和水的容重；C_* 为固相物质体积分数；h 为超出堆积物表层的水深；a 为堆积物活动层厚度。依据该公式可以计算泥石流启动时刻的水流深度，在运用式(5-1)时，最关键的问题是确定活动层厚度

a，然而 Takahashi 并没有给出 a 如何取值，因此 a 的取值受主观因素影响较大。此外，采用基于摩尔-库仑破坏准则建立的公式，只能用于计算沟床物质启动形成泥石流的水深，不能直接给出某一沟床物质启动时刻所需的清水流量，也就不能根据计算清水流量反算降雨量。

基于试验资料或调查资料建立的模型中，可以考虑沟床物质大小、沟床比降、沟床堆积物容重等因素的影响，这些参数通过调查直接获取，能够依据以上参数计算泥石流启动时刻单宽清水流量。其中最具代表性的是 Tognacca 公式：

$$q = 4 \frac{d_{\mathrm{m}}^{1.5}}{(\tan\theta)^{1.17}} \tag{5-2}$$

式中，q 是泥石流启动单宽流量；d_{m} 是堆积物颗粒平均粒径；θ 是沟床坡度。

由于建立在摩尔-库仑破坏准则基础上的公式在实际计算中主观因素较大，因此，采用 Tognacca 公式作为机理模型计算泥石流启动清水流量。研究组比较分析了将 Tognacca 公式应用于我国东川蒋家沟、北川西山沟、都江堰死人沟和白果沟以及美国 Chalk Cliff 流域，发现若采用堆积物平均粒径计算，将导致计算结果偏小，需采用沟床堆积物粗化层中值粒径进行计算，才能获得较好效果，清水流量不会产生数量级上的误差。因此，项目组在计算研究区域沟床启动清水流量时，采用沟床堆积物粗化层中值粒径来进行计算。

采用沟床启动模型计算泥石流启动降雨阈值，需要首先计算泥石流启动临界流量。采用修正后的 Tognacca 公式计算泥石流启动临界流量。修正后的 Tognacca 公式在进行计算时，采用沟床粗化层中值粒径进行计算。

本书中，采用中铁西南科学研究院对中小流域暴雨洪水计算方法进行了简化处理，其计算公式为

$$Q = 0.278 r_{\mathrm{p}} i_{\mathrm{B}} \eta F \tag{5-3}$$

式中，i_{B} 为产流系数，取 0.5；r_{p} 为 1 小时降雨量(mm/h)；η 为降雨不均匀性修正系数；F 为流域面积，km^2。

利用此方法的具体操作步骤为：①确定沟道侵蚀型泥石流形成区特征过流断面。根据调查测绘确定泥石流沟道内泥石流形成区范围，在所述沟道泥石流形成区内的上段区域选择一段沟道顺直、沟床比降均一的沟段作为特征过流沟段，以所述特征过流沟段的中间断面作为特征过流断面。②确定地形地质基本参数数据。调查测绘确定地形地质基本参数数据，所述地形地质基本参数数据包括：特征过流断面松散物质粗化层中值粒径 d_{50}、特征过流断面宽度 B、固体物质容重 γ_{s}、特征过流沟段比降 i。③计算启动临界流量。根据调查数据，结合修正后的 Tognacca 公式，计算沟床堆积物启动形成泥石流的径流总量 Q。④计算 1 小时临界雨量。根据泥石流启动径流总量，结合特征沟道以上断面泥石流沟流域面积、总体比降等参数，运用四川省中小流域洪水计算手册中推荐的方法，计算泥石流启动 1 小时降雨量。⑤计算 10 分钟临界雨量。假定 10 分钟临界雨量和 1 小时临界雨量同频率，结合 1 小时临界雨量值计算 10 分钟临界雨量。

3）三级预警雨量

针对发生过泥石流灾害的沟道，首先采用灾害历史调查法确定历史上发生泥石流的

最小雨量作为三级预警雨量；如果采用历史灾害调查法确定的三级预警雨量不合理（略大于或小于二级预警雨量），则可采用频率法确定该处沟道三级预警雨量。

（1）灾害历史调查法。灾害历史调查法是在缺资料地区最常用的一种方法。它是通过大量的灾害实例调查和雨量调查资料（有条件时也可收集一些专用雨量站实测资料，如厂矿、企业、水电站等单位的专用雨量站资料，也应收集区域周边邻近地区的雨量资料，便于分析比较），进行分析筛选，确定灾害区域临界雨量。采用此方法必须作全面的灾害实例调查和对应雨量调查，对所调查到的灾害及其对应的降雨资料进行统计分析时，根据调查资料情况，可以统计各场灾害不同时间段（但时间段不可能像有资料区域来详细划分）和过程降雨量，将历次灾害中各时间段和过程的最小雨量作为三级预警雨量初值。如陈宁生等选取四川省具有山洪灾害记录和泥石流记录的灾害点的 694 场暴雨过程，资料时间从 1954 年 7 月 16 日至 2003 年 9 月 16 日，分布于四川省 106 个县（市），191 个站点。统计它们的 1 小时和 24 小时临界雨量的特征值（图 5-3、图 5-4），作为地震灾区山洪泥石流预测预报和警报的参照雨量数值，考虑地震促使土源增加并增加泥石流的易发程度，建议目前的泥石流三级预警雨量参照山洪泥石流综合雨量数值（Chen et al.，2014）。

（2）频率法计算模型。我国山区泥石流流域降雨量资料普遍较为缺乏，没有泥石流沟道清水区和形成区的降雨数据，因此就需要选择一个能够根据该县气象台站资料计算泥石流临界雨量的模型。姚令侃（1988）应用多元分析方法，对泥石流临界雨量与泥石流发生频率和暴雨频率之间的关系进行相关分析和回归分析，建立了由泥石流发生频率和暴雨频率计算泥石流临界雨量的方程，该方程以县气象台站资料为依据来确定泥石流发生条件。该方法具体公式如下：

$$K = -0.1 \times x_1 + 0.073 \times x_2 + 0.6 \tag{5-4}$$

式中，K 为泥石流临界雨量；x_1 为泥石流发生频率，取值见表 5-2；x_2 为年日降雨量大于 50mm 的暴雨频率。

1 小时和 10 分钟临界雨量计算公式如表 5-3 所示。

表 5-2　泥石流发生频率的评分标准

频率分类	分类标准	评分标准
特高频	一年几次至十几次	6
高频	一年一两次至几次	5
次高频	几年一次至一年一两次	4
中频	十几年一次至几年一次	3
低频	几十年一次至十几年一次	2
特低频	上百年一次至几十年一次	1

表 5-3　K 值与临界雨量的关系

雨强		$Re=25mm$	$Re=50mm$
1 小时	下限值 /(mm/h)	$I_{60min} = \begin{cases} 1, K \leqslant 0.04 \\ 14.8K^2 + 74.3K - 1.4, K > 0.04 \end{cases}$	$I_{60min} = \begin{cases} 0, K \leqslant 0.15 \\ 11.5K^2 + 76.6K - 11, K > 0.15 \end{cases}$
	上限值 /(mm/h)	$I_{60max} = \begin{cases} 4, K \leqslant 0.04 \\ 10.8K^2 + 83.8K + 1.3, K > 0.04 \end{cases}$	$I_{60max} = \begin{cases} 8, K \leqslant 0.15 \\ 14.2K^2 + 80.5K - 7.3, K > 0.15 \end{cases}$

雨强		$Re=25$mm	$Re=50$mm
10 分钟	下限值 /(mm/10min)	$I_{10min} = I_{60min}\dfrac{\overline{H}\frac{1}{6}}{\overline{H}_1}$	$I_{10min} = I_{60min}\dfrac{\overline{H}\frac{1}{6}}{\overline{H}_1}$
	上限值 /(mm/10min)	$I_{10max} = I_{10min} + 5K + 1$	$I_{10max} = I_{10min} + 5K + 1$

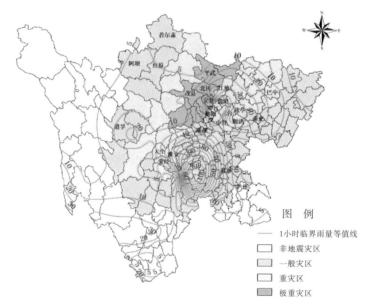

图 5-3　四川省 1 小时山洪泥石流临界雨量特征

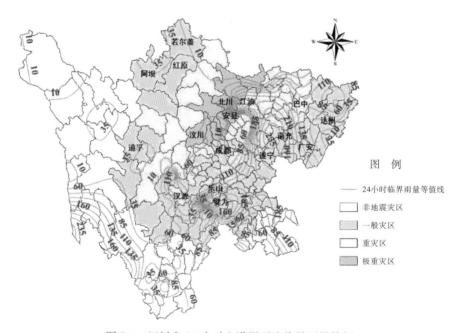

图 5-4　四川省 24 小时山洪泥石流临界雨量特征

Re 表示总实效雨量；I_{10} 表示 10 分钟雨强，单位为 mm/10min；I_{60} 表示最大小时雨强，单位为 mm/h；$\overline{H}_{\frac{1}{6}}$ 是一年最大 10 分钟暴雨量均值；$\overline{H}_1$ 是一年最大 1 小时暴雨均值。各地 $\overline{H}_{\frac{1}{6}}$ 和 $\overline{H}_1$ 的数值，可据四川省中小流域暴雨洪水手册查得，或可直接用县站资料统计得出。

频率法的具体操作步骤为：首先查找出发生泥石流区域属于哪个县；然后收集县上的气象资料，确定年日降雨量大于 50mm 的暴雨频率 x_2；再根据泥石流勘查情况，确定泥石流发生频率 x_1；另外通过查询《四川省暴雨手册》，查出 $\overline{H}_{\frac{1}{6}}$ 与 $\overline{H}_1$ 的值；最后依据频率法计算方法，计算出 1h 和 10min 的临界雨量值可能范围。

5.2.1.2　土体孔隙水压力和含水量

泥石流启动过程可以归纳为渗透、土体破坏、土体液化、液化土体启动等四个过程。在持续降雨条件下，渗透过程产生超渗产流和超蓄产流，同时促进土体收缩、土体重度增加以及土体孔压的变化；孔压的升高和坍滑面黏土颗粒的侵蚀是土体黏滞力和内摩擦力下降到很小或为 0 时发生土体的破坏的基础；而土体的液化可以在破坏土体的荷载作用下发生，地震作用也可以导致土体的黏滞力和内摩擦力接近为 0，促进土体液化，土体液化是泥石流启动和产流的物质基础。

根据陈晓清的研究，泥石流启动过程是土体从固态变流态的过程，其力学机理主要属于非饱和土力学的范畴(陈晓清，2006)。陈宁生通过实验发现，土体失稳时含水量均小于土体孔隙度，且仅为孔隙度的 65%~70%，为非饱和土体启动(Chen et al.，2010)。而非饱和土体强度的降低主要是由于孔隙水压力的上升，导致土体的有效内摩擦角的降低和水体的入渗，促使土体的表观凝聚力或吸附强度大幅度降低(卢肇钧，1999；戚国庆等，2003)。Wang 等研究孔隙水压力上升对土体强度的变化，发现土体的破坏经常出现在孔压上升到最大，土体的有效强度最低之前。Sassa 在研究滑坡转化为泥石流的过程中发现，土体的孔压升高，强度的降低是滑坡转化为泥石流的重要机理(Wang et al.，2003)。汪闻韶研究发现砂砾料在排水不畅的条件下可以液化(汪闻韶，1997)。Ellen 等通过对于泥石流、滑坡等土体强度的研究，提出土体静态液化机制(Ellen et al.，1987)。这些研究成为目前泥石流启动机理的基础。

在泥石流启动过程中，降雨从表层向深层入渗，土体的含水量逐渐增加，并且在竖直坡面上呈渐变形态，土体经历从非饱和到饱和的过程。在这一过程中土体的颗粒组成、孔隙特征、结构特征、链接特征等发生渐变，反应在土体特征参数方面，即土体渗透性、含水量、孔隙水压力、孔隙率等发生变化(陈晓清，2006)。

对于较均一的黏土或砂土，土体强度以摩尔-库仑理论为基础，考虑孔隙水压力和土体吸力(水势)，得出非饱和土体的抗剪强度表达式(Fredlund et al.，1978)：

$$\tau_{ff} = c' + (\sigma_f - u_a)_f \tan\varphi' + (u_a - u_w)_f \tan\varphi^b \tag{5-5}$$

式中：c' 为有效内聚力；$(\sigma_f - u_a)_f$ 为破坏时破坏面上的净法向应力；σ_f 为破坏时破坏面上的法向总应力；u_a 为孔隙气压力；$(u_a - u_w)_f$ 为破坏时破坏面上的基质吸力；u_w 为孔隙水压力；φ' 为与净法向应力状态变量相关的内摩擦角；φ^b 为随基质吸力增加的速率。

通过上述分析，在泥石流启动过程中，非饱和土体强度与土体的有效内聚力、有效内摩擦角、土体孔隙的气压力、孔隙的水压力和基质吸力有关。同时，在降雨入渗作用的影响下，有效内聚力随着含水量增加而减小，随土体中细颗粒的减小而减小；基质吸力随含水量的增加而减小，随土体中细颗粒的增加而增加（陈晓清，2006）。

而泥石流源地的土体主要为宽级配砾石土，其特征不同于单一的黏土、砂土和砾石。可以认为土体强度表示为

$$\tau_N = f(C, u, S, \cdots) \tag{5-6}$$

式中，C 为土体细颗粒含量；u 为孔隙水压力；S 为土体含水的饱和度。

由以上分析可知，在泥石流源地的宽级配砾石土发生破坏并启动成为泥石流的过程中，孔隙水压力和含水量（土体含水饱和度）是非常重要的因素。通过对这两个因素变化规律的研究，可以进行泥石流启动过程的判断。根据这一理论基础，可以采用野外泥石流启动原型实验的方法来具体量化泥石流启动过程中孔隙水压力和含水量的变化，以及泥石流启动时这两个参数的临界值（阈值）。

5.2.2　泥石流运动过程指标与特征阈值

5.2.2.1　泥位

泥位作为重要的泥石流运动要素（流速、泥位、冲击力）之一，其与流经断面的断面形态、泥石流流量等密切相关，可直观反映泥石流及其诱发的灾害规模。以泥位要素为基础进行泥石流预警主要有接触式和非接触式两种，日本以泥位为泥石流特征值研发了一种接触式的泥石流断线监测装置，依靠泥石流与沟道观测断面感应线的接触来确定泥石流的泥位大小，进而确定泥石流灾害规模等级，从而发出不同级别的泥石流预警信号，但该装置存在着一次泥石流发生后往往需要重新设置，或当接触对象为动物时发生误报等弊端。相比之下，以超声波或雷达为主的非接触式泥位预警系统在世界范围内，特别是在阿尔卑斯山脉附近的许多国家得到非常广泛的应用。该方法可以直观地观测到泥石流发生全过程，为后期分析泥石流发生、运动等动态变化特征提供了丰富的数据资料。但无论使用哪种模式的预警系统，泥位特征值的确定是泥石流预报预警中的基本数据，特别是对于建立低频率泥石流或缺资料区域的泥石流监测预警系统尤为重要。

泥石流泥位阈值的确定方法为：

①根据泥位站点的安装位置，计算出该断面处不同频率泥石流的流量；②调查各断面的泥石流洪痕，根据不同频率下各断面的流量，计算不同频率下泥石流的泥位深度。

泥石流的流量 Q_c、流速 U_c 以及过流断面面积 A 之间存在如下关系：

$$Q_c = U_c A \tag{5-7}$$

其中，流速 U_c 采用西南地区现行的泥石流流速计算公式：

$$U_c = (M_c/\alpha) R^{\frac{2}{3}} I_c^{\frac{1}{2}} \tag{5-8}$$

式中，M_c 为泥石流沟糙率系数（可参见《中国泥石流》）；α 为校正系数（可根据泥石流容重以固体物质容重计算）；R 为水力半径；I_c 为比降。

根据不同雨量阈值（二级预警雨量、三级预警雨量）下各泥位站点的泥石流峰值流量，

采用式(5-8)可以计算泥石流泥位阈值。不同雨量阈值下各泥位站点的泥石流峰值流量可采用配方法计算。

5.2.2.2　振动波

泥石流是沿自然坡面或压力坡流动的松散土体与水、气的混合体，是一种包含大量泥沙石块和巨砾的固液气三相流体，在运动过程中，其流体携带的大颗粒物质会互相碰撞，并与沟底、沟岸相摩擦，产生振动波。通过对这种振动信号的监测，也能够对泥石流进行预警。

但由于各沟道地质条件各异，泥石流流动情况及其引发的振动资料极为缺乏，所以振动监测设备的预警阈值需要通过对长时间序列振动观测数据的分析来确定，故目前无法给出准确的泥石流运动过程振动阈值，仅采用野外崩塌实验中振动值为参考值。泥石流运动振动阈值将在监测预警实践中通过对具体灾害实践监测值进行修正获得。

根据现场的测试，当没有崩塌发生时，在车辆经过的情况下，传感器检测到的加速度为 0.02Gal 左右，当有崩塌发生时(实验中通过一块体积约为 0.4m³ 的砾石进行模拟)，传感器检测到的加速度为 0.05Gal。为了兼顾检测的灵敏性与准确性，最后确定传感器的检测阈值为 0.05Gal。此阈值是在缺乏泥石流振动监测资料情况下，采用野外崩塌实验而获得的参考值，泥石流运动准确的振动阈值将在监测预警实践中通过对具体灾害监测值进行修正获得。

5.3　冰湖、堰塞湖灾害监测指标与特征阈值

5.3.1　冰湖监测

冰湖溃决主要与环境因素相关，冰湖溃决多发生在构造活动强烈、岩性为花岗岩或闪长岩等硬岩、气温和降水变化大、地震烈度＞Ⅷ级的交织区域。因此，冰湖监测内容主要为雨量、温度、水位以及冰舌位移监测。

(1)雨量、温度监测。通过雨量、温度监测系统，进行雨情、温度信息的收集，提高雨情温度信息的收集时效，为冰湖溃决灾害的预报预警、做好防灾减灾工作提供准确的基本信息。

雨量温度站要求准确反映雨量温度信息，使用雨量/气温自动监测站用于野外环境的降雨和气温自动监测，其具有数据智能采集、长期固态存储和远距离传输功能，可通过无线电技术实现近距离显示、人工置数及设备配置。现场设备应具有体积小、安装灵活方便、操作简单、技术先进、功能齐全、运行稳定可靠、成本低廉等特点。

(2)水位监测。通过建设实用、可靠的监测系统，扩大冰川泥石流灾害易发区冰湖水位情况收集的信息量，提高信息的收集时效，为冰川泥石流灾害的预报预警、做好防灾减灾工作提供准确的基本信息。

冰湖水位站要求准确反映冰湖水位涨落信息，所采用的水位监测设备是水文气象部门批准使用的产品。冰湖水位自动监测站用于野外环境的水位的自动监测，具有数据定

时智能采集、长期固态存储和 GPRS/GSM 远距离传输功能。现场设备应具有体积小、安装灵活方便、操作简单、技术先进、功能齐全、运行稳定可靠、成本低廉等特点。

（3）冰舌位移监测。通过建设实用、可靠的监测系统，通过定时对冰舌上的标靶进行拍照的方法，在中心进行图像对比，从而了解现场冰舌进退情况，扩大冰川冰舌收集的信息量，提高信息的收集时效，为冰湖溃决的预报预警、做好防灾减灾工作提供准确的基本信息。

冰舌位移监测可采用冰舌监测摄像机，针对监控场所的特殊要求，前端摄像机选择网络智能高速球（IP 快球），它能够将现场几十米至几百米范围的图像清晰地采集和传输，并且能够清晰地看清位于 200m 内的冰舌位移靶标，并且将图片以高清晰度、低带宽占用传送到区县级国土资源局。IP 快球采用目前最先进的 H.264 压缩方式，实现在极低的带宽占用下传输高品质的图像。

5.3.2　冰湖预警

针对现有冰湖溃决预警方法多为定性分析，即观测数据修正过于简单的缺陷，以长期温度、降雨观测数据为基础，确定前期正积温逐日增长速度值 T_V、前期 30 日降雨量逐日增长速度值 R_V，建立警戒曲线方程（图 5-5），判断冰湖存在溃决风险（Liu et al.，2013）。

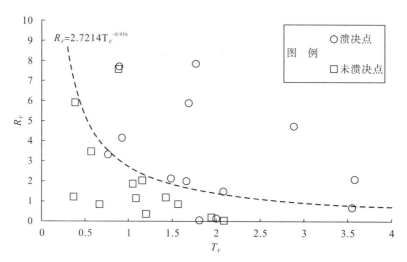

图 5-5　T_V-R_V 曲线图（Liu et al.，2013）

通过对坝体位移、渗压、水位、降雨（降雪）等关键参数的监测，建立 3 级预警指标体系。险情预警：根据降雨、降雪、水位变化进行预警，采用上述建立的 T_V-R_V 模型计算确定险情，如果 T_V、R_V 确定的点位于警戒曲线上方则发出预警。溃决预警：如出现前段溢流漫顶、后段潜在冰崩和冰滑坡具有短期入湖的可能，进行溃决预警。临灾预警：依据溃决后可能的流量和淹没范围进行临灾预警。监测预警技术在易贡藏布流域易贡错和朋曲流域进行了示范应用。

应用案例：折麦错冰湖（N 28°0.9′，E 92°20.6′）位于西藏自治区错那县，海拔5300m（图 5-6）。本预警方法确定了冰湖存溃决风险的起始日，并将风险期集中到了相对较短的日期内，在大幅度提高预警工作效率的同时降低了当地防灾工作的工作量，节省了支出，提高了有效性。

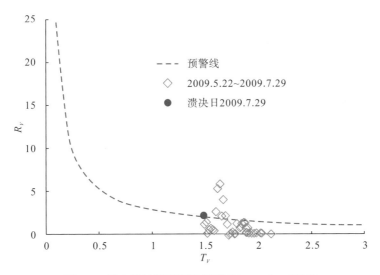

图 5-6　折麦错冰湖预测结果图(Liu et al.，2013)

5.3.3　堰塞湖监测

堰塞湖的形成突然，易于变化。要掌握其形成、变化过程，就必须获取及时准确的水文应急监测信息，以便进行堰塞湖溃决风险分析，制定堰塞湖溃决临灾预案，对堰塞湖进行综合治理。堰塞湖溃决方式主要有坝顶溢流、潜蚀与管涌、坝体失稳引起的三种破坏模式。因此，堰塞湖监测内容主要为雨量、水位、渗压、流量以及坝体位移监测。要获取及时准确的信息，除采用遥感、遥测或自动采集数据等技术，还可以采用人工数据采集配合现代信息传输方式达到目的。

(1)雨量监测。采用自记雨量计，有雨自动增量测报。

(2)水位监测。采用人工观读或采用免棱镜全站仪人工监测。可视适用条件选择采用压阻式、浮子式和气泡压力式水位自记仪。条件不具备时，采用由远程视频监视设备读尺测水位。

(3)渗压监测。采用压力液位传感器，液位变送器核心部件为陶瓷电容压力传感器，通过软件或按键可以免压力源进行量程更改设定，无须手操器，极大地方便了用户现场使用。液位变送器采用特殊工艺，内部具有三重保护功能，彻底解决了揭露开挖问题。且测量膜片与介质大面积接触，不易堵塞，便于清洗，进一步发挥陶瓷传感器抗腐蚀性能好的技术特点和较经济的优势。

(4)流量监测。采取流速面积法实测溃口流量，以红外测距仪实测过水断面、电波流速仪实测水面流速，并在正式泄流前做好泄流断面(或潜在溃口)的实测工作。通过天然浮标采用极坐标浮标法、中泓浮标法实测。也可采用比降面积法。

(5)坝体位移监测。坝体位移采用高精度卫星定位接收机来实现对坝体的监测。接收机可以单系统定位，也可以多系统联合定位。随着我国北斗卫星系统可靠性和实用性不断加强，特别在恶劣环境下的应用，北斗＋GPS 联合应用，增加跟踪卫星数量，提高 GNSS 高精度定位的可用性及可靠性，使在高遮挡地区的定位应用成为可能。终端机配备便携式的安装支架，可以在短时间内快速完成安装与部署。

5.4　滑坡监测指标与特征阈值

5.4.1　滑坡监测指标

滑坡监测指标包括变形监测、影响因素监测和前兆异常监测三类，如表 5-4 所示。针对不同类型的滑坡及其特点，应选择具有代表性的监测指标。

表 5-4　滑坡监测指标分类表

序号	监测指标分类		监测指标
1	变形监测	位移监测	位移量
2			位移方向
3			位移速率
4			裂缝变形
5		倾斜监测	地面倾斜
6			钻孔倾斜
7		其他监测	推力监测
8			地应力监测
9	影响因素监测		降雨量
10			库水位
11			地下水
12			地表水
13			地震
14			人类工程活动
15	前兆异常监测		地声
16			地气
17			地热
18			地下水异常
19			动物异常

5.4.2　降雨指标与特征阈值

自然条件下，滑坡的最主要诱发因素是地震和降雨(许冲等，2011)，而地震的准确预报在现阶段仍存在较大困难，所以自 20 世纪 80 年代开始，大量学者通过研究某一地区的降雨情况，采用小时降雨强度、当日降雨量、前期累计雨量(或前期有效降雨量)等表达式来量化临界降雨量，采用数理统计的方法对历史滑坡事件和降雨资料进行分析，取其统计意义上的临界值作为降雨诱发滑坡的阈值（表 5-5），建立日降雨量（或日降雨强度）、前期降雨量和前期土体含水状态三种滑坡－降雨量阈值模型，对滑坡进行监测预警。

表 5-5　国内部分地区的滑坡降雨量阈值（唐亚明等，2012）

序号	研究区	降雨临界值及表达式	研究方法
1	浙江省	使用阈值线 $P_0=140.27-0.67P_{EA}$ 判断，降雨在该阈值线以上时将发生滑坡，P_0 为日降雨量，P_{EA} 为前期有效降雨量	建立累计滑坡频度－降雨量分形关系计算前期有效雨量
2	陕西黄土高原	诱发滑坡的降雨启动值、加速值、临灾值分别为 25mm、35mm、65mm，诱发崩塌降雨启动量、加速量、临灾值分别为 15mm、30mm、50mm	样本统计分析和日综合雨量方法
3	三峡地区	$P=\dfrac{\exp(-3.847+0.04r+0.043r_a)}{1+\exp(-3.847+0.04r+0.043r_a)}$ P 为滑坡发生概率，r 为当日降雨量，r_a 为前期有效降雨量	Logistic 回归模型法，前期有效雨量法
4	三峡库区	临界降雨量变化范围为 $100\sim200$mm/d，其中，降雨量在 100m/d 可能开始诱发滑坡，而在 200mm/d 则必然诱发大量滑坡	样本统计分析
5	四川省沐川县	单体滑坡启动参考值：降雨量 $Q\geqslant40$mm（2005 年类比预测值），$Q\geqslant30$mm（2007 年实测值）；群体滑坡启动参考值：$Q\geqslant100$mm（2005 年类比预测值），$Q\geqslant70$mm（2007 年实测值）	概率统计关系
6	广东省德庆县	前 5 天总降雨量 >60mm	灾害点降雨量值统计
7	深圳市	有效降雨量 >220mm	偏相关分析方法
8	四川省雅安市	$R=R_L+0.62R_{L3}+84.4$，当 $R\geqslant0$ 时，滑坡有可能发生；当 $R<0$ 时，滑坡基本不会发生 R_L 为滑坡发生当日降雨量；R_{L3} 为滑坡发生前 3 日累计降雨量	逻辑回归模型
9	江西省	8 个滑坡监测点，其中某点预警值为 24h 降雨量 $\geqslant253$mm；某点预警值为 24h 降雨量 $\geqslant37$mm；其余各点预警值为 24h 降雨量 $\geqslant100$mm	降水与滑坡稳定性实验
10	陕西地区	暴雨强度达到 50mm 或日综合雨量达到 75mm 时滑坡启动	样本统计关系曲线
11	重庆市	当日降雨量 >25mm	样本统计

5.4.3　变形指标与预警阈值

大量滑坡监测资料表明，自然重力条件下，斜坡从开始出现变形到最终失稳滑动破坏，一般都要经历初始变形阶段、等速变形阶段和加速变形阶段三个变形阶段，其中，加速变形阶段可进一步细分为初加速阶段、中加速阶段和加加速（临滑）阶段三个亚阶段（图 5-7）。尽管在实际观测中，可能出现斜坡初始变形阶段甚至等速变形阶段的变形监测数据缺失（在发现滑坡明显变形后才进行监测造成）或者监测得到的位移－时间曲线呈现"阶越性"或"波动性"（受到降雨、地震、人类活动等外界因素的干扰造成）等"非标准"变形－时间曲线，但其在宏观上仍然符合三阶段变形规律，因此，可以依据滑坡变形破坏的阶段性特征进行滑坡的预报预警。

我国地质灾害实行蓝色、黄色、橙色和红色四级预警机制，结合斜坡从出现变形到最终破坏的阶段性变形特征，可建立滑坡预警级别与斜坡变形阶段的对应关系，同时，也可根据变形－时间曲线的斜率定量划分斜坡变形阶段，用切线角来表达曲线上各点的斜率，从而建立预警标准。另外，对比滑坡监测的累计位移－时间曲线、变形速率－时间曲线和加速度－时间曲线，还可以建立滑坡预警级别与斜坡变形加速度的对应关系（许强等，2015），如表 5-6 所示。

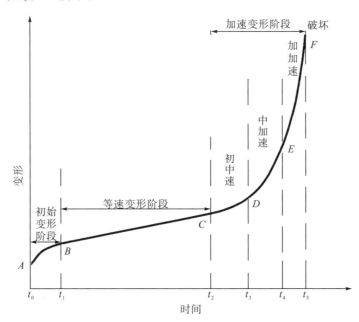

图 5-7　滑坡变形－时间曲线及其阶段划分（许强等，2015）

表 5-6　滑坡预警级别与预警指标（许强等，2015）

变形阶段	等速变形阶段	初加速阶段	中加速阶段	加加速(临滑)阶段
预警级别	注意级	警示级	警戒级	警报级
报警形式	蓝色	黄色	橙色	红色
变形速率	有规律的波动	逐渐增加	出现较快增长趋势	骤然剧增
切线角	$\alpha \approx 45°$	$45° < \alpha < 80°$	$80° \leqslant \alpha < 85°$	$\alpha \geqslant 85°$
加速度	$a \approx 0$，在零附近波动	$a > 0$，在一定范围内振荡		$a \gg 0$，骤然剧增

5.4.4　其他指标与预警阈值

除了降雨指标与变形指标判据外，国内外学者还提出利用滑坡的稳定性系数、可靠概率、声发射参数、塑性应变特征、库水位下降速率、位移矢量角、分维值（D）等作为滑坡预报的判据（表 5-7）。

表 5-7　滑坡预报的其他指标（李秀珍等，2003a）

序号	判据名称	判据值或范围	适用条件	备注
1	稳定性系数（K）	$K \leqslant 1$	长期预报	
2	可靠概率（P_s）	$P_s \leqslant 95\%$	长期预报	

续表

序号	判据名称	判据值或范围	适用条件	备注
3	声发射参数	$K=\dfrac{A_0}{A}\leqslant 1$	长期预报	A_0 为岩土破坏时声发射记数最大值；A 为实际观测值
4	塑性应变 ε_i^p	$\varepsilon_i^p \to \infty$	小变形滑坡中长期预报	滑面或滑带上所有点的塑性应变均趋于 ∞
5	塑性应变率 $d\varepsilon_i^p/dt$	$d\varepsilon_i^p/dt \to \infty$	小变形滑坡中长期预报	滑面或滑带上所有点的塑性应变率均趋于 ∞
6	库水位下降速率	2m/d	库水诱发型滑坡	即将发生的滑坡 0.5~1.0m/d
7	位移矢量角	突然增大或减小	临滑预报	堆积层滑坡位移矢量角锐减
8	分维值(D)	1	中长期预报	D 趋近于 1 意味着滑坡发生

　　滑坡在其产生、发展和消亡的过程中会同时受到地球内外动力的共同作用，不同的发展阶段表现出不同的变形特征，而准确判断滑坡的变形阶段是滑坡预警的前提和基础。为了准确把握斜坡的变形阶段，在依据滑坡监测的变形-时间曲线判断斜坡所处的时间演化阶段的同时，还要通过滑坡的宏观变形迹象（地表裂缝、鼓胀隆起、地表物体的倾斜开裂等）、地下水异常（泉水数量变化、水位突变、水量水温或颜色变化等）、地声（岩土体破裂、摩擦声响等）、地气（冒出热气及其他气体等）和动物异常（鼠蛇出洞、犬吠、鸡飞等）等现象综合分析滑坡所处的空间发展阶段，同时对比分析滑坡所处的时间演化阶段和空间发展阶段，综合确定滑坡所处的变形发展阶段，才能进行科学的、准确的滑坡监测预警。

第6章　山地灾害实时监测预警系统

6.1　山地灾害监测预警系统构架

不同类别的山地灾害因形成、运动和成灾的方式不尽相同，其对应的实时监测预警系统也各不相同。但总的说来均包含数据采集系统、数据传输系统、监测预警平台及预警系统三部分。

(1)数据采集系统。本系统主要任务是通过各类传感设备将被测体的参数(指标)值进行实时采集处理。数据采集系统主要包括传感器和数据采集器2个部分，每个传感器由于产地和厂家不同，其供电及通信接口不一样，供电范围直流5~30V，数据采集接口包括脉冲信号、4~20mA(1~5V)标准电流信号、RS232/485协议信号。数据采集器根据各个不同传感器提供其供电并采集传感器输出信号。由于现场条件复杂，数据采集器主芯片、辅助芯片及电路器件均采用低功耗的器件，主芯片嵌入式软件也采用节能设计，尽量降低整个数据采集系统的能耗。目前应用于山地灾害监测的主要传感设备包括：雨量计、土体孔隙水压力传感器、土体含水率传感器、雷达泥位计、振动传感器、位移计、次声传感器、摄像头等。系统组成具体见图6-1。

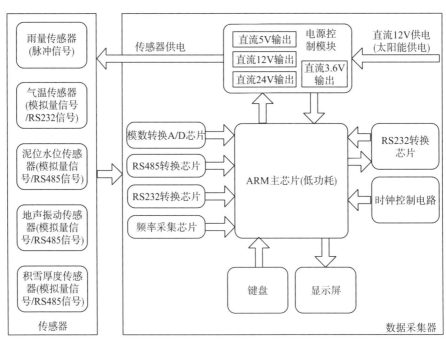

图6-1　数据采集系统组成图

（2）数据传输系统。即将现场数据通过有效的通信方式传回。根据监测现场通信条件和不同设备要求，主要有北斗卫星、GPRS、Zigbee 短程无线通信等三种方式（图 6-2）。实际操作中根据不同沟道条件以及不同设备要求，采用稳定且低功耗的通信等方式实现数据传输。

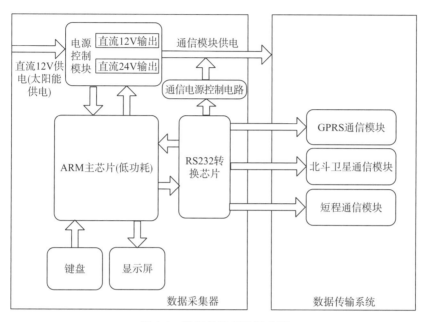

图 6-2　数据传输系统组成图

对于有公网覆盖的地区，一般应选用公网进行组网（GSM/GPRS）；对于公网未能覆盖的地区，一般选用北斗卫星通信方式进行组网；对于重点监测区域且有条件的地区，可选用两种不同通信方式予以组网，实现互为备份、自动切换的功能，确保信息传输信道的畅通。GPRS、北斗卫星及短程通信模块都可以通过 RS232 接口与数据采集器进行连接；由于通信模块大部分处于空闲状态，考虑到整个系统功耗，可通过 RS232 接口控制通信模块供电，即需要数据传输时才供电，这样就大大节省了整个系统的能耗。

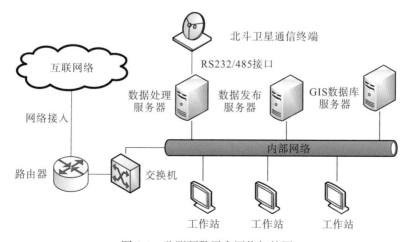

图 6-3　监测预警平台网络拓扑图

（3）监测预警平台及预警系统。即监测预警系统数据中心（图 6-3），是通过 GPRS 模块及北斗卫星将监测现场数据传输至数据处理平台；数据处理平台对接收到的数据进行汇集、数据分析、灾情会商等，通过对灾害发生阈值进行对比，当发现现场采集的数据超过预先设定的阈值时，平台按灾害预报等级对山地灾害发出警报。预警系统主要由计算机硬件系统、计算机软件系统、预警设备及通信系统三部分组成。

6.2　山地灾害监测预警系统野外数据采集站点

目前应用于山地灾害监测的主要传感设备日益增多，大多数传感设备可用于多种山地灾害的监测，仅少量传感设备只能应用于某一种山地灾害监测。目前主要的数据采集设备及其适用灾种见表 6-1。

表 6-1　数据采集设备及适用灾种

传感设备	监测参数	应用灾种
雨量计	降雨	山洪、泥石流、冰湖、堰塞湖、滑坡
土体孔隙水压力传感器	土体孔隙水压力	泥石流、滑坡
土体含水率传感器	土体含水率	泥石流、冰湖、堰塞湖、滑坡
雷达泥位计	泥位	山洪、泥石流、冰湖、堰塞湖
振动传感器	振动	山洪、泥石流、冰湖、堰塞湖、滑坡
次声传感器	次声波	泥石流
位移计	位移	泥石流、滑坡
摄像头	视频	山洪、泥石流、冰湖、堰塞湖

6.2.1　监测站点布设原则与标准

目前山地灾害监测预警站点布设主要依据《崩塌、滑坡、泥石流监测规范》（DZT0221—2006）要求进行，同时还参考了《全国山洪灾害防治试点县实施方案编制大纲》（2007 年 8 月）以及《泥石流滑坡预警技术导则（试行）》等指导性文件。由于山地灾害的复杂性，站点布设工作在依据和参考相关规范要求的同时，也会有部分突破相关规范文件的设计。当然，这些突破规范的设计也均为综合考虑地形、通信、交通、地方经济发展等实际情况的结果。监测站点布设主要原则有：①在中高山区，需要考虑海拔对降雨量的影响，雨量站布设需要体现出海拔梯度；②数据采集站点站网布设时需要因地制宜，需充分调查和分析当前城镇、乡村的分布和主要经济格局，同时还要考虑站点对外通信、交通等运行管理维护条件；③监测站点布设时需要考虑设备自身安全以及数据通信安全；④监测站点布设时还需要考虑内外动力对灾害的影响。

6.2.1.1　雨量监测站

（1）尽量布设在山洪、泥石流形成区及其暴雨带内，特别是形成区内滑坡、崩塌和松散物质储量最大的范围。在不具备条件下，宜考虑流通区和危险区，布设密度见表 6-2。

（2）在丘陵区的山洪、泥石流流域内雨量站宜以网格状方式布设，尽可能均匀覆盖整个流域。

（3）在中高山区的泥石流流域内，雨量站布设在不同的海拔梯度，一般以海拔间隔 200~400m 设置为宜。

（4）应遵循降水量观测规范进行布设及建设。

表 6-2　雨量站布设密度

序号	流域面积/km²	站点个数
1	<1	1
2	1~10	2
3	10~20	2~3
4	>20	按 10km² 布设 1 个雨量站计算

6.2.1.2　泥位监测站

（1）泥位监测站点的间距以流域水系的分布形态、泥石流流速及下游预警的时间而定，一般以布设 2 个为宜，通常布设在危险区上游 1.5km 以上（保证下游危险区至少 5min 以上撤离时间）和流通区段。

（2）尽量选择流域水道顺直、通透性较好、沟床稳定的沟段，便于河流断面的测量和泥位的监测。

（3）安装地点选择以安全（历史最高泥石流、洪水位或 20 年一遇洪水位以上）的巨砾、基岩、堤坝、拦砂坝、桥梁等为宜，同时需考虑供能和通信条件保障。

6.2.1.3　土体孔隙水压力及含水量监测站

（1）土体孔隙水压力及含水量监测站可布设在泥石流形成区内强降雨下较易启动的物源区坡体上 20cm 土体内。应选择粗大颗粒较少、细颗粒较多的物源区斜坡体。

（2）防止崩塌、飞石等对设备造成破坏。

6.2.1.4　振动监测站

振动监测站宜布设在流域中下游泥石流危险区较为安全、便于安装维护和预警的区域。

6.2.1.5　次声监测站

次声监测站宜布设在流域中下游泥石流危险区较为安全、便于安装维护和预警的区域。为避免或减少次声信号反射或折射的影响，布设点位与流通形成区间尽量无遮挡。

6.2.1.6　视频监测站

视频监测站宜布设在流域内顺直、通透性较好、沟床稳定的沟段，以安全（历史最高泥石流、洪水位或 20 年一遇洪水位以上）的巨砾、基岩、堤坝、拦砂坝、桥梁等为宜。

6.2.1.7　位移监测站

位移(裂缝)测量是滑坡体自动监测的重点内容，位移监测站选点主要考虑滑坡体上部后缘，兼顾滑坡面内局部阶梯面的明显裂缝处。

6.2.2　监测站点构成

(1)自动雨量监测站。自动雨量监测站主要监测各个流域中上游降雨的大小，自动监测站以遥测终端(RTU)为核心，配置翻斗式雨量传感器、通信终端、电源系统以及避雷系统，实现各个流域中上游地区雨情信息的自动采集和自动传输。自动雨量监测站采用太阳能浮充蓄电池方式供电，通信方式采用 GPRS/北斗卫星双信道通信方式。雨量自动监测站设备组成结构参见图 6-4。

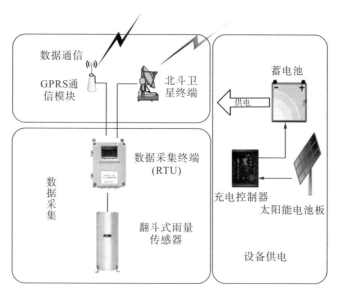

图 6-4　自动雨量监测站点设施结构图

(2)自动泥位监测站。自动泥位监测站主要监测泥石流来时泥位的高低，通过泥位的高低来判断泥石流发生的规模大小，自动泥位站以遥测终端(RTU)为核心，配置雷达式泥位传感器、通信终端、电源系统以及避雷系统，实现各个流域中下游地区泥位信息的自动采集和自动传输。自动泥位监测站采用太阳能浮充蓄电池方式供电，通信方式采用GPRS/北斗卫星双信道通信方式。自动泥位监测站设备组成结构参见图 6-5。

(3)自动土体孔隙水压力及含水量监测站。土体孔隙水压力及含水量监测站以遥测终端(RTU)为核心，配置孔隙压力传感器、含水量传感器、通信终端、电源系统以及避雷系统，实现各个流域物源区孔隙压力及含水量数据的自动采集和自动传输。土体孔隙水压力及含水量监测站采用太阳能浮充蓄电池方式供电，通信方式采用 GPRS/北斗卫星双信道通信方式。土体孔隙水压力及含水量监测站设备组成结构参见图 6-6。

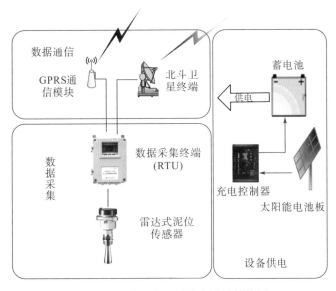

图 6-5　自动泥位监测站点设施结构图

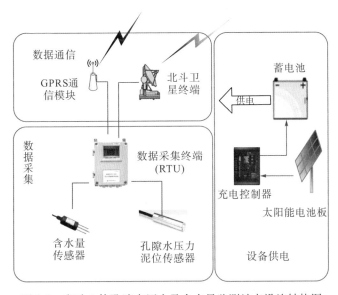

图 6-6　自动土体孔隙水压力及含水量监测站点设施结构图

　　(4)自动振动监测站。振动监测站主要监测山洪、泥石流来时沟口受固体颗粒撞击产生振动信号，振动监测站以遥测终端(RTU)为核心，配置振动传感器、通信终端、电源系统以及避雷系统，实现各个流域沟口地区振动信息的自动采集和自动传输。自动振动监测站采用太阳能浮充蓄电池方式供电，通信方式采用 GPRS/北斗卫星双信道通信方式。自动振动监测站设备组成结构参见图 6-7。

　　(5)次声监测站。泥石流在形成和运动过程的声发射信号中有次声成分(其他为可闻声和地声)。这种次声成分为确定性信号(即有确定的时域和频域特性)，几乎不衰减且约等于声速，以空气为介质传递，速度(约 340m/s)远大于泥石流运动速度(通常 10m/s)，因而报警器能在泥石流到达前率先捕捉到它的次声信号，足以提前实现报警。其提前时间视流域泥石流源地和流通区至沟口距离而定，通常为 10~40min。设备包括泥石流次声监测设备和数据传输网络，可选的传输方式包括无线数传电台、GPRS/CDMA/3G 或有线（光纤、ADSL）等多种通信方式，根据现场实际情况，灵活选择。次声振动监测站设备组成结构参见图 6-8。

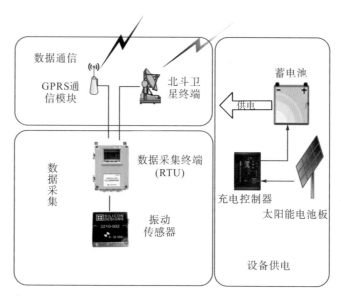

图 6-7   自动振动监测站点设施结构图

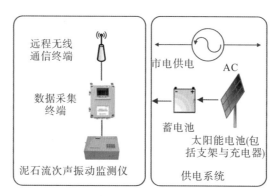

图 6-8   次声振动监测站点设施结构图

（6）视频监测站。视频监测因其直观、准确、及时和信息内容丰富而广泛应用于许多场合。近年来，随着计算机、网络以及图像处理、传输技术的飞速发展，视频监测技术也有了长足的发展。

视频监控系统分为前端数据采集、数据通信和后端监控中心三个部分：前端数据采集通过摄像头进行视频图像获取，然后通过视频服务器对视频数据进行采集及本地存储；数据通信通过无线公网/有线光纤，将视频数据传输至后端监控中心；后端监控中心对传输过来的视频图像进行显示及远程存储等。供电采用市电，同时配备不间断电源系统，在市电断电后，仍然保持整个视频监控系统的供电。系统结构见图 6-9。

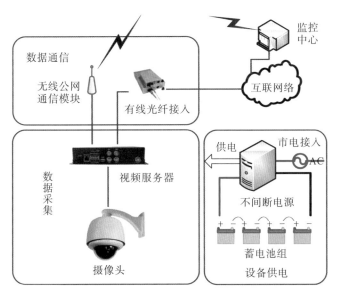

图 6-9　视频监控系统组成图

（7）位移计。位移（裂缝）测量是滑坡体自动监测的重点内容，位移计采用机电一体式结构，利用旋转的磁钢驱动干簧管产生位移脉冲，并对位移脉冲进行加减计数，采用 32位高性能微处理器和最新的无线网络技术，将测量的数据用无线方式传输。主要用于水文气象参数及地质灾害监测等短距离多测点的数据测报，具有极低功耗、电池供电（使用不同的电池可连续工作 1~3 年）、自动组网、自组路由等特点（图 6-10）。

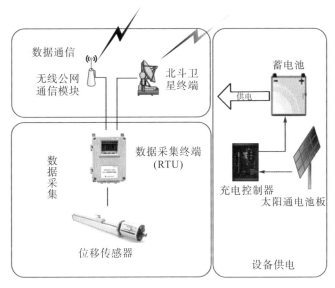

图 6-10　位移计系统组成图

6.2.3　监测频率

根据监测预警系统功能要求，并充分考虑设备供电以及通信能力，野外监测站点监测频率可参考以下内容。①简易雨量站：采用人工观察记录的方式。每天 8：00 查询前一天的降雨量，定期统一上报。当降雨强度加大的时候，观察人员加大监测频率，当遇见暴雨时，宜 10 分钟监测 1 次。②自动雨量站：采用有雨即存即报、定时上报、超过阈值加报的方式。每日 8：00 发送过去 24 小时降雨量，在降雨超过发送阈值的情况下实时发送数据。特别情况下，如当遭遇特大暴雨，雨量计失效时，应及时上报。③泥位站：连续采集，数据发送不低于 1 次/1min。④土体孔隙水压力和含水率监测站：连续采集，数据发送不低于 1 次/1min。⑤振动监测站：连续采集，数据发送不低于 1 次/1min。⑥次声监测站：人工值守，不间断采集的模式。数据存储在内存卡中，人工定期取数据。⑦视频监测站：视频帧率 7 帧/s 以上，保证视频流畅。

6.2.4　数据采集站点技术指标及安装要求

6.2.4.1　数据采集站点技术指标

目前野外监测站点常用传感器技术指标如表 6-3 所示。

表 6-3　监测预警设备及其基本技术指标

传感器	监测参数	工作方式	精度	量程	信号输出方式
雨量计	雨量	翻斗式	±4%	8mm/min	脉冲式
土体孔隙水压力传感器	土壤孔隙水压力	振弦式/压阻式	±0.25%以上	0~0.5m (0~5kPa)	4~20mA/ 0~5VDC/RS485
含水率传感器	含水率	频域测量式	±2%	0~100%	0~5V/RS485/RS232
雷达泥位计	泥位	雷达式	0.05%	0~30m	4~20mA/ RS232/RS485
振动传感器	振动	电测式	20~2000mV/g	0~5g	4V 或 0~5VDC
次声传感器	次声波	电容式	50mV/Pa	0~20Hz	蜂鸣/报警声
摄像头	视频	实时/定时采集式	不小于 4CIF	视频帧率 7~25 帧/s 以上	压缩输出码率： 64kbps~2Mbps； 音频压缩码率： 最大 8kbps
位移计	位移变化	位移脉冲式	±0.25%	0~10m	脉冲式

6.2.4.2　监测站点实施

1) 监测站点实施流程

(1) 对工作区山地灾害进行了深入调查，根据各沟灾害特征与野外施工条件，选定监测站点的布设位置，编制系统建设实施方案。

(2) 在实施方案通过专家审核的基础上，对各站点建设进行详细设计，明确各个站点的数据采集传感器、通信与供能方式。

(3) 安装设计方案进行野外监测站点施工建设与调试，确保系统能够实现预期功能。

2) 监测站点实施注意事项

(1) 安装支架。安装支架的设计采用多段可拆卸组装结构，方便运输和加工。塔杆采用分段连接结构，支架主体采用大口径钢管，防止由于悬臂过长带来的倾斜危险，加上支撑斜杆，进一步保证支架的稳定性。连接螺钉采用高强度不锈钢螺栓，增加支架的抗剪切力。支架表面涂有防锈漆，保证长期野外工作，支架的顶端安装有避雷针，防止雷击对设备的破坏。地基较深，防止地震灾区余震等自然灾害对设备的破坏，保证设备正常运行。所有的电气设备放置于防水机箱内，避免电气设备外部条件引起的故障。

（2）防雷设计。野外监测站点，尤其是自动泥位站等的工作环境一般为山区低洼河谷边，监控设备和传感器及所有电气设备放置于支架上，较四周地势相对较高，当雷电形成时需要有泄放通道，一般高的物体、金属和电气设备容易被雷电击中，而雨季正是此设备利用率最高的时期，雨季恰好伴随着雷电，雷电流高达上千安培甚至几百千安培，这样大的雷电流可导致设备瘫痪。因此为了保护监控及其他的电气设备，可以采用通流量 200kA 的避雷针和低电阻专用接地模块构成的防直击雷的防护设计。

避雷针与绝缘铜芯线相连接，连接到接入大地的扁钢，避雷针受雷时，有接闪器接闪，将雷电流疏导入地，其结构能抑制由于接闪器接闪引起的对被保护物的侧击；项目施工地的土壤长期处于潮湿状态，电阻率处于 $100 \sim 200\Omega$ 相对稳定的状态，故选用四个低电阻接地模块形成地网降低电阻率，增大接地体本身的散流面积，并通过扁钢与被保护的电气设备的地线连接，同时和避雷针的入地扁钢连接，使入地电流迅速泄放到大地，从而获得低的接地电阻。

（3）防水设计。机箱、机柜的设计、暴露在外的设备以及所有电缆的设计均考虑防水，防老化，进出机箱的电缆通过机箱侧边的防水紧固圈与机箱内的设备连接，避免水流入设备箱；机箱结构上通风口在底部开设，在机箱的侧边和开门向有防水檐边；开门处布设有防水胶圈，做到机箱的防水。所有的设备箱均放置在有一定高度的框架上，避免由于水位突然上涨致机箱与水的接触，防水设计可避免电气设备短路带来的破坏。

（4）施工安全。加强施工现场安全生产文明施工和环境卫生管理，降低从业人员的职业健康安全风险，尽可能减小施工对周边环境的扰动。①在陡壁附近施工，应特别注意排除危岩，穿戴好个人防护用品，以防滚石伤人；②雨季施工必须合理选择搭建临时设施的位置，临设搭建在不受洪水侵袭以及无地质灾害影响的地段。当在可能受到洪水侵袭或地质灾害影响的地段施工时，应采取预警措施，保障人员和财产的安全。

（5）监测站点设备安全

通过制作、悬挂警示标志，修建围栏以及雇佣当地居民进行看护等方式保障监测站点设备的安全。

6.3　通信与供能保障

6.3.1　通信方式选择

（1）短程无线通信。在无法将监测数据传至后方数据中心，或仅需要在现场进行即时预警的情况下，可采用 ZigBee、微波或其他短程通信方式将传感器采集数据传输至现场数据处理器并发送至报警设备实现预警。

（2）长距离通信。①对于有公网覆盖的地区，一般应选用无线公网(GSM、CDMA、GPRS)进行通信，其中视频可采用 ADSL、光纤方式通信；②对于公网未能覆盖的地区，一般选用无线网桥、北斗卫星进行通信，其中视频可采用 ADSL、光纤方式和 IPstar 卫星方式通信；③对于重要监测站且有条件的地区，可同时选用无线通信和北斗卫星互为备份、自动切换的通信方式，确保信息传输信道的畅通。

6.3.2　现场监测站点供能保障

（1）太阳能供电系统(图 6-11)。现场监测站点供电系统采用太阳能供电系统，其主要由太阳能电池板、充电控制器、蓄电池（组）组成，输出电源为直流 12V。①简易雨量站可以优先采用电池供电方式；②自动雨量站、泥位站、土体孔隙水压力站、含水率站、振动站优先采用太阳能供电方式。

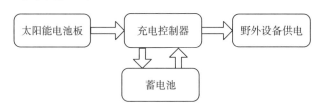

图 6-11　太阳能供电系统组成图

（2）其他供电方式。对于能耗需求较大的监测站，采用太阳能供电方式不能满足其正常供电，需要采用其他供电方式，如采用交流 220V 市电进行供电(图 6-12)。视频监测站、次声监测站优先选择采用市电或者其他稳定供电方式，同时在断电的情况下配备不间断电源系统。

图 6-12　市电供电系统组成图

6.4　山地灾害监测预警系统数据处理及预警平台

6.4.1　数据处理及预警平台硬件系统

山地灾害监测信息汇集与预警平台是灾害监测预警系统数据信息处理和服务的核心，主要由计算机网络及安全系统、数据处理存储发布系统、监测系统、预警系统等部分组成。核心部分是计算机网络系统和数据存储发布系统，其组成结构如图 6-13 所示。

计算机网络及安全主要为系统数据接收、处理、加工、存储与信息查询、预报决策、预警与信息发布、信息交换等服务提供硬软件平台。

数据处理存储发布系统主要为系统维护管理、信息查询与服务、预报决策与预警提供数据信息。

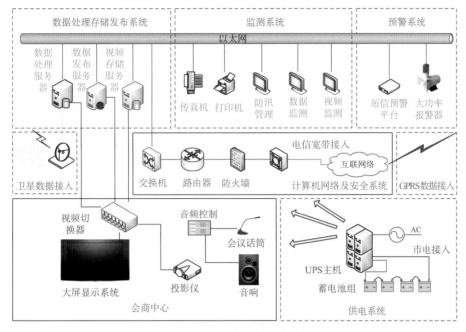

图 6-13　预警平台硬件系统结构图

6.4.2　数据处理及预警平台软件系统

6.4.2.1　软件系统概况

1)软件系统目标

山地灾害监测预警平台系统软件是以计算机技术、网络通信技术、地理信息技术和数据库技术为基础的山地灾害防治及监测预警信息系统,能根据野外站点数据及时准确地做出分析评估,为山地灾害的预警指挥提供科学依据。监测预警系统软件建设的主要目标是:①建立山地灾害防治及监测预警所需的各类数据库,为系统运行提供数据支持;②建立各类山地灾害信息处理系统,完成对野外各类传感器采集数据的实时调用、收集和整理;③建立山地灾害预警预报、信息发布等子系统,实现对山地灾害点灾前的监测、预警,灾中的信息发布,灾后的灾情评估;④运用通信、数据库网络等系统,开发有关软件,实现山地灾害相关信息的交流、管理。

2)软件结构与特点

(1)软件系统逻辑结构设计(图 6-14)。软件应用系统主要包括山地灾害地理信息子系统、数据库建设、山地灾害预警预报子系统、山地灾害信息发布子系统等,能够完成监测点的实时数据接收、校时、下发命令以及测站运行管理;并能根据用户需求定制各种测站运行状态的数据报表及图形报表等。

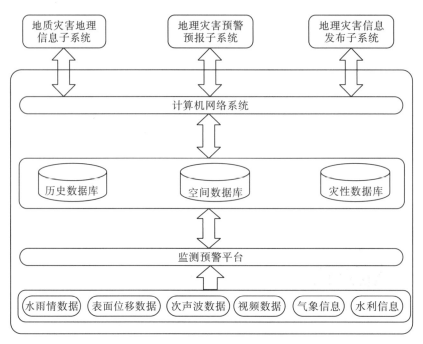

图 6-14   软件系统逻辑结构示意图

（2）软件技术性能。①软件支持跨操作系统平台（Unix、Linux、Windows），在不同平台上提供统一的访问接口；②支持多种 Web 服务器，如 Microsoft Internet Information Server、Netscape Enterprise Server 和 Java Server；③浏览器端支持动态编辑、标注地图信息和简单的统计分析功能；④可在同一窗口加入多个网站以及本地数据。

（3）软件技术特点。①软件系统使用 J2EE 技术进行开发，J2EE 提供了一个企业级的计算模型和运行环境用于开发和部署多层体系结构的应用。②它通过提供企业计算环境所必需的各种服务，使得部署在 J2EE 平台上的多层应用可以实现高可用性、安全性、可扩展性和可靠性。③计算平台支持 Java 语言，使得基于 J2EE 标准开发的应用可以跨平台地移植；Java 语言非常安全、严格，这使开发者可以编写出非常可靠的代码。④J2EE 提供了企业计算中需要的所有服务，且更加易用。⑤J2EE 中多数标准定义了接口，例如 JNDI（Java Naming and Directory Interface）、JDBC、JavaMail 等，因此可以和许多厂商的产品配合，容易得到广泛的支持；J2EE 树立了一个广泛而通用的标准，大大简化了应用开发和移植过程。

6.4.2.2   山地灾害地理信息子系统

山地灾害地理信息子系统主要包括野外监测站点数据接收处理、数据管理、用户管理、数据检索查询、可视化显示、互联网发布等功能模块，主要实现以下功能：

①野外监测站点遥测数据接收与处理；②服务器监测数据导入、数据建库、电子报表及数据库管理；③用户网络分级管理；④中心站的档案、空间、灾害、环境、规划、人口、气象等专题信息自动汇总建库、管理与维护，与外部系统的数据交换；⑤山地灾害点显示查询；⑥实现分析处理结果以图表、图形、图像、多媒体等可视化方式表示与

输出,以供预警辅助决策;⑦通过互联网站以多媒体方式向公众发布灾害的群测群防信息。系统框架图如图 6-15 所示。

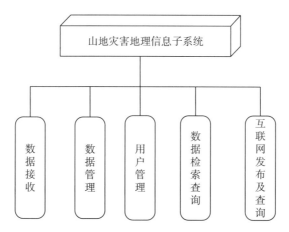

图 6-15　山地灾害地理信息子系统框架图

1)数据接收与处理

(1)遥测数据接收。遥测数据接收过程要完成以下工作:①接收遥测数据;②识别数据帧的来源和目的地,并进行 CRC 检验;③为数据帧添加接收到该帧的时间;④将接收到的数据帧写入记录文件备查。

(2)数据分发。通信模块软件接收到遥测站数据后,可根据配置文件设定的信息,将接收到的遥测数据分发到多个数据用户。该功能可用于局域网内不同部门共享遥测系统数据,例如,可以采用数据分发技术将遥测数据实时发送给防灾办等部门。

(3)遥测数据的处理。①将数据帧的地址信息转化为特定的站号、站名;②将一帧中多个遥测数据转换为最小监测数据单元。

(4)遥测数据存储。①将原始通信数据写入日志文件,用于原始数据备份及系统故障核查。日志文件采用循环记录的形式,在日志文件中保存最新一段时间的原始记录。②为用户建立具有对数据库进行初始化、数据合理性分析、错误分析和告警、数据修正、人工数据插补、数据备份和恢复等功能的数据库管理维护应用软件,保证数据库安全和数据的一致性。

(5)下发命令/召测。中心站(或分中心)可向遥测站发布命令,用以读取遥测站时段自记数据或动态配置遥测站参数。

(6)校对遥测站时钟。中心站定时自动将计算机的时钟写入遥测站,以保证遥测站内实时时钟与中心站同步。

(7)设备配置。配置遥测站参数,操作人员可通过中心站计算机下发命令,向特定遥测站写入采集数据、发送数据的时间控制参数(如改变采集数据的密度,或发送数据的频度)等。

(8)配置遥测站参数命令集,包括对遥测站地址、通信方式、数据采集及通信策略、电源控制方式等命令。

2）数据管理

数据管理主要实现服务器监测数据导入，数据建库、电子报表及数据库管理和中心站的档案、空间、灾害、环境、规划、人口、气象等专题信息自动汇总建库、管理与维护，及与外部系统的数据交换等三方面内容。

（1）数据导入。数据导入实现服务器监测数据导入、数据建库、电子报表及数据库管理等功能。数据导入支持以 Excel 电子表格、Word 文档、TXT 等格式导入数据，支持数据验证，并将验证不通过的数据单独保存，以备后续规范处理；同时支持 Excel 文件格式导出数据。

（2）数据管理与维护。数据管理与维护作为数据采集与数据应用的中间环节，主要用于保证数据的质量。数据管理与维护的数据对象包括：野外遥测站数据、各种电子报表数据，以及档案、空间、灾害、环境、规划、人口、气象等专题信息数据，如图 6-16 所示。

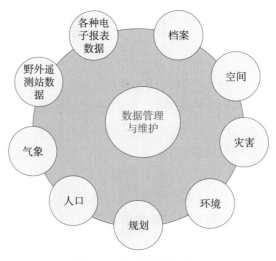

图 6-16   数据管理与维护

（3）数据交换。数据交换主要实现与外部系统进行数据交换共享，包括水利、气象、地震数据等（图 6-17）。

3）用户管理

为了保证便捷和灵活的控制用户权限，对用户实现网络分级管理，并将组权限与用户管理结合起来，管理方式如图 6-18 所示。

（1）采用通用的用户和角色多层次的权限管理，同时，通过将角色与组织结构相对应，使权限管理更灵活。

（2）通过功能权限及数据权限两个方面对用户权限进行限制，例如某一用户可能只有数据权限，能对数据进行浏览查阅，没有功能权限，不能对数据进行上报、提交等操作。

（3）支持数据权限的申请与审批，没有应用权限的用户，可向数据库管理员申请数据应用权限，通过申请和审批获取数据应用权限。

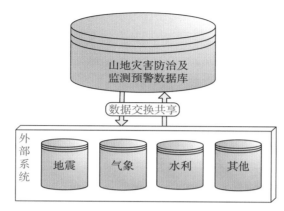

图 6-17　数据交换示意图

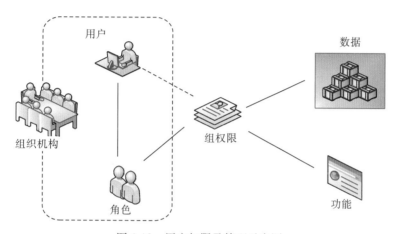

图 6-18　用户权限及管理示意图

4）数据检索查询

数据检索查询是数据库运行使用的基本功能之一，山地灾害地理信息子系统数据检索查询，主要实现灾害点基本情况查询和专题信息库的 Web 查询。

山地灾害防御工作需要大量的基础信息支持，涉及的基础信息查询包括：流域基本情况、监测站点信息、历史灾害情况、工情信息等。基础信息模块的逻辑结构图如图 6-19 所示。

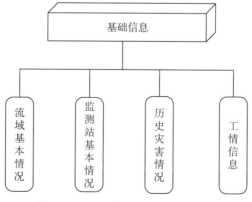

图 6-19　基础信息模块逻辑结构图

（1）流域基本情况。包括：流域简介（包括气候、地貌、社会经济等基本情况）；行政区划基本情况（县、乡、村名称、土地面积、耕地面积、总人口、家庭户数、房屋数等）；山地灾害影响情况（历史洪水线下人口、家庭户数、耕地面积、房屋数）、可能受山体滑坡、泥石流影响信息（人口、家庭户数、房屋数等）。

（2）监测站基本情况。监测站作为降雨量、地表位移、水（泥）位、土体孔隙水压力和含水量等实时数据的重要来源地，为后期预警响应发挥着至关重要的作用，监测站基本信息对应监测站站号、站名、站址、经纬度、高程、设立日期、类别（自动站、人工站）、所属小流域、关联乡村、雨量预警指标等。

（3）历史灾害情况。历史灾害发生情况可作为预警响应及撤退的一个重要参考依据，设置灾害发生的时间、影响范围、造成的经济损失等条件进行组合查询，检索结果包括：历史灾害造成的总体影响、经济损失、发生时间、影响范围、人员伤亡等信息。

（4）工情信息。防洪工程是山洪泥石流暴发后的重要预防性措施，查询监测流域防洪工程信息，主要涵盖防洪工程的名称、站址、建设时间、管理单位、经纬度等一般信息和设计洪水位、保证水位、警戒水位、历史最大流量等水文信息。

5）互联网发布及查询

互联网发布及查询主要实现分析处理结果以图表、图形、图像、多媒体等可视化方式表示与输出，以供预警辅助决策；通过互联网站以多媒体方式向公众发布灾害的群测群防信息等两项功能。

互联网发布及查询系统是为各级山地灾害防治部门有关人员提供有关山地灾害防治及预警信息，包括历史、实时水雨情、工情、灾情、应急预案、险情处理等信息，为山地灾害防治及应急指挥决策提供基础信息支持。

（1）数据分析及发布。

①数据分析包括降雨过程、参量过程和报表。按专题图和报表形式展现雨量数据柱状图：根据输入的统计条件绘制图形；横坐标以时间为单位且可以根据输入的时间段动态可变（1h，3h，6h，8h，12h，24h）；纵坐标根据统计出的最大值动态可变；图上标题应有站名和所选的时间段；图上应显示图例；图上数据修改。

②泥位、土壤湿度、孔隙水压力、振动数据的过程线。根据输入的统计条件绘制图形；横坐标以时间为单位且可以根据输入的时间段动态可变（1h，3h，6h，8h，12h，24h），纵坐标根据统计出的最大值动态可变；图上标题应有站名和所选的时间段；图上应显示图例；图上数据修改；多个测量参数过程对比。

③测量数据的报表。对各个站点的雨量、泥位、土壤湿度、孔隙水压力、振动、位移计等数据以报表的形式展现，其中对各站点有数据的单元格用颜色显示出来，用以区别无数据的信息。

日报表：雨量日报表从前日8点到当日8点统计，其他数据都从0点到24点统计。

旬报表：分上旬、中旬、下旬三种情况的每天数据。

月报表：月报表显示一个月的每天数据。

常用报表：按查询条件统计数据。

用户自定义报表。

（2）查询功能。查询功能是为满足相关人员在自动安全监视的基础上，更深入地了解各山地灾害的安全情况，所提供的各种定制式的查询方式。

①查询方式。根据查询时的用途及工作，信息查询使用两种查询方式。一种是菜单查询：此方式与传统的数据库软件项类似，为在窗口环境下运行的应用程序，将不同功能赋予相应的菜单项，以菜单选择查询项目，用列表框、按钮等辅助操作组合查询条件。另一种为分布式查询：以电子地图的方式在屏幕上的相应位置用鼠标直接获取该位置的有关信息。查询项目的选择可通过光标在地图上的位置而智能感知。例如光标移动至一个站点处停下并按鼠标右键时，会自动地显示此处的测点信息；移至某个测点处停下来时，按鼠标左键显示它的属性信息；也可以通过弹出式菜单选择相应的查询项目，菜单内容随移动位置的变化而自动变化；还可以通过用鼠标在地图上拉出矩形、圆形、多边形等方式，针对某个项目进行选中范围内相关要素的查询和统计。

②查询功能。系统的结果查询：系统的动态分析结果可随时提交综合数据库，系统的用户可随时查询结果。查询方式包括两种：系统引导查询和用户主动查询。所谓系统引导查询是当新的分析结果进入综合数据库时自动弹出提示信息，引导用户查看；用户主动查询是指系统并无任何提示，要求用户主动点按菜单或按钮查询。

基于矢量图的单目标查询：这里的目标约定为单个目标，可能是一个测点或整个水库。用户通过点到某一目标，能查询该目标的实时信息、特征信息、历史信息、统计信息以及可以对历史信息进行对比分析。查询结果有多种表现方式，表格、示意图、过程线、矢量图形、栅格图像等。如果是整个流域，还可以查询分析雨量分布情况，制作流域面雨量分布图、降雨量等值线图并突出暴雨中心。

基于矢量图的多目标查询：用户通过分别选择多个目标，实现实时信息、特征信息、历史信息和统计信息的多目标查询。既可以是多目标单要素的比较，如多站水位过程线、多站水面线等，也可以是多要素的综合和统计。

基于矢量图的区域查询：区域查询包括两种，一种是用户任意圈划的区域查询；另一种是针对具有点面关系的控制站的区域查询。虽然查询入口是某一控制站，但查询的范围是该控制站控制区域的综合信息和统计信息，如降雨量等，并可查询分析雨量分布情况，制作流域面雨量分布图、降雨量等值线图等。

逻辑条件查询：根据用户给定的时间、地点、目标、类型等条件组合查询综合数据库中满足该条件组合的所有信息。结果可能是实时信息、历史信息、统计信息或综合信息。

6.4.2.3　数据库建设

数据库是山地灾害监测预警系统应用的数据来源，数据库建设主要包括空间数据库、灾情数据库和历史数据库。

1）空间数据库

空间数据库指的是地理信息系统在计算机物理存储介质上存储的与应用相关的地理空间数据的总和，一般是以一系列特定结构的文件的形式组织存储在存储介质之上的。

空间数据库的研究始于 20 世纪 70 年代的地图制图与遥感图像处理领域，其目的是为了有效地利用卫星遥感资源迅速绘制出各种经济专题地图。由于传统的关系数据库在空间数据的表示、存储、管理、检索上存在许多缺陷，从而形成了空间数据库这一数据库研究领域。而传统数据库系统只针对简单对象，无法有效地支持复杂对象(如图形、图像)。

(1)空间数据库的特点。①数据量庞大。空间数据库面向的是地学及其相关对象，而在客观世界中它们所涉及的往往都是地球表面信息、地质信息、大气信息等及其复杂的现象和信息，所以描述这些信息的数据容量很大，通常达到 GB 级。②具有高可访问性。空间信息系统要求具有强大的信息检索和分析能力，这是建立在空间数据库基础上的，需要高效访问大量数据。③空间数据模型复杂。空间数据库存储的不是单一性质的数据，而是涵盖了几乎所有与地理相关的数据类型，包括用来描述地学现象的各种属性数据、图形图像数据及存储拓扑关系的空间关系数据。④属性数据和空间数据联合管理。⑤应用范围广泛。

(2)空间数据库的设计。数据库因不同的应用要求会有各种各样的组织形式。数据库的设计就是根据不同的应用目的和用户要求，在一个给定的应用环境中，确定最优的数据模型、处理模式、存储结构、存取方法，建立能反映现实世界的地理实体间和信息之间的联系，既能满足用户要求，又能被一定的数据库管理系统所接受，同时能实现系统目标并有效地存取、管理数据。简而言之，数据库设计就是把现实世界中一定范围内存在着的应用数据抽象成一个数据库的具体结构的过程。

空间数据库设计的实质是将地理空间实体以一定的组织形式在数据库系统中加以表达的过程，也就是地理信息系统中空间实体的模型化问题。大多数 GIS 都将数据按逻辑类型分成不同的数据层进行组织。数据层是 GIS 中的一个重要概念。GIS 的数据可以按照空间数据的逻辑关系或专业属性分为各种逻辑数据层或专业数据层，原理上类似于图片的叠置。例如，地形图数据可分为地貌、水系、道路、植被、控制点、居民地等诸层分别存储。将各层叠加起来就合成了地形图的数据。在进行空间分析、数据处理、图形显示时，往往只需要若干相应图层的数据。

数据层的设计一般是按照数据的专业内容和类型进行的。数据的专业内容的类型通常是数据分层的主要依据，同时也要考虑数据之间的关系。如需考虑两类物体共享边界(道路与行政边界的重合、河流与地块边界的重合)等，这些数据间的关系在数据分层设计时应体现出来。

不同类型的数据由于其应用功能相同，在分析和应用时往往会同时用到，因此在设计时应反映出这样的需求，即可将这些数据作为一层。例如，多边形的湖泊、水库，线状的河流、沟渠，点状的井、泉等，在 GIS 的运用中往往同时用到，因此，可作为一个数据层。

山地灾害监测预警指挥系统的空间数据库主要包括流域水系图、监测站点分布图、防洪工程布置图、安全区和危险区分布图，这些数据在 GIS 数据库下被分成各个不同的数据层进行存储，使用过程中通过图层叠置，即可达到预期的使用效果。①流域水系图。流域水系图主要包括监测区流域水系分布图和流域周边居民、工矿企业分布图。②监测站点分布图。监测站点分布图主要包括水文、气象、山地灾害监测站点分布图。③防洪工程布置图。防洪工程布置图主要包括典型区域山地灾害防治工程布置图和水土流失现状图和水土保持区划图。④安全区和危险区分布图。安全区和危险区分布图主要包括山地灾害防治分区图、山地灾害重点防治区域图和安全区分布图。

2）灾情数据库

灾情数据库主要包括山地灾害点基础数据和灾情过程数据。山地灾害点基础数据用于存储各类山地灾害点的调查数据；灾情过程数据主要用于存储灾情监测与预警、应急处置与救援、灾后恢复与重建等数据，为以后的灾情指挥决策提供依据。结合当地山地灾害防治预警的需要，灾区数据库包括预警记录数据、响应启动数据、响应反馈数据和灾害情况统计数据。

3）历史数据库

历史数据库主要用于存储历史灾害数据和预案数据，历史山地灾害情况表记录历史山地灾害发生的基本信息。

6.4.2.4　山地灾害预警预报子系统

山地灾害预警预报子系统是预报系统、预警系统和预警发布的结合，是山地灾害监测预警系统的重要组成部分。山地灾害预警预报子系统综合山地灾害隐患点的有关地质、基础地理信息、山地灾害信息和野外站点遥测数据、人类工程活动程度等因素，用山地灾害分析模型，分析山地灾害发生概率和分布范围，根据分析结果给出区域化山地灾害预警预报信息，之后进行预警发布。

通过综合集成平台，结合气象部门提供的气象信息、气象预报信息，以及系统给出的区域化山地灾害预警预报信息，决策是否发布预警预报信息以及信息内容。山地灾害预警预报信息发布途径包括 PC 值班终端、移动通信、PDA 终端等，其发布通信方式均通过综合集成平台统一管理。山地灾害预警预报子系统主要实现以下功能。

（1）预警信息和状态：以预警地图和预警列表形式显示。

（2）预警地图：根据预警分析结果，在地图上以不同颜色闪烁的方式展示各乡镇的预警级别等信息；已开始处理的预警取消闪烁，显示目前所处的状态，包括已内部预警、已发布预警、已启动响应等三种状态，响应结束后的预警人工从地图上删除（关闭预警）。

（3）预警列表：以列表方式显示预警信息，包括“发生地点、预警级别、预警时间、预警内容、预警状态”等信息，并提供影响范围分析结果。

（4）预警分析：预警分析根据用户选择的预警日期和时间，预警分析因子，系统自动对需要的参数进行计算，插值生成雨量等因子的栅格地图，然后进行预警计算，生成预警结果，显示于地图。

（5）敏感性分析：敏感性评价是根据灾害点分布，对高程、坡度、坡型等因子进行单因子分析，计算不同因子对灾害点的贡献，然后应用不同因子进行加权叠加分析，生成叠加计算结果，最后在频谱分析基础上，生成敏感性分布图。

（6）内部报警：根据预警级别的不同，将符合预警条件的信息自动指向相关负责人，人工发布短信。

（7）预警发布：经过防灾指挥部门确认后的预警信息，可通过短信预警发布设备和电话传真预警发布设备群发信息到各级相关防灾责任人和单位，并可发布突发预警信息，发送对象通过预先定义好的规则自动获取。

（8）预警记录查询：显示最新的预警信息发布情况，包括反馈信息。

（9）预警指标：提供预警指标的查询功能，并能分别设置野外测站等多种级别的水位、雨量等临界指标。

根据山地灾害子系统实现的功能，主要分为预警提示、预警分析、内部报警、预警发布和预警反馈等模块。系统框架图如图 6-20 所示。

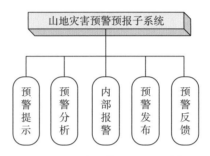

图 6-20　山地灾害预警预报子系统框架图

6.4.2.5　山地灾害信息发布子系统

山地灾害信息发布子系统基于 Web 技术通过 Internet 网络平台，面向防灾相关人员和社会公众发布不同种类和层级的防灾信息资料，系统可以根据监测设备采集数据实现面向防灾人员自动报警，通过设备 ID 确定需要管理阈值的设备；选择告警需要发送的目标联系人，实现灾害的自动告警。

当预警产生后，系统将在地图上标示出闪烁或发声，值班人员看到预警后，进行查询核对，即可在人工干预下向各级主管领导、责任人、相关人员及危险区群众发送山地灾害预警短信，山地灾害信息发布子系统主要实现以下功能：①向传真预警发布列表中的各个单位传送山地灾害预警信息传真；②通过无线广播向山地灾害危险区发送预警信息；③系统自动生成短信和传真预警信息，可人工修改；④通过 Internet 网络平台，面向防灾相关人员和社会公众发布不同种类和层级的防灾信息资料。

1）预警等级

不同种类山地灾害分别采用不同的预警等级。如泥石流应急监测预警系统采用启动预警、运动预警和临灾预警等三阶段预警模式。系统自动对所有监测站回传的雨量、泥位、孔隙水压力、含水率和振动等数据进行分析，当数据达到相应阈值时即根据预警等级发出预警。

（1）泥石流启动预警：由临界雨量（一级雨量）、土体孔隙水压力、土体含水率等指标确定。

（2）泥石流运动预警：由警戒雨量（二级雨量）和泥位指标确定。

（3）泥石流临灾预警：由危险雨量（三级雨量）、泥位和振动等指标确定。

2）预警阈值

山地灾害的预警主要依据各种监测参数的临灾阈值来确定，各监测站点的预警阈值均需要采用一定的计算方法并结合沟道实际情况综合确定。如泥石流的预警阈值确定方法如下：①雨量阈值需要根据对历史灾害的调查统计、模型计算和野外实验来确定；②泥位阈值需要对历史灾害的调查和计算来确定；③土体孔隙水压力和含水率、振动等阈值需要根据相关野外实验来综合确定。

3）预警流程

系统对所有监测站实时监测数据进行分析，根据灾害影响范围决定预警等级。当监测参数达到相应临界值时，即产生预警，并根据预警级别通过短信等手段向值班人员和不同权限管理人员发送报警信息，通知相关人员按照预案开展山地灾害防灾工作。

预警分为两个阶段：内部预警（对防灾人员）和预警发布（对社会公众）。

当预警产生后，系统在地图上对应的监测点图标闪烁，防灾值班人员看到预警后，进行查询核对，并经防灾指挥部会商，确定预警级别和范围，通过多种方式向相关人员发布预警信息，并接收责任人的反馈信息。出现预警信息后的工作流程（预警状态）可概括为：预警产生（出现预警）→内部预警（对防灾人员）→发布预警（对社会公众）→响应启动→响应结束。

4）预警发布

预警发布包括短信预警发布设备、电话传真预警发布、门户网站发布、LED 和广播发布等。设备群发信息到各级相关防灾责任人和单位，并可发布突发预警信息。预警发布可以对部门进行管理，对部门响应标准（全部响应还是领导响应）进行设置，能设置部门领导人（多个），能对人员-部门关系进行管理，从而确定预警产生时，预警信息的发送对象和范围。

（1）预警信息发布管理。解决分发信息的权限配置问题，主要功能包括数据库的访问权限、具体上传某一图表或者数据的权限、审批人员的设置、文档的权限设置等。①信息分发日志管理。管理系统的所有体征信息分发日志，包括用户访问日志和系统间的数据交换日志，根据日志的属性分类进行统计，形成分析结果，对于异常日志提出警报。②信息分发统计。对分发的信息进行一定的统计、分析。③信息订阅服务。实现体系内用户的信息订阅服务。用户可以选择订阅内容、发送周期、发送方式等。

（2）短信分发模块。将待分发的信息通过短信方式发送。对移动运营商的短信接口网关进行统一规划，包括移动、联通和电信，确保短信能够跨网并及时发送。

①短信发送方式。支持单发、群发、分组发；支持立即发送、定时自动发送；支持选择性发送、按照设定的优先级发送；支持自定义设定发送次数；对发送失败的短信支持自动重发；支持短信收到后自动回馈。

②短信查询与计费。按短信发送状态进行查询；按短信发送人员进行查询；按时间段、发送单位、预警类型查询短信历史纪录；统计单月费用；按时段、按部门进行计费。

③短信监控。实现设备状态监测、短信状态监测等功能。设备状态监测：对各种网

关的设备进行监测；对发送次数、重发次数等进行统计。短信状态监测：对短信发送状态、回馈状态等信息进行监测。

（3）传真分发模块。实现的功能包括传真自动发送，传真自动接收，传真群发；可根据预设定的方式或流程自动分发到指定处理人员；实现传真全面备份，实现方便地分类管理、查询统计等。

（4）门户网站分发模块。将通过审批的事件信息和进展信息发布到互联网的应急门户上，准确、及时发布灾害预警信息。并对发布的信息进行分类分行业展示，展示方式有文本方式、GIS方式以及混合方式，能够直观地展示出预警信息的预警范围、预警级别、预警内容等(图 6-21)。

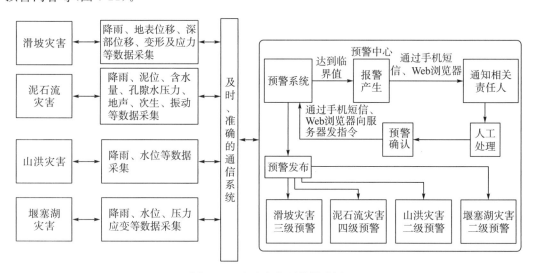

图 6-21　山地灾害预警模式图

6.5　监测预警新方法

山地灾害监测预警经历多年的发展，监测预警方法由传统人工观测发展到现代多学科交叉结合的技术。笔者团队构建了从灾害预测、前期预报、启动过程监测预警、运动过程监测预警到成灾预警的全套技术体系，确定了多级多指标泥石流预警方法，提高了监测预警可靠度。通过介绍山地灾害监测预警领域出现的新方法和新技术，以期促进其推广和应用。

1)泥石流早期预测技术

泥石流早期预测技术是通过引入地震有效峰值加速度指标(EPA)和标准化降水指标(SPI)，定量分析大型泥石流灾害与地震活动和干旱事件发育时间上的关系及其机理与效应，从而对区域泥石流发展做出预测。通过对地震、干旱事件的统计分析，建立振动参数、干旱指标、暴雨指标与泥石流发生时间和规模的定量关系，揭示泥石流和地震、干湿交替极端气候事件的耦合规律；在泥石流暴发前的地震活动与极端气候和人类活动背景研究基础上，建立区域泥石流易发性早期动态预测模型(图 6-22、图 6-23)。

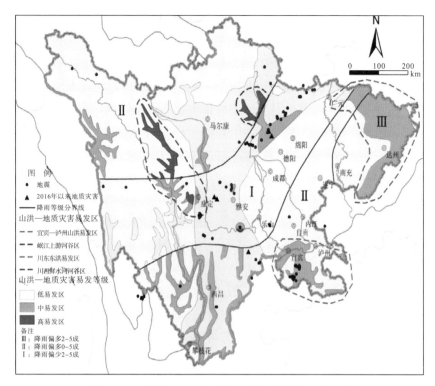

图 6-22 四川省 2016 年山洪地质灾害易发区分布图

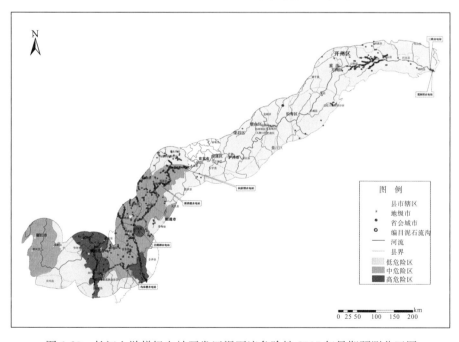

图 6-23 长江上游梯级电站开发区泥石流危险性 2015 年早期预测分区图

应用成果：采用泥石流灾害早期预测预警技术对"4·20"芦山地震后四川省地质灾害形势进行预测，提交了相关咨询报告并得到中办专刊采用。同时，该研究成果已经应用于白鹤滩、乌东德等长江上游大型水电工程泥石流监测预警实践。

2)短临预报技术

建立基于流域水土耦合机制的预报模式(基于土体孔压升高,黏土矿物吸水结构重组,黏滞力骤降的机理,计算坡体稳定性进行滑坡预报;估算失稳土体与径流总量确定容重,进行泥石流预报),突破了以网格为预报单元和以统计分析为主的传统模式,使灾害误报率和漏报率分别降低 22% 和 15%(图 6-24)。

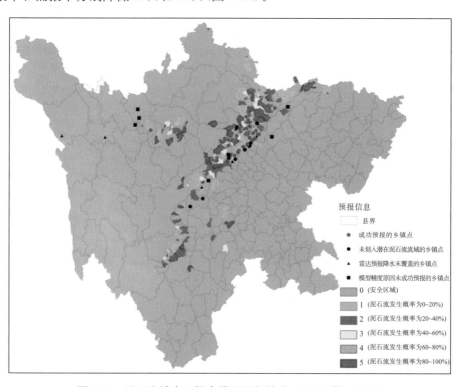

图 6-24　基于流域水土耦合模型预报技术(江玉红等,2012)

应用成果:水土耦合预报系统成功应用于四川电视台、云南电视台、福建电视台、广东电视台、浙江电视台。

3)多级多指标的泥石流预警方法

基于泥石流灾害启动、运动及临灾过程,采用降雨、泥位、土体孔压、土体含水量等六类关键指标对泥石流灾害进行三级预警的方法,以启动临界雨量、土体孔隙水压力和含水量作为启动阶段指标,以汇流临界雨量、支沟流域中上游泥位和地声作为运动阶段指标,以成灾临界雨量、主沟中下游泥位和振动作为临灾阶段指标,这样就解决了低频率灾害与短寿命监测设备的矛盾,提高了泥石流灾害预警的精度。

成果应用:基于多级多指标监测预警体系成果已推广应用于长江、澜沧江上游 4 大电站,西藏和新疆 3 大干线公路以及 15 个县级区域,成功监测预警 12 次泥石流、滑坡灾害,保护风险区 8 万人的安全。

4)泥石流滑坡新型传感器与监测设备

作者团队研发了自谐振土壤水分传感器、桥式孔隙水压力传感器、多功能测斜仪、泥石流地声监测仪、振动型山地灾害预警仪等新型传感器和监测设备，建立了具有自主核心知识产权的监测预警硬件系统，大大降低了成本，同时提升了泥石流滑坡监测预警的可靠度。

(1)自谐振土壤水分传感器。为了解决现有土壤含水量检测设备用于泥石流监测存在的问题，提出了一种基于自谐振原理的土壤水分传感器用于泥石流监测，利用渗透膜提取土壤水分，通过电路检测电感的 RC 谐振频率的大小就可以得到渗透膜的介电常数，最后得到土壤水分含量(图 6-25、图 6-26 和表 6-4)。

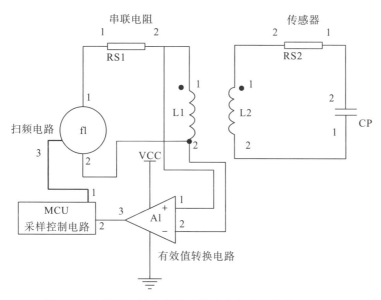

图 6-25　自谐振土壤水分传感器读取电路及传感器原理图

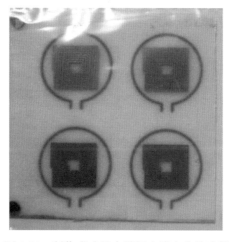

图 6-26　制作成功的自谐振土壤水分传感器

表 6-4　传统 TDR 土壤水分传感器与自谐振土壤水分传感器对比表

传感器类型	工作原理	适用范围	特点	宽级配土体中测量精度	成本
TDR 土壤水分传感器	通过时域检测技术检测等效介电常数	细颗粒、均一土耕作土	受土体矿物质含量影响较大	$\pm2\sim3\%$	2500 元左右
自谐振土壤水分传感器	通过电容法检测吸水膜的介电常数	宽级配砾石土	吸水膜电绝缘性、化学稳定性要求高	$\pm1.5\sim2\%$	500 元左右

(2)桥式孔隙水压力传感器。利用应变电阻桥式原理，当土壤中的水压力发生变化时会导致传感器中电阻的也发生微小变化，通过电路对这个微小变化放大整流，就测得土壤中的孔隙水压力(图 6-27、图 6-28)。

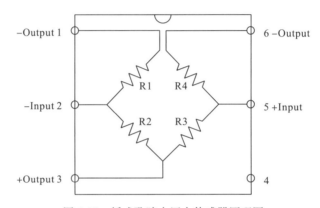

图 6-27　桥式孔隙水压力传感器原理图

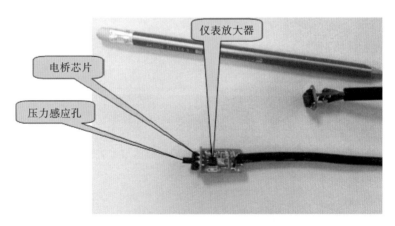

图 6-28　制作成功的桥式孔隙水压力传感器

(3)多功能测斜仪。多功能测斜仪采用 2D 倾斜仪和 3D 加速度传感器检测技术，可对松散土质滑坡、桥梁、隧道、大坝进行监测，具有体积小、安装简单、精度高等特点(图 6-29、表 6-5)。

图 6-29　多功能测斜仪（杨宗佶等，2013）

表 6-5　传统测斜仪与新型多功能测斜仪对比表

传感器类型	工作原理	适用范围	监测方式	特点	精度
传统测斜仪	伺服加速度式、电阻应变片式或钢弦式	岩质滑坡	深部监测，须钻孔	体积大、数据采集复杂	±0.1°
新型测斜仪	采用 2D 倾斜仪和 3D 加速度传感器检测	松散土质滑坡、桥梁、隧道、大坝	浅层监测，无须钻孔	体积小、自动无线传输数据	±0.01°

第7章 山地灾害监测预警实践

针对我国山地灾害多发的特点，基于专业监测和群测群防的监测体系已经广泛应用于城镇、交通、水电、旅游景区、重大厂矿的防灾实践中，形成了具有中国特色的山地灾害监测预警体系。其中山洪灾害监测预警以山区小流域为主，应用于占全国面积69%的山区。泥石流、滑坡和堰塞湖均采用点监测为主，而在小流域则采用点面结合的方式进行监测预警。

7.1 山洪灾害监测预警实践

目前我国已经大规模开展了县级山洪灾害的监测预警工作。以四川省为例，全省在183个县有山洪灾害防治任务，其中170个县均建设了山洪灾害监测预警系统。基于5~20分钟的预警时间标准，采用相应的站点布设原则，同时结合区域地形地貌的特点，对区域内的小流域以山洪灾害发生时的降雨量和泥位进行综合监测及预警。

7.1.1 四川省都江堰市山洪灾害监测预警系统实施方案

7.1.1.1 背景介绍

四川省都江堰市位于成都市的西北部，距成都60km。市境介于东经103°25′~103°47′、北纬30°44′~31°2′。地跨川西龙门山地带和成都平原岷江冲积扇扇顶部位，以著名的都江堰水利工程而得名。是中国历史文化名城，首批中国优秀旅游城市，并获得首届中国人居环境范例奖。都江堰水利工程被誉为"世界水利文化的鼻祖"。有"青城天下幽"之称的青城山距都江堰16km，是中国道教的发源地。青城山—都江堰已经被批准为世界文化遗产，列入《世界遗产名录》，是国家级重点风景名胜区。龙池—虹口自然保护区距都江堰景区24km，是国家级森林公园和生物多样性保护区。都江堰市东西宽约23.5km，南北长约59km，总面积1208km²。

"5·12"汶川特大地震后，山体崩塌，植被破坏，边坡失稳崩塌，导致阻塞河道时有发生。都江堰市震后的次生灾害如山洪灾害等，严重制约了都江堰市灾后重建、国民经济发展、社会繁荣稳定以及旅游资源的恢复。2008年5月12~19日、6月16日、7月26日、8月1日、9月24日灾区分别发生5次大范围的山洪泥石流灾害，2009年7月17日、7月24日四川地震灾区的都江堰市龙池镇南岳村6组湔平沟和虹口乡又连续遭受山洪泥石流灾害的袭击。尤其是2008年的"8·21"都汶高速公路龙池镇出口处，发生20~30年不遇的洪水，淹没数间板房，导致4人受伤，造成重大的经济损失。2009年8

月 26 日凌晨在螃蟹河、石孟江、龙溪河等山溪河流发生了百年不遇的山洪和泥石流，毁坏了沿河两岸的村庄、森林、经济果木和农田。山洪、泥石流造成大量的人员伤亡，导致河道泥沙淤积严重，水利水电和道路工程遭到严重破坏。山洪、泥石流还导致在地震极重灾区都江堰市乃至成都市区引用水源受到严重污染。

7.1.1.2 区域特点

1) 地质地貌

都江堰市在地质构造体系上，地处龙门山构造带的中南端，属华夏构造体系。在大地构造上，分别属于扬子准地台和青藏槽区。地质构造复杂，从元古界到第四系均有出露。境内最老的地层为距今 10 亿年左右的元古界水河群，系一套海底火山建造和浅海页岩、碎屑岩。在 1 亿年前的石炭纪、二叠纪和三叠纪初期，都江堰市曾为大海。三叠纪末和侏罗纪初期发生印支运动，市境西北不断上升，由海相变成陆相沉积环境，但是境东南的平原当时仍为内陆湖所淹没。侏罗纪末和白垩纪中期发生燕山运动，地壳上升，至白垩纪中期，青城山一带出露成陆。都江堰市境内的褶皱构造有：彭灌复背斜、懒板凳—白石飞来峰、懒板凳向斜、赵公山向斜、青城山向斜和背斜、戴家沟向斜和石板滩背斜。

2) 气象与水文

都江堰市属于中亚热带季风性湿润气候区。由于四川盆地地理位置和地形影响，冬春主要受来自西伯利亚和蒙古干冷气团控制，盛行偏北季风。夏季受来自太平洋和孟加拉湾暖气团影响，盛行偏南季风。气温较同纬度的长江中下游偏高，具有春早、夏热、秋雨、冬暖，气候温和，无霜期长，雨量充沛，湿度较大，冬春多雾，日照偏少和四季分明的特点。山区气候具有明显的垂直分带性，海拔越高，降雨量越大、气温越低、蒸发量越小。据都江堰市 2008 年以前气象站资料研究表明，都江堰市多年平均降雨量 1225.4mm，最多的年份为 1605.4mm(1978 年)，最少为 713.5mm(1974 年)。降雨分布不均匀，80％集中在 5～9 月(冬干、春早、夏天多暴雨、秋天阴雨连绵)。月降雨量最多的是 8 月份 289.9mm，最少是 1 月份 12.7mm。月最大降雨量 592.9mm(1981 年 8 月)，日最大降雨量 213.4mm(1980 年 6 月 29 日)。年日照时数，多月平均 15.8 天，平均最多 20.8 天(9 月)，最少 9.2 天(12 月)，极端最多月 30 天(1961 年 10 月)，全月无雨日仅出现在 1963 年 1 月。该区域雨日多，河渠多，空气湿度大，多年平均达 81％。蒸发量小，年平均为 930.9mm，占全年降雨量的 76％。多年平均无霜期为 258 天，最长可达 304 天，80％的年无霜期不超过 281 天。

3) 河流、水系

全市境内的流域均属于岷江水系，发源于四川省阿坝藏族羌族自治州松潘县岷山南麓。岷江从松潘县经黑水县、理县、茂县，在汶川县旋口镇水田坪流入境内。市境内各级岷江水系，可分为岷江正流、都江堰干流、防洪河道、灌排结合的渠道、山区河流等，其中包含数条规模大小不同的山溪河道。山区河流以树枝状、平原以平行状为主，由西北向东南流向分布。都江堰市境内的主要山溪河道流域划分为以下几条：①龙溪河流域：龙溪河正流、甘沟、冷浸沟等；②白沙河流域：白沙河正流、深溪沟、虹口小河、磨子沟小河等；③灵岩山沟流域：灵岩山沟、鲜家沟、纸房沟等；④万丈沟流域：万丈沟、铜马沟等；⑤麻柳林河流域：龙安河、蟠龙河、干河子等；⑥南溪河流域：南溪河正流、板板河、石槽沟等；⑦莲花湖流域：茶房沟、棋盘沟、龙竹沟等；⑧螃蟹河流域：螃蟹河正流、汤家沟、肖家沟等；⑨石孟江流域：石孟江正流、两河沟、王家沟等；⑩味江河流域：味江河正流、滥泥沟、盐井沟、味江河正流、五龙河、白云沟飞泉沟、五龙沟等。

4）地震情况

据现有资料表明，都江堰市历史上未发生过灾害性地震。但是，2008年5月12日，汶川发生8.0级大地震，都江堰市有强烈震感，并多次发生余震。

7.1.1.3　方案内容

本方案内容主要有：雨量监测系统、水位视频监测系统、通信系统、监测预警平台硬件、监测预警平台软件等。

1）雨量监测系统

(1)雨量站布设原则。①根据《全国山洪灾害防治试点县实施方案编制大纲》的要求，山洪灾害重点防治区原则上按照$20km^2$/站～$30km^2$/站的密度布设自动雨量站；在建站条件好又能有专人管理且雨量对区域具有代表性和控制性的地点建站；在山洪灾害严重的乡村和企事业单位密集、人口密度大的区域加大站网的布设密度。②强降雨是由中小尺度天气系统产生的，山洪灾害区以满足对中小尺度天气系统监测分析和实时山洪灾害预警预报需求。③实施方案涉及的流域大多为山区河流，此前基本上没有建立水位站、雨量站，建站立足不重复的原则。④在满足要求精度的前提下，站距尽可能大、站网密度尽可能稀少，尽可能地减少雨量监测建站时的投入和监测站网运行的维持和维护费用。⑤综合分析自然环境条件、各专业部门业务需求和行政体系设置，重点考虑山洪灾害预警、服务减灾的业务要求，兼顾科研，做到合理布设和建设雨量监测站。⑥综合考虑通信条件和信息收集、管理维护和电力供应等方面环境条件和根据山洪灾害发生频率、危害程度以及财力的支撑能力，实事求是地分步实施建设，保证山洪灾害区雨量监测站网建设顺利进行和建成后的正常运行。

(2)雨量站点分布。共建15个自动雨量监测站，雨量站点的分布见表7-1。

2）水位视频监测系统

(1)水位视频站布设原则。①以实时掌握流域水文信息、满足山洪灾害预测预报的需求为原则，以现有都江堰市基本站网为基础，布设水位监测站。②《全国山洪灾害防治试点县实施方案编制大纲》规定：对部分全年常流水的溪河布设必要的水位站。原则上主河道的水位监测站设置在距保护的重点场镇10km的上游；为满足对下游重点场镇的山洪灾害预测预报的需求，支流上水位监测站设置在支流靠近主河的入口上游。③水位监测站点的间距依流域水系的分布形态、洪水威胁的城镇的大小、洪水流速及下游预警的时间而定，在山洪灾害危险地段主河流域一般以 10～12km 设置一个为宜。但考虑到主河的水库及电站回水区的影响，水位站应设置在水库上游及电站回水区下游影响区以外。④水位站点应设置在流域水道较规则顺直、水位变化明显的河段，因为堤岸平坦便于设备的安装和水位的观测；非接触式水位站应布设在河道（沟道）通透性好的地段或河道有桥梁厂房等建筑物上。

表 7-1　雨量站点分布

序号	站点名称	地点	所属流域	经度	纬度
1	月城湖	青城山	石孟江	103°34′00″	30°54′13″
2	上元村	上元村 18 组	石孟江	103°33′39″	30°56′05″
3	施家河湾	山溪村 5 组	石孟江	103°33′48″	30°56′04″
4	石板滩街	滨江村 10 组	味江河	103°33′00″	30°51′05″
5	五龙沟味江河汇合处	泰安七组	味江河	103°28′44″	30°55′07″
6	深溪大桥	深溪 1 组	白沙河	103°37′41″	31°05′32″
7	虹口乡	虹口乡政府	白沙河	103°39′07″	31°06′51″
8	南岳村	南岳村 6 组	龙溪河	103°33′33″	31°06′00″
9	甘沟	云华村 6 组	龙溪河	103°32′17″	31°03′25″
10	水泉村	水泉村 7 组	螃蟹河	103°34′59″	30°59′16″
11	灵岩山沟	宁馨苑大门	灵岩山沟	103°36′50″	31°00′55″
12	万丈沟	853 厂区墙外	万丈沟	103°36′50″	31°00′53″
13	龙安河大桥	濮阳凉水村	龙安河	103°40′00″	31°02′48″
14	干河子团结水库	团结水库	干河子	103°40′20″	31°04′18″
15	南溪河上游	花溪村大桥	南溪河	103°42′29″	31°03′01″

（2）水位视频监测站分布。水位视频监测点共 9 个：月城湖、上元村、石板滩街、深溪大桥、南岳村、水泉村、灵岩山沟、龙安河大桥、南溪河大桥。自动水位监测站点分布见表 7-2。

3）通信系统

（1）都江堰市现有通信资源状况。都江堰市现有通信资源比较充足，GSM/GPRS 公网覆盖了全市主要的村镇。但是，由于地震的影响，大多监测点村镇尚未恢复光纤通信。

（2）水雨情（包括雨量和水位）数据采集传输要求。每个站点数据采集最小采样时间 500ms/次；要求每个站点数据传输流量不低于 10kbit/s，总水雨情数据流量不低于 240kbit/s；为保证数据安全性要求对实时水雨情数据进行加密。

（3）图像语音数据采集传输要求。每个视频站点图像语音数据传输流量不低于 512kbit/s，保证图像语音数据流畅，特别要保证汛期时通信系统通畅无阻。

（4）方案的比选及确定。根据都江堰市防汛预警业务的需求，经过比较测试，此方案采用 2G 移动通信和北斗卫星双信道方式进行雨量和水位站点数据传输，在没有光纤接入的情况下，可采用卫星传输视频数据，在有条件的情况下可以采用 3G 移动通信方式。不同通信网络的比较见表 7-3。

表 7-2　水位站点分布和临界值

序号	站点名称	地点	高程/m	经纬度	警戒水位 /m	警戒流量 /(m³/s)	临界雨强 /(mm/12h)
1	月城湖	青城山	826	N：30°54′13″ E：103°34′00″	10	300	40
2	上元村	上元村十八组	762	N：30°56′05″ E：103°33′39″	10	300	30
3	石板滩街	滨江村十组	645	N：30°51′205″ E：103°33′00″	8	300	40
4	深溪大桥	深溪一组	891	N：3°15′02″ E：103°37′41″	7	80	30
5	南岳村	南岳村六组	1129	N：31°06′00″ E：103°33′33″	10	120	40
6	水泉村	水泉村七组	770	N：30°59′16″ E：103°34′59″	6	100	40
7	灵岩山沟	宁馨苑大门	780	N：31°00′55″ E：103°36′50″	7	80	45
8	龙安河大桥	濮阳凉水村	696	N：31°02′48″ E：103°40′00″	6	70	30
9	南溪河上游	花溪村大桥	673	N：31°03′01″ E：103°42′29″	5	100	35

表 7-3　不同通信网络比较

通信方式 基本参数	有线通信（光纤、ADSL）	卫星通信	2G 移动通信（GPRS）（CDMA）	3G 移动通信（移动 TD-SCDMA）（联通 WCDMA）（电信 CDMA2000）	SCDMA 专网平台	数字集群 模拟集群
频率			800~1800m	1800~2300m	400m	800m
覆盖效果	较好	最好	较好	差	最好	较好
应用带宽	>1M	最高>M	较低空闲时：120K 忙时：<120K	较高空闲时：1M 忙时：<120K	高>1M	较低<64K
固定语音	支持	——	支持	——	支持	——
移动语音	——	支持	支持	支持	支持	支持
集群调度	支持	——	——	——	支持	支持
水雨情数据传输	支持	支持	支持	支持	支持	
视频监控（<128K）	支持	支持	支持	支持	支持	
高清视频监控（512~1024K）	支持				支持	
移动视频	——	支持		支持	支持	
建设成本	适中	较高	较低	较低	较高	最贵
租用成本	较高	较高	较高	很高	无	无
维护成本	较低	一般	较低	较低	较低	较低
自然灾害对网络使用的影响	采用租用公网建设，一旦发生灾害及其他突发事件，可能会导致通信中断	影响小，采用专网建设，任何情况下对网络质量无影响，确保数据、语音和图像的传输	影响最大，采用租用公网建设，受灾区域由于公众语音的使用，基站容量无法满足防汛的要求，业务质量快速下降，甚至中断	采用专网建设，有较强的数据传输能力	影响小	影响小
经济效益	为租赁，会多次投资	——	——	——	——	——
建议方案	备选方案	首选方案	备选方案	备选方案	——	——

4)监测预警平台

(1)监测预警平台硬件系统。包括机房、监测室及会商室硬件设备等(图7-1)。

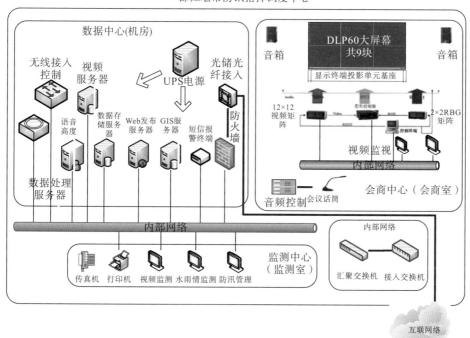

图 7-1　监测预警平台硬件系统总体框架图

①机房硬件系统。机房硬件设备主要是各种数据处理服务器、网络设备、通信设备、无线接入设备等。机房硬件设备包括：数据处理服务器、Web 发布服务器、数据存储服务器、GIS 数据服务器、网络设备(包括汇聚交换机、接入交换机、防火墙、入侵防御系统、入侵检测系统等)、电源系统均为机架式设备，安装放置在标准 19 英寸*机柜中。

②监测室硬件系统。监测室是工作人员通过 Web 浏览器对现场水雨情进行实时监测，对预警信息进行确认，另外对现场水情视频数据进行监测，对机房网络系统进行管理，对整个预警指挥系统进行管理。监测室硬件设备包括：传真机、打印机(报表打印)、监测设备(包括视频监测、水雨情监测、防汛管理)。所有设备均放置在控制柜中。

③会商室硬件系统。都江堰市水务局会商室硬件设备包括：60 英寸显示终端、显示终端投影单元基座、控制终端、电缆等附件、图形控制器、VGA 矩阵、RGB 矩阵、机柜、音箱、音频控制、话筒等。60 英寸显示终端安装于会商室正中墙壁上，显示终端投影单元基座放置于显示终端下方，其他设备放置于会商室标准 19 英寸机柜中。

(2)监测预警平台软件系统。

①软件的功能。监测预警平台系统软件功能核心模块是决策支持系统，由基础信息

————————————

* 注：1 英寸=2.54cm。

查询系统、水雨情监测查询系统、水文气象国土信息服务系统、预警发布服务系统、应急响应服务系统这五大系统组成。主要功能见表7-4。

表7-4　监测预警平台软件系统功能简述表

分类	功能名称	主要功能
决策支持系统	基础信息查询系统	基础信息应具有检索、查询、添加、修改、删除、数据导入导出等功能
	水雨情监测查询系统	用于监视和统计实时水雨情信息
	水文气象国土信息服务系统	提供实时天气预报、实时雨量、水位、流量、滑坡、泥石流等基本信息及监测信息的接入和查询功能
	预警发布服务系统	预警信息和状态显示、内部预警、预警发布、预警反馈、预警记录查询、预警指标显示修改等功能
	应急响应服务系统	跟踪县、乡镇的响应执行情况

②软件的系统组成。

a. 基础信息查询系统。山洪灾害防御工作需要大量的基础信息支持，其基础信息应具有检索、查询、添加、修改、删除、数据导入导出等功能。前期山洪灾害基础数据库建设等数据的导入由软件开发中标单位录入。系统具有以下信息查询功能：县乡村基本情况、小流域基本情况、监测站基本情况、县乡村预案、历史灾害情况、GIS 地图信息查询等。

b. 水雨情监测查询系统。雨情信息查询主要用于监视和统计实时水雨情信息。系统分为水雨情信息报警、雨情信息、河道水情信息、水库水情信息查询四大部分。系统表现方式以 Web、GIS 及表格方式为主。

c. 水文气象国土信息服务系统。由相关部门提供实时天气预报、实时雨量、水位、流量、滑坡、泥石流等基本信息及监测信息的接入和查询功能。

d. 预警发布服务系统。对所有监测站实时雨量、实时水位进行分析，根据预警模型指标决定预警等级，雨量站预警指标分为：警戒雨量(准备转移)、危险雨量(立即转移)；水位站分为：警戒水位(准备转移)、危险水位(立即转移)。

当监测站水雨情达到相应临界值时，根据预警流程即产生预警，并按照乡镇进行合并，每个乡镇只允许有一个预警，预警等级以该乡镇下多个预警监测站中等级最高的为准。乡预警分为乡1级、乡2级，根据该乡范围内监测站最高预警级别确定。县预警分为县1级、县2级、县3级，根据全县范围内灾害的面积和程度确定。

预警分为两个阶段：内部预警(对防汛人员)和预警发布(对社会公众)。当预警产生后，系统在地图上对应的乡镇图标闪烁，防汛值班人员看到预警后，进行查询核对，并经防汛指挥部会商后确定预警级别和范围，通过多种方式向相关人员发布预警信息，并接收责任人的反馈信息。出现预警信息后的工作流程(预警状态)可概括为：新预警(出现预警)→内部预警(对防汛人员)→发布预警(对社会公众)→响应启动→响应结束。

e. 应急响应服务系统。根据预警结果及信息发布情况，各相关部门要启动相应的响应预案。系统跟踪县、乡镇的响应执行情况，直到响应结束。

应急响应服务包括以下功能。响应工作流程：以图形方式显示工作流程，供使用人员参考。响应地图：在地图上显示响应启动图示，并提供响应相关操作用户接口。响应列表：显示各乡镇所有关联内部预警和预警发布的应急响应状态信息列表，包括"预警级别、预警时间、预警发布级别、预警发布时间、响应级别、响应启动时间、响应结束时间"等信息，并可以根据预警启动、修改和结束响应，提供历史响应的查询功能。响应措施：以图表的方式显示响应措施的种类，可查看各个级别的响应措施。响应反馈：在列表中显示各个乡镇响应反馈信息，包括"预警时间、下派工作组、投入人员、需转移群众、已转移群众、受围困群众、死亡人数、失踪人数、倒塌房屋"等信息，并提供实时录入功能，以便实时跟踪进展情况。

7.1.2　山洪灾害监测预警效益分析

山洪灾害监测预警项目的实施，将形成较为完善的综合性防御系统。通过在防治区采取一定的防治措施，可以避免或减少山洪灾害造成的人员伤亡。

7.1.2.1　科学价值

山洪灾害监测预警系统的建立为决策者和研究者提供了基础数据，通过这些数据，可以对山洪诱发的泥石流、土石坝溃决等开展洪水风险分析计算与相关研究，具有重要科学价值与实际意义。

7.1.2.2　防灾价值

（1）减轻山洪灾害对人民生命的威胁，避免人员伤亡。人员伤亡严重是山洪灾害危害性大的突出表现。通过建立山洪灾害监测、通信及预警系统等非工程措施，可以提前预测山洪灾害的发生，提前做好人员转移，有效躲避灾害，避免或减少人员伤亡。

（2）促进社会稳定，保证社会正常的生产和生活秩序。山洪灾害，尤其是特大山洪灾害暴发时，往往会造成毁灭性的灾害损失：冲毁村庄和集镇，冲断或阻断交通，破坏水利、电力、通信等基础设施。国家和地方投入大量人力、物力、财力用于救灾，人民群众、各级领导干部都投入到救灾工作中，打乱了正常的生产、生活秩序。实施山洪灾害防治措施，可减免或减轻山洪灾害对社会经济造成的不利影响，促进社会稳定，为山区社会经济发展提供良好的环境。

（3）减轻人们精神负担和心理创伤，使其安居乐业。山洪灾害造成的人员伤亡，给受灾群众带来极大的精神负担。通过采取一定的防治措施，可以避免或减少人员伤亡，调动他们发展生产、建设美好家园的积极性和主动性。

（4）促进当地经济社会可持续发展。由于受特定环境条件的制约，山丘地区的经济发展相对比较落后。山洪灾害的频繁发生，对居民房屋、农田、水利、交通、电力、通信等基础设施构成严重威胁，群众几十年的建设成果有可能毁于一旦，且难以在短期内恢复。山洪灾害防治，一方面可减免山洪灾害对基础设施造成的不利影响，另一方面可促进第三产业的发展，提高居民生活水平，改善人民群众居住环境。

7.1.2.3　人才培养

通过山洪灾害监测预警系统建设，培养了一批既懂山洪灾害监测预警系统建设、又懂项目建设管理的人才，积累了监测预警系统设计开发、设施研制等技术经验，为大规模推广奠定了良好基础。

7.1.2.4 部门合作

山洪灾害监测预警系统的建设，加强了水利、国土、气象、水文及相关科研院所等多个部门的合作，各个部门直接实现信息共享。进一步完善预警信息发布机制，组织开展关键技术研究，不断提高我国山洪灾害防御能力。

7.2 泥石流灾害监测预警实践

我国山区城镇、水电交通及其他重大工程频繁遭受泥石流灾害，典型的泥石流灾害如 2012 年 8 月 30 日锦屏水电站施工区发生泥石流灾害，导致多人伤亡；2013 年 7 月 10 日汶川县境内威州镇七盘沟大暴雨发生特大泥石流灾害，损失惨重，国道 213 线路被冲毁，在新桥村和七盘沟之间形成堰塞湖。笔者在灾害频繁发生特别是在建工程泥石流灾害多发的背景下，以矮子沟、大寨沟等为例，进行了泥石流灾害分级多指标的监测预警技术的应用实践。

7.2.1 矮子沟泥石流监测预警实践

7.2.1.1 背景介绍

长江上游地区是目前我国水电开发的重点区域，在这一区域集中了一系列大型水电站，总装机容量超过 4000 万千瓦。由于长江上游地区地形高差大，地震频繁，夏季降水集中，造成这一系列水电工程无论是在建设期还是在运营期都受到泥石流等地质灾害的影响，群死群伤事件时有发生(胡桂胜等，2014a)。如 2012 年四川宁南矮子沟"6·28"特大山洪泥石流灾害共造成 40 人死亡和失踪。因此，如何做好长江上游水电工程建设期和运营期泥石流的防灾减灾，保持水电工程建设区域的社会安定，是水电开发所面临的一个严峻问题。

7.2.1.2 区域特点

矮子沟流域面积大，流域内地质构造复杂，地貌起伏巨大，夏季多暴雨，根据沟口处的堆积物情况可以判断矮子沟历史上也发生过大规模的泥石流。经计算矮子沟流域共有松散固体物质 4812.54 万 m^3，由于矮子沟流域复杂的地形、地貌条件，有些松散固体物质在径流作用下在坡度较缓的位置淤积，不会参与主沟泥石流活动。只有在坡度较大、植被覆盖率较低且径流速度较快的坡面，松散固体物质才会参与主沟泥石流，使矮子沟泥石流的规模、流量、一次泥石流总量及固体物质总量都显著地增大(图 7-2)。经过现场勘查，残积物、崩积物及滑坡堆积物中参与泥石流活动的动储量约 1660 万 m^3 (He et al.，2014)。

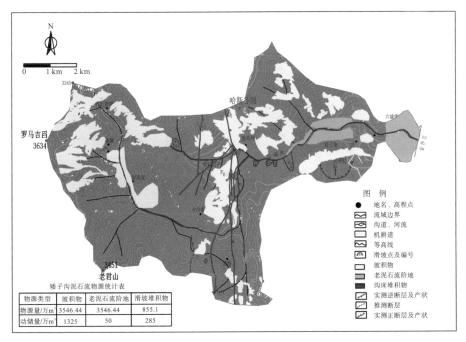

图 7-2 矮子沟流域松散物质分布图

7.2.1.3 泥石流实时监测预警阈值

泥石流启动预警阈值分析是一个复杂的过程，通过对具体泥石流灾害事件的降雨过程的统计、数值模拟计算、野外原型试验，分析监测泥石流流域启动和运动过程的监测预警指标，建立相应的预警指标体系，具体技术路线见图 7-3。

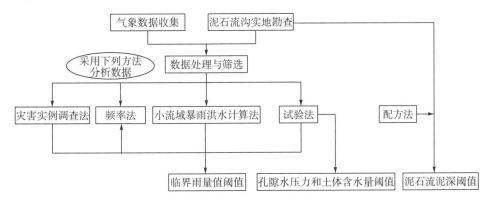

图 7-3 泥石流预警阈值研究技术路线

通过灾害历史调查法、频率法、机理模型计算法和试验方法获得矮子沟泥石流 1h 和 10min 临界雨量阈值；通过试验方法获取孔隙水压力和含水率阈值；通过配方法计算泥石流泥深阈值；通过分析实际振动监测资料确定振动监测阈值。

（1）雨量阈值。通过灾害实例调查法、频率法、机理模型计算法以及试验法综合确定泥石流临界雨量，在此基础上进行综合分析，最终确定示范区域泥石流预警雨量阈值，具体成果见表 7-5（王凤娘等，2015）。

表 7-5　示范区域雨量预警阈值

预警阈值	10min	1h
临界雨量/mm	8.7	20.3
警戒雨量/mm	11.2	27.3
紧急撤离雨量/mm	14.7	37

(2)泥位阈值。泥位作为重要的泥石流运动要素(流速、泥位、冲击力)之一，其与流经断面的断面形态、泥石流流量等密切相关，可直观反映泥石流及其诱发的灾害规模。

泥石流的流量 Q_c、流速 U_c 以及过流断面面积 A 之间存在如下关系：

$$Q_c = U_c A \tag{7-1}$$

其中，流速 U_c 采用西南地区现行的泥石流流速计算公式：

$$U_c = (M_c/\alpha) R^{\frac{2}{3}} I_c^{\frac{1}{2}} \tag{7-2}$$

式中，M_c 为泥石流沟糙率系数(参见《中国泥石流》)；α 为校正系数(可根据泥石流容重以固体物质容重计算)；R 为水力半径；I_c 为比降。

根据示范区域各泥位站点的泥石流峰值流量，采用式(7-1)和式(7-2)计算泥石流泥位阈值。具体成果见表 7-6。

表 7-6　示范区域泥位预警阈值

警戒泥位阈值				紧接撤离泥位阈值			
站点	坝前流量 /(m³/s)	断面比降 /‰	泥位 /m	站点	坝前流量 /(m³/s)	断面比降 /‰	泥位 /m
1#	140.9	82	1.64	1#	281.8	82	2.5
2#	138.4	75	1.15	2#	274.6	75	1.73

(3)孔隙水压力和含水率阈值。孔隙水压力指标和含水率指标只通过试验获取，项目组共进行了 5 种降雨工况的泥石流启动实验，获取了相应的孔压和含水率阈值，因此根据降雨量数据分析确定泥石流形成雨量、警戒雨量和紧急撤离雨量下的孔隙水压力阈值和含水率阈值。通过试验取孔压值的平均值作为预警阈值，其值为 1.31kPa；通过试验确定土体含水率警戒阈值为 46%。

(4)振动阈值。采用现场实验法确定振动预警阈值指标，根据现场的测试，当没有崩塌发生时，在车辆经过的情况下，传感器检测到的加速度大概为 0.02g(2mg)，当有崩塌发生时(实验中通过一块体积约为 0.4m³ 的砾石进行模拟)，传感器检测到的加速度为 0.05g(5mg)。为了兼顾检测的灵敏性与准确性，最后确定传感器的检测阈值为 0.05g。此阈值是在缺乏泥石流振动监测资料情况下，采用野外崩塌实验而获得的参考值，泥石流运动准确的振动阈值，将在监测预警实践中通过对具体灾害实践监测值进行修正获得。

7.2.1.4　泥石流的实时监测预警系统示范区建设

1)泥石流监测预警示范区概况

矮子沟流域地处四川省凉山彝族自治州宁南县，为滇东北部金沙江左岸的一级支流，沟口位于某水电站上游 6.1km 处。主沟长 21.96km，汇水面积 65.55km²，沟道平均坡度约 155‰（胡桂胜等，2014b）。矮子沟沟口区域布置水电工程渣场，通过排水洞将沟水排出渣场区域。

2）总体框架

矮子沟泥石流灾害监测预警系统工程从下到上共分为三个部分：第一部分数据采集，将现场的雨量和泥位、孔压、振动等参数进行采集处理，包括雨量监测站 5 个、泥位监测站 2 个、孔隙水压力及含水量监测站 1 个、振动监测站 1 个。第二部分数据传输，是将现场数据通过有效的通信方式传回，采用北斗通信卫星以及 GPRS 无线通信两种方式实现数据传输；第三部分监测预警平台及预警系统，是通过对监测现场传回的数据进行存储、分析，通过对灾害发生阈值进行对比，进而按灾害预报等级对泥石流灾害发出警报。监测预警系统总体架构图如图 7-4 所示。

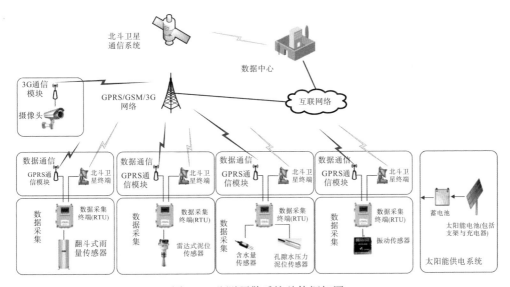

图 7-4 监测预警系统总体框架图

3）数据采集系统

数据采集系统主要由雨量数据采集、泥位数据采集、土体孔隙压力数据采集、土体含水数据采集、振动数据采集等 5 个部分组成。根据站网布设原则以及野外监测运行的实际情况，确定各条沟遥测站网建设数量及安装地点。

（1）监测站点的分布（表 7-7）。

（2）监测站点的组成。

①雨量监测站。自动监测站以遥测终端（RTU）为核心，配置翻斗式雨量传感器、通信终端、电源系统以及避雷系统，实现各个流域中上游地区雨情信息的自动采集和自动传输，采用太阳能浮充蓄电池方式供电。

②泥位监测站。自动泥位站以遥测终端（RTU）为核心，配置雷达式泥位传感器、通信终端、电源系统以及避雷系统，实现各个流域中下游地区泥位信息的自动采集和自动

传输，采用太阳能浮充蓄电池方式供电。

表 7-7　矮子沟泥石流监测站点分布

站点类别	数量/个	安装地点	布设高程及经纬度	布设依据
雨量站	5	俅格乡杉木箐村村委会(小学)空地	$H2038m$ N27°10′ E102°50′	通信条件好；有人值守；体现降雨梯度特征
		俅格乡罗科村子安置点	$H1776m$ N27°10′ E102°50′	通信条件好；有人值守；体现降雨梯度特征
		跑马乡放马坪垭口	$H2221m$ N27°11′ E102°50′	通信条件好；有人值守；体现降雨梯度特征
		矮子沟泥石流防治工程1号拦挡坝	$H1230m$ N27°10′ E102°51′	通信条件较好；有人值守；体现降雨梯度特征；结合泥位站综合监测
		矮子沟泥石流防治工程2号拦挡坝	$H1129m$ N27°11′ E102°52′	通信条件较好；有人值守；结合泥位站综合监测
泥位站	2	矮子沟泥石流防治工程1号拦挡坝	$H1230m$ N27°10′ E102°51′	通信条件好；有人值守；流域中下游区域
		矮子沟泥石流防治工程2号拦挡坝	$H1129m$ N27°11′ E102°52′	通信条件好；有人值守；流域下游区域
孔压含水站	1	俅格乡杉木箐村村委会坡地	$H2038m$ N27°10′ E102°50′	通信条件好；有人值守；属于流域上游物源区域
振动站	1	矮子沟泥石流防治工程1号拦挡坝	$H1230m$ N27°10′ E102°51′	通信条件好；有人值守；结合泥位站综合监测

③土体孔隙水压力及含水量监测站。土体孔隙水压力及含水量监测站以遥测终端(RTU)为核心，配置孔隙压力传感器、含水量传感器、通信终端、电源系统以及避雷系统，实现各个流域物源区孔隙压力及含水量数据的自动采集和自动传输，采用太阳能浮充蓄电池方式供电。

④振动监测站。振动监测站以遥测终端(RTU)为核心，配置振动传感器、通信终端、电源系统以及避雷系统，实现各个流域沟口地区振动信息的自动采集和自动传输，采用太阳能浮充蓄电池方式供电。

4)数据传输系统

采用 GPRS 公用网络＋北斗卫星双通道数据传输方式。

5）数据中心

数据中心建设包括硬件平台建设及软件平台建设。

（1）硬件平台建设。主要包括服务器、计算机、短信预警机及北斗卫星终端等。

（2）软件平台建设。主要包括操作系统、数据库软件及监测预警软件等。

7.2.1.5　泥石流监测预警成效

矮子沟泥石流监测预警系统自建成以来，于 2013 年汛期前开始投入正常使用。在整个运行期间，共发布了临界雨量预警短信 19 次/8 天，警戒雨量预警短信 13 次/7 天，紧急撤离雨量预警短信 3 次/2 天。

2014 年 7 月 6 日，矮子沟泥石流监测预警系统中放马坪雨量站监测到的日降雨量达到 119.4mm，是该监测系统建成以来监测到的最大单日降雨量。当天夜晚，放马坪雨量站的最大 1 小时降雨量达到 55mm；罗科村子雨量站的最大 1 小时降雨量达到 40mm，分别于 7 月 7 日 00：04 和 00：14 发出了紧急撤离预警（最高预警级别）短信。此两处站点的时段降雨柱状图详见图 7-5、图 7-6。

7 月 10 日夜晚，矮子沟罗科村子雨量站的最大 1 小时降雨量达到 39mm，并于当晚 23：52 发出了紧急撤离预警短信，其时段降雨柱状图详见图 7-7。

从矮子沟泥石流监测预警系统在 2014 年度发布的 3 次紧急撤离预警信息及降雨后的现场灾害调查的情况来看，虽然这两天的短时间降雨强度高，因持续时间均不长，故最终未形成大规模泥石流。但在矮子沟流域内的乡村公路出现了多处塌方及山体滑坡等情况，严重影响了当地群众的交通出行，并对群众的房屋、农田等造成了一定程度的损坏（图 7-8、图 7-9）。

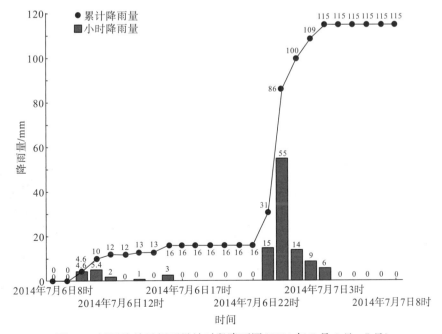

图 7-5　矮子沟放马坪雨量站时段降雨图（2014 年 7 月 6 日～7 日）

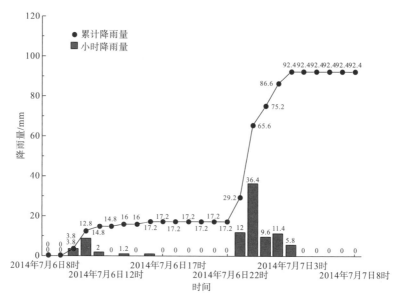

图 7-6　矮子沟罗科村子雨量站时段降雨图（2014 年 7 月 6 日～7 日）

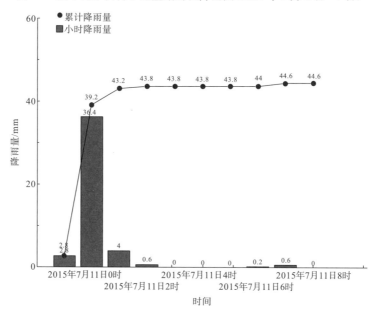

图 7-7　矮子沟罗科村子雨量站时段降雨图（2014 年 7 月 10 日～11 日）

图 7-8　强降雨后的矮子沟流域现场道路损毁情况

图 7-9　强降雨后的矮子沟导流洞口未出现泥石流淤积

7.2.2　大寨沟泥石流监测预警实践

7.2.2.1　背景介绍

大寨沟位于云南省巧家县境的西北隅，为滇东北金沙江干流段东岸的一级支流（图 7-10）。流域地理位置 N27°13′~27°17′，E102°53′~102°57′，汇水面积 28.73km²。流域北邻茂竹乡，东北部与东坪乡相连，东部与荞麦地乡接壤，东南部与巧家营乡连接，西侧以金沙江为界与四川省宁南县的六城乡和布拖乡为邻。白鹤滩水电站右岸引水系统进水口位于大寨沟沟口右坡侧，上游围堰位于其沟口一带，大寨沟一旦发生泥石流，流体会直接进入电站进水口，危害电站。

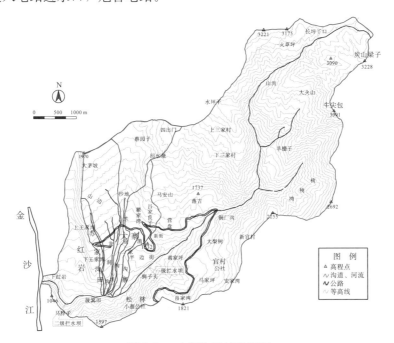

图 7-10　大寨沟流域地形图

7.2.2.2　区域特点

大寨沟流域地质构造复杂，地貌起伏巨大，夏季多暴雨，历史上曾多次暴发泥石流。沟口位于拟建白鹤滩电站中坝址的右坝肩，山洪泥石流直接威胁电站右岸进水口。根据现场调查，大寨沟沟口段右岸下红岩崩坡积堆积体处于缓慢蠕动变形的状态，大寨沟若暴发大规模泥石流，冲刷下红岩崩坡积堆积体前缘，可能会引发崩坡积体滑坡，崩坡积体上部分布着村庄和农田，为主要危害对象，堆积体继续变形，将对上部村庄房屋危害较大，受威胁人数 10~100 人，从直接损失和损毁农田等间接损失分析，其潜在经济损失 100 万~500 万元。经过计算，大寨沟流域有 4978.75 万 m³ 的松散固体物质，但这些松散固体物质不会一次补给产流，而是逐步地补给。

7.2.2.3　泥石流实时监测预警阈值

采用灾害历史调查法、模型计算法、频率法和实验方法分别确定泥石流临界雨量，各种方法计算所得临界雨量如表 7-8 所示。

表 7-8　无防治工程下不同方法确定的泥石流临界雨量

分析方法	24h 临界雨量	1h 临界雨量	10min 临界雨量
灾害实例调查法	24.6~117mm	大寨沟：<26mm	大寨沟：<17.4mm
启动机理模型法	—	大寨沟：23.5mm	大寨沟：9.5mm
频率法	—	大寨沟：20.2~35.2mm	大寨沟：8.1~14.7mm
实验法	—	20.3~23.7mm	8.7~9.8mm

表 7-8 所列方法中，灾害实例调查法是针对已经发生的泥石流灾害进行的分析；频率法在建模时采用的数据是已经造成灾害的泥石流或冲出沟谷的泥石流的数据；启动机理模型方法考虑的是沟道物质在清水冲刷下，启动形成泥石流，但成灾可能性较小；实验法考虑的是沟床岸坡物质在降雨作用下，土体液化产生泥石流并进入沟道，所引发的泥石流不一定能成灾。

因此，确定以实验法所确定临界雨量作为泥石流临界雨量，在此情况下，有可能在沟道内发生小规模泥石流；启动机理模型法所确定的雨量阈值作为警戒雨量；灾害实例调查法确定的是泥石流时间的激发雨量；频率法则给出了暴发泥石流事件的雨量区间，以略小于历史灾害分析法的频率法计算雨量数据作为紧急撤离雨量阈值。

同时考虑无工程情况下（表 7-9）和有工程情况下的预警阈值（表 7-10）。在有工程情况下，需要计算泥石流峰值流量（假定拦挡库为满库），进而计算泥石流通过每座拦挡坝的峰值流量削减，再根据削减情况计算出临界雨量值。

表 7-9　考虑无工程情况下大寨沟泥石流监测预警雨量值

沟道名称	等级	1h 临界雨量	10min 临界雨量
大寨沟	临界雨量	20.3	8.7
	警戒雨量	23.5	9.5
	紧急撤离雨量	25.8	11

表 7-10　考虑有工程情况下大寨沟泥石流监测预警雨量值

沟道名称	等级	1h 临界雨量	10min 临界雨量
大寨沟	临界雨量	20.3	8.7
	警戒雨量	38.4	15.1
	紧急撤离雨量	45.9	17.6

7.2.2.4　泥石流的实时监测预警系统

1)站点总体布设

根据本书第 6.2.1 雨量监测站布设原则及标准,按照海拔梯度及大寨沟实际情况分别在大寨乡车坪小学楼顶、大寨乡官村、大寨乡官村青枫林铜厂沟 2 号桥布设雨量监测站 3 个;在大寨沟中下游区域大寨乡落吉村铜厂沟 1 号桥、大寨乡官村青枫林铜厂沟 2 号桥布设泥位监测站 2 个;大寨乡官村青枫林铜厂沟 2 号桥左岸坡地布设孔隙水压力及含水量监测站 1 个;在大寨沟沟口附近大寨乡落吉村铜厂沟 1 号桥布设振动监测站 1 个,站点统计见表 7-11。

表 7-11　大寨沟监测站点统计表

电站	沟名	雨量监测站	泥位监测站	孔隙水压力及含水量监测站	振动监测站	合计
白鹤滩	大寨沟	3	2	1	1	7

2)详细站点分布

(1)雨量监测站。大寨沟雨量监测站建立在流域上游泥石流清水区与形成区,采集参数为泥石流沟中上游降雨量。自动雨量站主要设备包括:雨量传感器、数据采集终端、数据传输设备(根据现场情况选择 GPRS 和北斗双通道通信)、供电设备(根据现场情况选择太阳能供电)。大寨沟 3 个雨量监测站具体分布见表 7-12。

表 7-12　大寨沟雨量站点分布表

站点名称	流域	安装地点	布设依据	编号	数量	经纬度及高程
自动雨量站	大寨沟	大寨乡车坪小学楼顶	通信条件好;有人值守;体现降雨梯度特征;交通便利	DA-Y-01	1	H 2004m
						N 27°15′16.8″
						E 102°55′43.4″
		大寨乡官村	通信条件好;有人值守;体现降雨梯度特征;交通便利	DA-Y-02	1	H 1791m
						N 27°13′17.2″
						E 102°56′37.2″
		大寨乡官村青枫林铜厂沟 2 号桥	通信条件好;有人值守;体现降雨梯度特征;交通便利	DA-Y-03	1	H 1387m
						N 27°13′42.1″
						E 102°56′6.4″

(2)土体孔隙水压力、含水量监测站。大寨沟土体孔隙水压力、含水量监测站点建立在流域中游青枫林的泥石流物源区,采集参数为土体孔隙水压力及含水量。孔压含水观测站主要设备包括:孔隙水压力传感器、含水量传感器、数据采集终端、数据传输设备(根据现场情况选择 GPRS 和北斗双通道通信)、供电设备(根据现场情况选择太阳能供电)。大寨沟土体孔隙水压力、含水量监测站位置见表 7-13。

表 7-13　大寨沟孔隙水压力、含水量监测站位置表

站点名称	流域	安装地点	布设依据	编号	数量	经纬度及高程
孔压及含水监测站	大寨沟	大寨乡官村青枫林铜厂沟 2 号桥左岸坡地	通信条件好;有人值守;流域中下游物源区域	DA-K-01	1	H 1387m
						N 27°13′42.1″
						E 102°56′6.4″

(3)泥位监测站。大寨沟泥位监测站建立在流域中游泥石流流通区,采集参数为泥位。泥位站主要设备包括:水(泥)位传感器、数据采集终端、数据传输设备(根据现场情况选择 GPRS 和北斗双通道通信)、供电设备(根据现场情况选择太阳能供电)。大寨沟 2个泥位监测站具体分布见表 7-14。

表 7-14　大寨沟泥位站点分布表

站点名称	流域	安装地点	布设依据	编号	数量	经纬度及高程
自动泥位站	大寨沟	大寨乡落吉村铜厂沟 1号桥	通信条件好;有人值守;流域中游区域;桥梁断面便于监测	DA-N-01	1	H 1612m
						N 27°14′13.2″
						E 102°56′49.2″
		大寨乡官村青枫林铜厂沟 2号桥	通信条件好;有人值守;流域中下游区域;桥梁断面便于监测	DA-N-02	1	H 1387m
						N 27°13′42.1″
						E 102°56′6.4″

(4)振动监测站。大寨沟振动监测站建立在流域中游泥石流流通区,采集参数为振动位移量。振动监测站主要设备包括:振动传感器、振动数据采集终端、数据传输设备(根据现场情况选择 GPRS 和北斗双通道通信)、供电设备(根据现场情况选择太阳能供电)。大寨沟 1个振动监测站位置见表 7-15。

表 7-15　大寨沟振动监测站位置表

站点名称	流域	安装地点	布设依据	编号	数量	经纬度及高程
振动监测站	大寨沟	大寨乡落吉村铜厂沟 1号桥	通信条件好;有人值守;结合泥位站综合监测	DA-Z-01	1	H 1612m
						N 27°14′13.2″
						E 102°56′49.2″

3）数据中心

数据中心建设包括硬件平台建设及软件平台建设（具体见本书 6.4 节）。

7.2.2.5　泥石流监测预警成效

2015 年 7 月 15 日凌晨，大寨沟流域发生了一次大规模的降雨。位于该区域的泥石流雨量监测站显示，当天的最大日降雨量已达到 99mm（7 月 14 日 8 时～7 月 15 日 8 时，铜厂沟 2 号桥雨量监测站）（图 7-11），达到大暴雨级别，受此次强降雨影响，大寨沟流域内发生了泥石流灾害。大寨沟监测预警系统当天凌晨 0:26 开始陆续发出了多个泥石流灾害预警短信，大寨沟流域在当天实行了交通管制，危险区内所有施工人员及村民撤离至安全区域。由于预警及时，没有造成人员伤亡（图 7-12）。

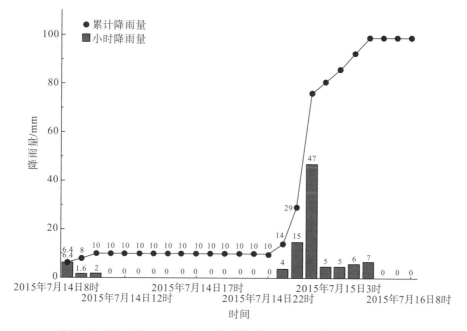

图 7-11　铜厂沟 2 号桥泥位站监测数据（2015 年 7 月 14 日～15 日）

图 7-12 2015 年 7 月 15 日大寨沟泥石流现场照片

7.2.3 某水电站泥石流监测预警系统实践

7.2.3.1 背景介绍

某水电站位于四川省甘孜州九龙县境内,属于横断山区,气候、植被垂直分布明显,高山、峡谷、河流相间分布,生态脆弱;地处第一级阶梯与第二级阶梯过渡地带,是中国水力资源最为丰富的地区之一。该水电站沿岸为"V"形河谷,沟谷两侧有大量不稳定物源,存在发生泥石流、滑坡、崩塌等地质灾害的可能性,考虑到"5·12"汶川大地震及"8·30"攀枝花地震对该地区的影响,为避免和减轻地质灾害造成的重大损失,维护电站辖区人民生命财产安全,需要对可能发生泥石流、滑坡、崩塌等地质灾害的部位重新进行泥石流监测预警工作。

7.2.3.2 泥石流监测预警系统建设

选择对电站建设有威胁的岱家沟、苏家沟、挖金沟三条泥石流沟实现泥石流灾害的监测预警。①苏家沟:流域面积 7.06km²,威胁在堆积区范围内的业主营地和当地村民。②岱家沟:流域面积 3.62km²,威胁正在修建的某电站闸坝及导流明渠。③挖金沟:流域面积 66.67km²,沟口为正在使用的某电站弃渣场及村民安置房。④业主营地:营地位于苏家沟沟口右侧,存在泥石流隐患。业主营地是本次监测预警方案的数据汇集中心及报警中心。

本系统主要内容包括三个部分:数据采集系统(雨量数据采集、泥位数据采集、视频数据采集、振动数据采集)、数据传输系统(无线网桥通信、ADSL/光纤、GPRS)、数据汇集平台(汇集平台硬件系统、汇集平台软件系统),如图 7-13 所示。

1)数据采集系统

将现场的雨量和泥位、视频、振动等参数进行数据采集处理,数据采集系统由雨量监测站、泥位监测点、振动监测站点、视频监测站点组成,具体如表 7-16 所示。

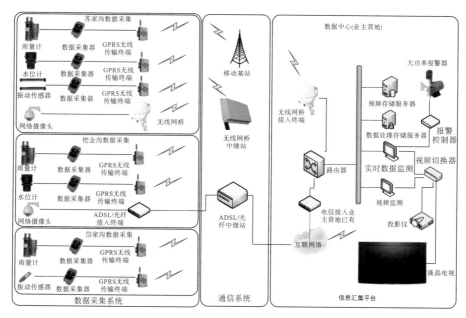

图 7-13　泥石流预警系统总体框架图

表 7-16　示范区监测站点统计表

沟名	雨量监测站	泥位监测站	视频监测站	振动监测站	合计
苏家沟	2	1	1	1	5
岱家沟	1			1	2
挖金沟	2	1	2		5
合计	5	2	3	2	12

（1）雨量监测站点。在苏家沟监测点设立雨量采集点 2 个；岱家沟监测点设置雨量采集点 1 个；挖金沟监测点设置雨量采集点 2 个；共设立雨量采集站点 5 个。

根据以上相关泥石流沟的临界雨量的平均值、《四川省山洪防治规划》临界雨量等值线图查阅的数据和区域内泥石流沟集雨区所处的海拔，可以推算出 4 条泥石流沟流域的泥石流临界雨量，推算结果如表 7-17 所示。

表 7-17　重点调查泥石流流域临界雨量表

沟名	集雨区海拔 /m	24 小时临界雨量 /mm	6 小时临界雨量 /mm	3 小时临界雨量 /mm	1 小时临界雨量 /mm	10 分钟临界雨量 /mm
岱家沟	1900~3100	20.1	13.1	9.5	7	5.5
苏家沟	1900~3060	20.0	13.0	9.2	7	5.4
挖金沟	1980~3600	25.0	16.0	12	9	7
观音沟	2010~3090	21.0	15.0	11	8	6

根据《崩塌、滑坡、泥石流监测规范（DZ/T0221—2006）》中降雨强度计算方法计算得出：苏家沟降雨强度指标临界值 $R=3.70$；岱家沟降雨强度指标临界值 $R=3.73$；挖金沟降雨强度指标临界值 $R=3.84$。当 $R<$ 临界指标时，为安全雨情；当 $R>$ 临界指标时，为临界雨情；当 $R>4.5$ 时，为泥石流警报雨情；当 $R>10$ 时，为泥石流成灾警报雨情。

（2）泥位监测站点。在苏家沟、挖金沟各设置泥位监测点 1 个。调查各沟不同断面的泥石流洪痕，计算各断面不同频率下泥石流的泥位深度以及泥石流的危险区分区，具体成果见表 7-18。

表 7-18　泥位站点警戒泥位表

沟名	断面编号	断面海拔/m	不同频率警戒预报泥位/m			
			1%	2%	5%	10%
苏家沟	1—1′	1762	2.55	2.10	1.67	1.28
挖金沟	1—1′	1626	4.95	3.93	2.99	2.39

（3）视频监测站点。在苏家沟中上游区域安装视频摄像头 1 个，采用无线局域网传输（WLAN），无线网桥 2 跳，加一个中继点。在挖金沟下游区域安装视频摄像头 2 个，采用电信光纤传输视频信号。数据通信采用如下两种方式：①IP 摄像头＋无线网桥传输模块方式；②IP 摄像头＋ADSL/光纤的方式。

（4）振动监测站点。泥石流振动波的频率比较固定，一般都在 100Hz 左右，对泥石流暴发时产生的振动波进行测量，可以提高报警精度，有效减少误报漏报，因此在岱家沟和苏家沟沟口各建立振动监测点 1 个。

2）数据传输系统

泥石流灾害监测预警系统将采用有线和无线相结合的通信方式，结合现场勘查的实际情况，采用 GPRS、WLAN、电信数字光纤等通信方式，将岱家沟、苏家沟、挖金沟等视频信号和数据信息传送到水电站业主营地的数据中心，苏家沟的视频信号采用 5.8G 无线网桥接入技术为主要通信手段；挖金沟、岱家沟将采用包含光纤传输（利用电信传输网）及公网的 GPRS 等通信手段。

3）数据汇集平台

通过现场数据采集及通信设备将数据传输至汇集平台，汇集平台包括汇集平台硬件系统和汇集平台软件系统两个部分。

7.2.3.3　泥石流监测预警成效

2010 年 7 月 13 日区域内因持续强降雨，在九龙县烟袋乡烟袋村发生泥石流灾害，造成 8 人死亡，发生地点位于挖金沟监测站的监测区域内，挖金沟沟口雨量监测站 24h 降雨 43mm，1h 雨量最高达到 8.5mm，挖金沟中上游雨量监测站 24h 降雨高达 56.5mm，达到了暴雨级别，1h 雨量最大为 11mm。区域内 24h 内连续降雨，中上游区域降雨明显高于下游区域降雨，中上游区域 1h 降雨量达到了预警值，在挖金沟沟口发生一定规模泥石流，并堆积到沟口，电站工作及施工人员在接到预警信息后，按照预案有序撤离及避让，未造成人员伤亡。处于挖金沟下游位置的烟袋村由于未及时收到预警信息导致人员伤亡。具体降雨量见图 7-14、图 7-15 和图 7-16。

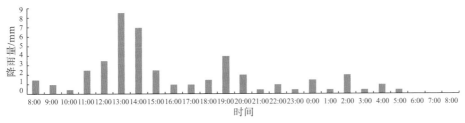

图 7-14　挖金沟沟口雨量监测站小时降雨量柱状图

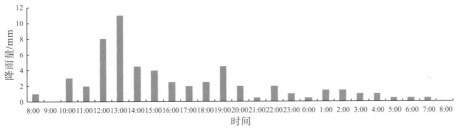

图 7-15　挖金沟中上游雨量监测站小时降雨量柱状图

图 7-16　强降雨后挖金沟流域发生泥石流

7.3　冰湖、堰塞湖灾害监测预警实例

7.3.1　冰湖监测预警实例

7.3.1.1　光谢错冰湖概况

1)基本情况

(1)自然地理条件。米堆沟流域位于 N29°23′18″~29°32′10″，E96°27′45″~96°35′05″。东距然乌 22km，西离波密县城 94km，属帕隆藏布上游左侧的一条支沟。流域发源于岗日嘎布山脉，向北于川藏公路 84 道班处汇入帕隆藏布。米堆沟流域面积 117.5km²，流域形态呈葫芦状。流域上游海拔 3800m 以上为冰川及永久积雪区；中下游山坡基岩裸露，寒冻风化极为强烈，局部地段森林植被发育良好，可见针阔叶林混杂，牧草茂密。流域源头最高点高程 6595m，沟口高程 3595m，相对高差达 3000m，主沟道平均纵比降

63.5‰，山坡平均坡度 33°，沿主沟床两侧宽坦地段为农耕地和藏民村落。

（2）地质地貌条件。米堆沟属于念青唐古拉山脉东南缘，由于新构造运动强烈，地震活动频繁，致使流域内地质构造复杂多样，岩体裂隙与解理均很发育。区内山高谷深坡陡，重力作用尤为突出，不良地质现象如滑坡崩塌等比比皆是。流域内主要岩性是泥盆系（D_{2-3}）的致密灰岩夹玄武岩，以及板岩、片岩等，源头部冰雪覆盖区则是燕山期花岗岩体（γ_5）。米堆沟是古冰川作用过的山谷，沟谷两侧广泛分布着古冰碛台地、洪积物质（支谷口堆积）和残坡堆积物，冰川区冰舌表面、两侧和前缘分别发育表碛、侧碛堤和终碛堤。这些堆积物质，具有一定胶结程度，较为松散混杂，颗粒组成大小不一，从黏粒至数米巨砾均有，磨圆度较差，堆积体无层理构造。米堆沟全流域内碎屑物质储备相当丰富，仅可移方量约 6.6 亿 m³。

（3）光谢错的形成。光谢错是形成于近 500 年来小冰期中的终碛湖，湖长 680m，平均宽 400m，平均水深 10.2m，阻湖的终碛堤高 45m，长 320m，顶宽 30~80m（图 7-17）。堤顶中、西两个溢流口标高 3818m，由黏粒到卵石混杂组成，细颗粒占 80%（图 7-17、图 7-18、表 7-19）。冰湖通过终碛堤常年渗流，并在中段及西端有溢流口，溢流水头最高约 0.5m。

光谢错全景图

侧碛体

溃口入流口

溃口出流口

图 7-17　米堆光谢错 2009 年 8 月 4 日现场照片

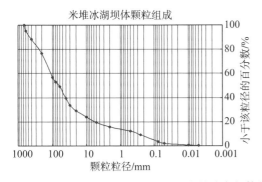
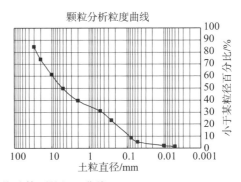

图 7-18　米堆冰湖坝体与终碛体颗粒级配曲线

表 7-19　米堆冰湖坝体全颗分

序号 尺寸	0	1	2	3	4	5	6	7	8	9	10	11	12
岩性	花岗岩	土体	花岗岩	土体	土体	土体	土体	板岩	土体	土体	板岩	土体	土体
长/cm	49	/	19	/	/	/	/	48	/	/	13	/	/
宽/cm	21		18					24			7		
高/cm	11		8					11			4		
	13	14	15	16	17	18	19	20	21	22	23	24	25
岩性	土体	土体	花岗岩	土体	土体	土体	土体	土体	花岗岩	板岩	花岗岩	土体	花岗岩
长/cm	/	/	9	/	/	/	/	/	36	9	66	/	18
宽/cm	/	/	7	/	/	/	/	/	21	8	30	/	12
高/cm	/	/	3	/	/	/	/	/	14	5	26	/	9
	26	27	28	29	30	31	32	33	34	35	36	37	38
岩性	辉绿岩	土体	土体	土体	花岗岩	板岩	花岗岩	土体	花岗岩	板岩	板岩	花岗岩	土体
长/cm	14	/	/	/	48	13	20	/	15	65	50	65	/
宽/cm	10	/	/	/	28	9	11	/	10	27	40	34	/
高/cm	7	/	/	/	20	8	11	/	7	26	28	30	/

2)光谢错溃决的成因

冰湖溃决的主要原因是 20 世纪 80 年代米堆沟流域内气候异常。1980~1988 年，出现 1982 年、1985 年、1987 年和 1988 年四个丰水年，比丰枯正常频率高 11%，由于冷储大大增加，冰川持续前进。1987 年 8 月~1988 年 7 月，溃决前的年降雨量 1287mm，比年均降雨量 846mm 多 441mm。气温在冬春两季偏低，在雨季增高。水热的年内变化异常罕见，冰舌因升温膨胀而向冰湖推进，导致湖水位不断上升，北岸终碛堤的安全系数大大降低。1988 年 5~7 月，降雨量比同期正常降雨量增加了 41%，冰川融水量增多，出现近 40 年来最高水位 3818m。尽管湖口、决口同时泄水，但湖水位仍居高不降，溃决在即。

冰湖溃决的近因是持续的高温和冰川融水的潜蚀作用。1988 年 6 月 27 日最高气温达 30.1℃，接近多年的瞬时最高气温。同年 7 月 15 日冰湖溃决前夕连续多日高温，日均温度达 16.0～19.8℃。大量冰川融水沿贡扎主冰川冰舌的网状裂隙下渗，由此冰舌承受很大的浮力和渗透压力。底床摩阻力减小，冰舌平衡遭破坏。冰舌前缘碎裂成块，并陆续倾入冰湖内，这是冰湖溃决的前兆。冰碛堤内的埋藏冰因气温和水温均升高而加剧融化，融水大量下渗，物质较疏松的决口处遭潜蚀而迅速发展成管涌，以致破坏。

3）冰湖溃决灾害

1988 年 7 月光谢错冰湖溃决，溃口断面为倒梯形，上宽 35.6m，下宽 8m，深 17.4m，最大溃决流量 1538m³/s，溃决洪水沿沟下泄，冲挟两岸古冰碛物，演变为容重约 1.53t/m³ 的稀性泥石流，泥石流席卷了沟内的村落、农田，堵塞帕隆藏布后瞬间溃决，巨大的洪流夹杂大量砂、泥、石块奔腾而下，洪流强烈侵蚀下游河岸，致使川藏公路多处被毁，从 84 道班至波密县城（94 道班）段内，路基全毁路段 21.57km，路基部分被毁路段 7km。此外，水流侵蚀诱发已渐趋稳定的公路边坡——流砂坡的重新活动，时有滚石和砂体滑动危害公路。从此 84—86 道班这段拉开了山地灾害的序幕，每年公路部门都需投入大量资金对这段公路进行整治改造。

4）光谢错冰湖面积、储水量及其变化情况

通过对光谢错冰湖的地形图和不同时期遥感影像分析发现，1988 年 11 月，即冰湖溃决后 3 个月，冰湖一分为二，且不相通，其面积相较于 1980 年减少了 8.41 万 m²，减少的比例为 1980 年时冰湖面积的 26.9%。1988～2001 年，冰湖面积仍处于减少之中，减少量为 2.37 万 m²，减少的比例为 1988 年冰湖面积的 10.36%。但 2001～2010 年，冰湖则不断扩张。2001～2007 年，面积增加 1.66 万 m²，年平均增长率为 1.35%；2007～2009 年，面积增加 0.4 万 m²，年平均增长率为 0.89%；2009～2010 年，面积增加 0.9 万 m²，年平均增长率为 4.00%。该湖南部与冰川相连，2001～2010 年冰湖面积的年平均增长率为 1.61%，扩张区域不断向冰川存在位置发展，指示冰川处于后退之中。

同时研究发现，从 1980 年至 1988 年溃决前，储水量增加 163.5 万 m³，占 1980 年储水量的 30.5%；在 1988 年溃决前后，储水量减少 601.83 万 m³，占溃决前储水量的 86.1%；从 1988 年溃决后至 2001 年，储水量继续减少，减少量为 8.65 万 m³，占 1988 年溃决后的 8.9%；而 2001～2010 年，冰湖储水量处于不断增加之中。2001～2007 年，储水量增加 16.12 万 m³，占 2001 年的 18.3%，年均增长 2.69 万 m³；2007～2009 年，储水量增加 2.07 万 m³，占 2007 年的 2.0%，年均增长 1.04 万 m³；2009～2010 年，储水量增加 6.32 万 m³，占 2009 年的 5.9%。整个 2001～2010 年期间，储水量增加 24.56 万 m³，年均增长 2.73 万 m³。

通过上述分析，并结合近期的实地调查，光谢错冰湖在雨水、冰雪融水掏蚀、地震和雪崩作用下，再次堵塞缺口成湖的可能性依然存在。尤其近年来，冰湖有继续扩大的危险性，而且更具有堵江的可能性，因此对光谢错实时雨量、温度与湖面水位的监测预警是十分必要的。

7.3.1.2 监测预警方案

1) 工作总体方案

光谢错监测预警工程总体架构从下到上共分为三个部分，第一部分现场监测系统，主要任务是将现场的雨量、水位、温度等数据进行采集处理；第二部分通信系统，其功能是通过有效的通信方式将现场数据传回；第三部分灾害预警指挥平台，其功能是通过对现场数据进行分析，对灾害的发生做出预警，并且指挥调度救灾抢险。

2) 主要技术指标与平台

(1) 自动雨量温度监测站点技术指标。雨量温度站要求准确反映雨量温度信息，所采用的雨量温度等传感器应是经水文气象部门批准使用的产品。使用雨量/气温自动监测站用于野外环境的降雨和气温自动监测，其具有数据智能采集、长期固态存储和远距离传输功能，可通过无线实现近距离显示、人工置数及设备配置。现场设备应具有体积小、安装灵活方便、操作简单、技术先进、功能齐全、运行稳定可靠、成本低廉等特点。

(2) 冰湖水位监测站点技术指标。冰湖水位站要求准确反映冰湖水位涨落信息，所采用的水位监测设备是水文气象部门批准使用的产品。冰湖水位自动监测站用于野外环境的水位的自动监测，其具有数据定时智能采集、长期固态存储和 GPRS/GSM 远距离传输功能。现场设备应具有体积小、安装灵活方便、操作简单、技术先进、功能齐全、运行稳定可靠、成本低廉等特点。

3) 数据中心平台

经过现场测试，采用 GPRS 无线数据通信系统进行雨量站点数据传输，采用宽带光纤传输视频数据。整个解决方案包括现场数据监控和视频监控两大部分，具体如下。

(1) 现场数据监控。方案概述：现场信息只需机器自动采集并传输，对带宽要求较低。采用移动数据卡将读取的信息通过 EDGE/GPRS 网络传送到后台监控平台，让监控人员无须到达现场就能够及时了解雨量情况。

(2) 视频监控。视频监控包括前端摄像机、传输线缆、视频监控平台。摄像机可分为网络数字摄像机和模拟摄像机，可作为前端视频图像信号的采集，对图像进行自动识别、存储和自动报警。视频数据通过 3G/4G/Wi-Fi/光纤等通信方式将图像传回控制中心，控制中心可对图像进行实时观看、录入、回放、调出及储存等操作。

4) 监测预警平台

整个监测预警平台硬件系统共分为三个部分。

(1) 第一部分机房硬件设备，主要包括服务器、网络设备、短信报警设备、电源设备、机柜等。机房硬件系统的位置分布。机房硬件设备主要是各种数据处理服务器、网络设备、通信设备、无线接入设备等。机房硬件设备包括：数据处理服务器、Web 发布服务器、数据存储服务器、GIS 数据服务器、网络设备(包括汇聚交换机、路由器等)、电源系统均为机架式设备，安装放置在标准 19 英寸机柜中。

(2)第二部分监测室设备，主要包括控制台、监视计算机、打印机、传真机等。监测室硬件系统的位置分布。监测室是工作人员通过 Web 浏览器对现场水、雨情进行实时监测，对预警信息进行确认，另外对现场水情视频数据进行监测，对机房网络系统进行管理，对整个预警指挥系统进行管理。监测室硬件设备包括：传真机、打印机(报表打印)和监测设备(包括视频监测、水雨情监测、防汛管理)。所有设备均放置在控制柜中。

(3)第三部分会商室设备，主要包括显示终端 60 英寸单元、音箱控制器、音箱、话筒等。会商室硬件系统的位置分布。会商室硬件设备包括：显示终端 60 英寸单元、控制终端、电缆等附件、机柜、音箱、音频控制和话筒等。显示终端 60 英寸单元安装于会商室正中墙壁上，其他设备放置于会商室标准 19 英寸机柜中。

7.3.1.3 监测数据与效果(图 7-19、表 7-20、表 7-21)

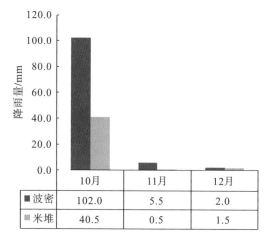

	10月	11月	12月
■ 波密	102.0	5.5	2.0
■ 米堆	40.5	0.5	1.5

图 7-19　波密县米堆降雨量(2013 年 10 月～12 月)

表 7-20　光谢错冰湖水位数据

站号	参数名称	行政区	水位值/m	变化量	采集时间	接收时间
01270001	冰湖水位	波密县	0.11	0.0030	2013－10－31 07：00：03	2013－10－31 08：14：10
01270001	冰湖水位	波密县	0.11	－0.0040	2013－10－31 01：00：02	2013－10－31 02：14：10
01270001	冰湖水位	波密县	0.11	－0.018	2013－10－30 19：00：06	2013－10－30 20：14：10
01270001	冰湖水位	波密县	0.13	0.0010	2013－10－30 13：00：12	2013－10－30 14：14：11
01270001	冰湖水位	波密县	0.13	－0.0070	2013－10－29 19：00：04	2013－10－29 20：14：15
01270001	冰湖水位	波密县	0.13	0.014	2013－10－29 13：00：19	2013－10－29 14：14：14
01270001	冰湖水位	波密县	0.12	－0.022	2013－10－28 19：00：05	2013－10－28 20：14：09
01270001	冰湖水位	波密县	0.14	0.024	2013－10－28 13：00：04	2013－10－28 14：14：09
01270001	冰湖水位	波密县	0.12	－0.0050	2013－10－28 07：00：06	2013－10－28 08：14：08
01270001	冰湖水位	波密县	0.12	－0.014	2013－10－28 01：00：05	2013－10－28 02：15：43

续表

站号	参数名称	行政区	水位值/m	变化量	采集时间	接收时间
01270001	冰湖水位	波密县	0.12	0.0	2013−10−28 01：00：05	2013−10−28 02：15：43
01270001	冰湖水位	波密县	0.12	0.0	2013−10−28 01：00：05	2013−10−28 02：15：43
01270001	冰湖水位	波密县	0.14	−0.045	2013−10−27 19：00：06	2013−10−27 20：13：41
01270001	冰湖水位	波密县	0.18	0.076	2013−10−27 13：00：07	2013−10−27 14：13：42
01270001	冰湖水位	波密县	0.11	−0.0020	2013−10−27 07：00：02	2013−10−27 08：13：41
01270001	冰湖水位	波密县	0.11	−0.024	2013−10−27 01：00：12	2013−10−27 02：13：49
01270001	冰湖水位	波密县	0.13	−0.04	2013−10−26 19：00：07	2013−10−26 20：13：41
01270001	冰湖水位	波密县	0.17	0.048	2013−10−26 13：00：10	2013−10−26 14：13：41
01270001	冰湖水位	波密县	0.12	−0.053	2013−10−25 19：00：11	2013−10−25 20：13：48
01270001	冰湖水位	波密县	0.18	0.056	2013−10−25 13：00：23	2013−10−25 14：13：47
01270001	冰湖水位	波密县	0.12	−0.043	2013−10−24 19：00：04	2013−10−24 20：13：39
01270001	冰湖水位	波密县	0.16	0.068	2013−10−24 13：00：13	2013−10−24 14：13：45
01270001	冰湖水位	波密县	0.10	−0.0070	2013−10−24 07：00：23	2013−10−24 08：13：40
01270001	冰湖水位	波密县	0.10	−0.019	2013−10−24 01：00：03	2013−10−24 02：13：40
01270001	冰湖水位	波密县	0.12	−0.059	2013−10−23 19：00：06	2013−10−23 20：13：39
01270001	冰湖水位	波密县	0.18	0.02	2013−10−23 13：00：13	2013−10−23 14：13：41
01270001	冰湖水位	波密县	0.16	0.013	2013−10−22 13：00：23	2013−10−22 14：13：39
01270001	冰湖水位	波密县	0.15	0.013	2013−10−22 12：00：03	2013−10−22 12：14：19

表 7-21　波密县米堆沟气温数据

站名	参数名称	行政区	气温/℃	变化量	采集时间
米堆沟	气温	波密县	6.0	0.932	2013−06−01 08：00：02
米堆沟	气温	波密县	6.0	0.0	2013−06−01 08：00：02
米堆沟	气温	波密县	7.4	1.435	2013−06−01 09：00：04
米堆沟	气温	波密县	7.4	0.0	2013−06−01 09：00：04
米堆沟	气温	波密县	9.8	2.342	2013−06−01 10：00：03
米堆沟	气温	波密县	9.8	0.0	2013−06−01 10：00：03
米堆沟	气温	波密县	11.0	1.24	2013−06−01 11：00：04
米堆沟	气温	波密县	11.0	0.0	2013−06−01 11：00：04
米堆沟	气温	波密县	11.0	0.0	2013−06−01 11：00：04
米堆沟	气温	波密县	13.3	2.254	2013−06−01 12：00：09
米堆沟	气温	波密县	13.3	0.0	2013−06−01 12：00：09

站名	参数名称	行政区	气温/℃	变化量	采集时间
米堆沟	气温	波密县	13.3	0.0	2013-06-01 12:00:09
米堆沟	气温	波密县	14.0	0.695	2013-06-01 13:00:17
米堆沟	气温	波密县	14.0	0.0	2013-06-01 13:00:17
米堆沟	气温	波密县	14.1	0.101	2013-06-01 14:00:07
米堆沟	气温	波密县	14.1	0.0	2013-06-01 14:00:07
米堆沟	气温	波密县	15.2	1.119	2013-06-01 15:00:11
米堆沟	气温	波密县	15.2	0.0	2013-06-01 15:00:11
米堆沟	气温	波密县	15.8	0.669	2013-06-01 16:00:04
米堆沟	气温	波密县	15.8	0.0	2013-06-01 16:00:04
米堆沟	气温	波密县	15.8	0.0	2013-06-01 16:00:04

7.3.2 堰塞湖监测预警实例

7.3.2.1 西藏易贡湖概况

1）易贡滑坡堰塞坝形成背景条件

（1）地形地貌。该区在地貌上属于高山峡谷区。冰蚀地貌发育，在角峰和连绵的刃脊下展布着多个冰斗。扎木弄沟源头以上的纳雍噶波主峰海拔为6388m，易贡湖湖面海拔仅为2200m，总高差达4188m，但水平距离仅15km，平均坡度达27.98‰，从而为山体崩塌创造了临空崩落的高差，继而有条件获得巨大的动能激发高速远程滑坡。扎木弄沟谷坡被冰雪融水和降水冲蚀得很陡，谷底呈典型的"V"字形，沟谷被切割得极深，使地形比高进一步加大，沟床的平均纵坡降达到20‰以上。

（2）地质构造与地层岩性。易贡藏布及帕隆藏布江水系发育与展布方向受一级构造的控制，扎木弄沟则主要受次一级构造的影响（刘伟，2006）。此区域的一级构造主要指印度板块持续向北推挤，造成易贡藏布及帕隆藏布皆沿深大断裂带呈近NE-SW向展布，该构造作用导致该区域出现持续不均匀抬升。次一级构造则指鲁朗—易贡走滑断裂，在该断裂的剪切作用下，位于扎木弄沟源头的花岗岩体，其内部节理裂隙非常发育，破裂面产状分别为：328°∠46.5°、180°∠48°、228°∠59°（山顶一带），64°∠32°、174°∠61°、120°∠74°、284°∠72°（沟谷内），使沟谷两侧普遍坚硬的地层及花岗岩体的完整性受到破坏，以致沿扎木弄沟源头多次发生巨型山体崩塌—滑坡，这种直接受到大区域构造乃至全球构造控制的滑坡是其他地区很难见到的。

地震作为新构造运动的表现方式之一，可作为外力直接诱发滑坡发生，也可使岩体松散，含水量增加，从而增大了坡体堆积的下滑力并减小抗滑力。研究区及其周围地区基本上可分为3个地震密集带：通天河上游、林芝—通麦、大理—昆明。扎木弄沟位于林芝—通麦地震带的中部偏西，频繁的地震活动对扎木弄沟滑坡的发育和发生也起了重要作用。

该区山体的主峰主要为花岗岩，如扎木弄沟源头的角峰和刃脊主体。这些花岗岩体沿易贡藏布及帕隆藏布断裂带侵入，侵入的时代较新，黑云母花岗岩、黑云母二长花岗岩等均未受到后期变质改造，总体岩性非常坚硬，具有很高的抗拉、抗剪强度，十分耐风化(刘伟，2006)。该区出露的其他地层不论其厚度大小，皆致密坚硬，组成冈底斯岩群与石炭系旁多群纳错组地层的岩石均具有较好的层状结构，层面之间无显著的软弱结构面，地层产状变化较大，扎木弄沟西侧的铁山一带，板岩的产状为230°∠72°，地形坡度与地层产状基本一致，即使地形坡度达30°～70°，已形成的高角度岩石边坡自身仍十分稳定。

(3)水文气象条件。由于受到雅鲁藏布大峡谷与近南北向的伯舒拉岭对印度洋暖湿气流的引导，在易贡地区形成了一个向北凸出的舌状多雨带，丰富的降雨和特殊的高山地形，在此形成了我国罕见的海洋型山谷冰川，并成为高原上一个巨大的现代冰川发育中心。此外，易贡湖区年降雨量为960.5mm，远大于西藏其他地区的年降雨量，而且该区降雨垂直递增梯度较大。据以往对加马其美沟大桥西雨量点及102道班雨量点的观测对比，该区降雨垂直递增梯度达66.2mm/100m。易贡雨量点按2220m高程计算，扎木弄沟以北的山顶高度为5300m，高差为3100m，则山顶的年降雨量可达3012.7mm。

据波密气象站资料(吕杰堂等，2003)，1995年开始，该地区连续几年降雨量偏大，尤其是1995年、1996年和1998年波密地区降雨量较大(1130.0mm、1108.2mm、1068.4mm)。从2000年3月20日起，气温开始升高，3、4月份平均气温接近年平均气温。滑坡发生前后，该地区持续降雨，2000年4月1日至4月9日，累计降雨量为42.9mm。

2)易贡湖的形成与灾害

2000年4月9日发生在西藏高原的易贡巨型山体崩塌滑坡，所形成的堆积物分布于扎木弄沟口至沟对面的古堆积垅上，平面上呈不规则扇形，堆积物总量约为3亿m³，完全掩埋了易贡藏布河道，其掩埋深度约为100m，形成堰塞坝之后致使易贡湖水位持续上涨62天，拦蓄水量约30亿m³；湖水于6月8日经人工引水渠道开始泄流，10日晚溃坝泄洪，最大暴泄流量12.2万m³/s；伴随着特殊洪水的形成和发生，造成了湖区及沿江两岸多方面的次生灾害。扎木弄巴沟原本垂直于河道，阻塞后沟道在冲积物的作用下改道(图7-20、表7-22和图7-21)。

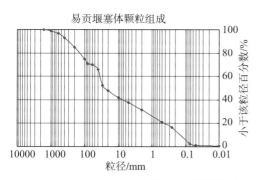
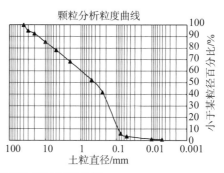

图 7-20　易贡堰塞体与沟口堆积物颗粒级配曲线

表 7-22　易贡湖堰塞体全颗分

序号\尺寸	0	1	2	3	4	5	6	7	8	9	10	11	12
岩性	花变	土体	土体	土体	土体	花变	土体	灰变	土体	土体	土体	土体	土体
长/cm	13	/	/	/	/	80	/	6	/	/	/	/	/
宽/cm	11	/	/	/	/	50	/	4	/	/	/	/	/
高/cm	9	/	/	/	/	30	/	4	/	/	/	/	/

序号	13	14	15	16	17	18	19	20	21	22	23	24	25
岩性	土体	土体	土体	土体	灰变	土体	土体	土体	土体	土体	土体	土体	土体
长/cm	/	/	/	/	12	/	/	/	/	/	/	/	/
宽/cm	/	/	/	/	10	/	/	/	/	/	/	/	/
高/cm	/	/	/	/	8	/	/	/	/	/	/	/	/

序号	26	27		29	30	31	32	33	34	35	36	37	38
岩性	土体	土体	土体	土体	土体	土体	土体	土体	土体	土体	灰变	土体	灰变
长/cm	/	/	/	/	/	/	/	/	/	/	13	/	18
宽/cm	/	/	/	/	/	/	/	/	/	/	8	/	12
高/cm	/	/	/	/	/	/	/	/	/	/	7	/	10

序号	39	40	41	42	43	44	45	46	47	48	49	50
岩性	土体	土体	土体	土体	土体	土体	灰变	土体	土体	花岗	土体	土体
长/cm	/	/	/	/	/	/	14	/	/	20	/	/
宽/cm	/	/	/	/	/	/	6	/	/	17	/	/
高/cm	/	/	/	/	/	/	5	/	/	16	/	/

注：(1) "/" 表示采集的颗粒尺寸小于 60mm；(2) "0~50" 表示每间隔 1m 采集的数据。

通过上述的分析，并结合近期的实地调查，应对易贡湖的降雨、温度、湿度、湖面水位进行重点监测预警，并通过视频监控及时掌握现场实时情况。

易贡湖堰塞坝体右侧沟道(扎木弄巴沟)

图 7-21　易贡湖野外照片(2009 年 8 月 7 日)

7.3.2.2　监测预警方案

(1)总体布设方案。监测预警系统包括湖面水位、降雨(降雪)、温度和湿度传感器、数据采集及发射装置(图 7-22)。

图 7-22　易贡湖湖面监测站(N30°14′53″, E94°48′26″; H : 2262m)

(2)系统工作原理。系统结构见图 7-23。

(3)数据中心平台。①投影和电脑屏幕画面显示示范区内监控点(沟)所在位置,点击监控点(沟)位置进入监控点(沟)详细画面,此画面可缩小(放大),画面显示各个监控位置,点击显示监控位置详细数据信息等;②能查询监控点各个监控位置历史趋势曲线,包括:时间、数据。同时,可以选择查询时间段;③显示各个监控位置的实时数据表格,即将监控位置的实时数据显示在页面上(图 7-24)。

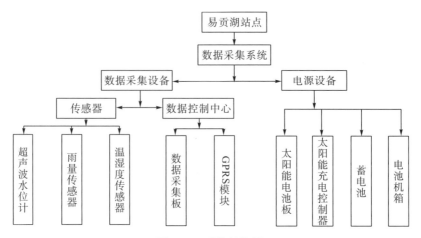

图 7-23　系统结构图

图 7-24　监测与预警技术数据中心平台

7.3.2.3　易贡湖部分现场监测数据

易贡湖部分现场监测数据如图 7-25、图 7-26 和图 7-27 所示。

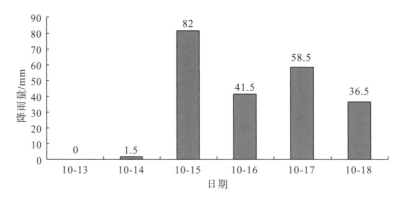

图 7-25　易贡湖湖面降雨曲线图(2009 年 10 月 13 日~18 日)

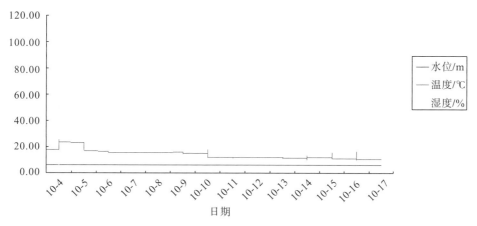

图 7-26　易贡湖湖面水位、气温和湿度曲线图（2009 年 10 月）

图 7-27　易贡湖白沙河山洪、泥石流视频监测图像

7.4　滑坡监测预警实例

7.4.1　樟木滑坡概况

西藏樟木口岸位于中国和尼泊尔边境区，属于青藏高原南缘喜马拉雅山脉南坡，是地质灾害易发和高发区。由于地形条件的限制和对外贸易的兴起，樟木口岸的主要办事机构、樟木镇政府及大多数居民建筑修建于地形相对较缓的樟木滑坡之上。口岸区域内地质灾害严重，历史上曾多次遭受滑坡、崩塌、泥石流和冰湖溃决灾害的多重影响。

樟木口岸区域发育有一大批滑坡，其中樟木滑坡是其中规模最大、人口分布最密集、危害最严重的一个大型复合型滑坡，坡体上不仅发育有古滑坡，而且在古滑坡堆积层上还发育有次级滑坡。近年来，随着樟木口岸的发展，大规模的城镇建设加剧了地质灾害，樟木滑坡局部开始复活，造成地面开裂、沉陷，众多建筑物毁坏，致使城镇基础设施经常不能正常使用。滑坡灾害不仅制约着口岸经济与社会的发展，同时威胁到当地人民群众的生命和财产安全。

樟木滑坡所在区域地貌类型单一，为基岩斜坡地貌，较陡的基岩壁坡度大于 45°，主要集中于河流和沟道的两侧，以及分水岭的两侧。樟木滑坡北侧由于崩塌的作用，同样坡度很陡。区域斜坡体内及坡脚有泥石流堆积、崩塌堆积和滑坡等重力作用堆积地貌，具有规模小、特征明显的特点。樟木滑坡勘查区内地层岩性较为单一，基岩为前寒武系聂拉木岩群的曲乡岩组的深变质岩，表层为崩坡积物、冲洪积物、经流水改造的崩坡积物和部分人工填土。

7.4.2　樟木滑坡稳定性敏感因素分析

(1)滑坡与降雨的敏感性分析。区域内的滑坡均与夏季强降雨相关，由于区域的年降雨量达 2820mm，雨季降雨量占全年降雨量的 80% 以上。已经发生的滑坡均与降雨相关。

(2)滑坡与人类活动的敏感性分析。樟木镇是在 20 世纪 70 年代后期改革开放以后逐步发展起来的，镇域内人类活动包括道路开挖、坡地农田开发、坡地上房屋建设等。2006 年 7~9 月的监测数据显示，坡体的变形量随着与公路距离的缩短而加强。2012 年 7 月 8 日樟木镇的 5 处小滑坡均与人类开挖形成的临空面相关。如建管仓库小滑坡是由于房屋建设，坡体支护不及时而引发的滑坡；福利院滑坡是消防队强变形区在工程治理过程中，抗滑桩在雨季没有完成施工而引发了滑坡。其他 3 处滑坡也均与开挖活动相关。

(3)滑坡与地形坡度的敏感性关系分析。区域内的滑坡滑动的滑面均在 35° 左右，地表坡度通常为 33° 以上。而波曲下切速度较快，有关研究表明波曲河流下切的速率每年可达 5mm 以上。由于河流下切，形成巨大的临空面，使得基岩的潜在滑面的坡度增加，促进滑坡发育。现代可见的得亲荡滑坡就是波曲与得亲荡沟交汇并下切形成巨大临空面，使得潜在滑体的临空面增高，滑动面坡度增大。勘查发现堆积层古滑坡的滑面基本上位于破碎岩和中风化基岩与崩坡积物的交界面，其坡度多在 33°~36° 变化。滑坡的滑动区域地表的地形坡度均较大。

(4)滑坡与地震的敏感性关系。滑坡与地震的关系通常是地震以后形成大量的震裂坡地。坡地结构破坏增加了土体的渗漏性，渗透作用使得在降雨和地下水作用下土体强度更容易降低，滑坡容易发生。研究表明，一般地，地震活动作用于滑坡区的力需要在 50Gal 以上才有比较明显的影响，而且地震以后 5 年内发生的滑坡表明地震活动与滑坡活动存在敏感的关系。从滑坡与地震的定量统计关系发现，1974 年和 1978 年的地震作用在本区的地震加速度值均超过 50Gal，即相当于 VI 度以上的地震烈度。1982 年邦村东滑坡与地震活动关系较密切。

(5)滑坡与地下水活动的敏感关系。滑坡区地下水活动强烈。特别是现代滑坡，其泉水出露点多，如邦村东现代滑坡及其邻近区域有泉眼 4 处。福利院滑坡 2009 年治理过程中发现地下水丰富，流量为 0.1~0.2m³/s，采用专门的排导措施才完成地下水的排导。研究显示，樟木沟和强玛沟旱季约有 27% 的径流进入坡体，并沿福利院滑坡和邦村东滑坡的坡向流动。

(6)滑坡与岩土特征的敏感性关系。区域内的崩坡积物相对容易滑动，特别是内部含有粉土夹层的土体特别容易滑动。而地表的冲洪积物台地则相对稳定，不易形成滑坡。由于樟木斜坡体中部前缘发育邦村东沟或电厂沟的冲洪积物，所以形成坡体中部一个稳定的山脊，滑坡则沿邦村东和福利院坡体发育。岩质滑坡则多与南倾节理发育的片岩、片麻岩相关。

从现场调查和室内实验分析，土体的强度指标黏滞力 C 值和内摩擦角 φ 值随含水量的增加具有降低的趋势，但两者对水的敏感程度不同，覆盖层的砾石土类 C 值的下降幅度大于 φ 值的下降幅度。黏滞力对水的敏感性更强。

综上所述，结合滑坡的影响因素及其与各因素之间的敏感性，通过监测樟木滑坡深部位移及地表位移来分析滑坡的稳定性。

7.4.3　樟木滑坡深部位移监测

滑坡深部位移采用测斜管进行监测，测斜管型号为 $\Phi70mm\text{-}ABS$ 高精度测斜管，测斜仪采用 JTM-U6000F 型活动式垂直测斜仪，误差为 4mm/15m。在对其各测斜孔的成果分析计算中，为了减小观测误差，各测斜孔均选取三次观测值的平均值作为基准。深部位移监测点分布如图 7-28 所示。

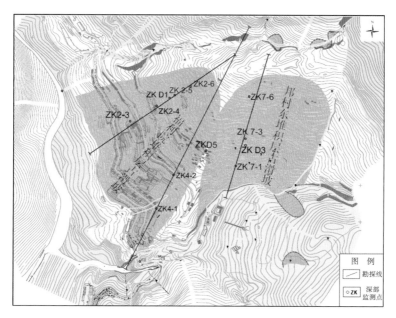

图 7-28　深部位移监测点分布图

（1）2 号勘探线（福利院堆积层古滑坡）。2006 年针对监测点 ZK2-3、ZK2-4、ZK2-5、ZK2-6 进行了深部位移监测，监测变形曲线如图 7-29 所示。

根据监测数据发现，以上深部监测点变形量均未大于 15mm，但由 ZK2-4、ZK2-5 可发现孔深 13m、36m 发生位移突变，但突变量较小，推测存在软弱带。

2013 年四川省蜀通岩土工程公司对 ZKD1 点进行深部位移观测，测斜孔 ZKD1 安装埋设测斜管深度为 114m，主要监测樟木镇岩质古滑坡、福利院堆积层古滑坡和福利院现代滑坡的变形迹象。

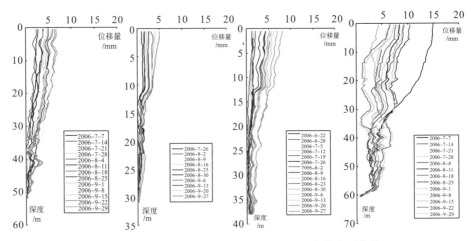

图 7-29　ZK2-3、ZK2-4、ZK2-5、ZK2-6 变形监测曲线

根据 ZKD1 孔 A、B 向累计位移与孔深的关系曲线（图 7-30），测孔 A、B 向的各监测段总体累计位移量较小，坡体内部没有发现明显的变形异常点。但在 32～36m 处 A 向曲线有相对的波动，48～69m 处 A、B 向变形曲线均波动明显。

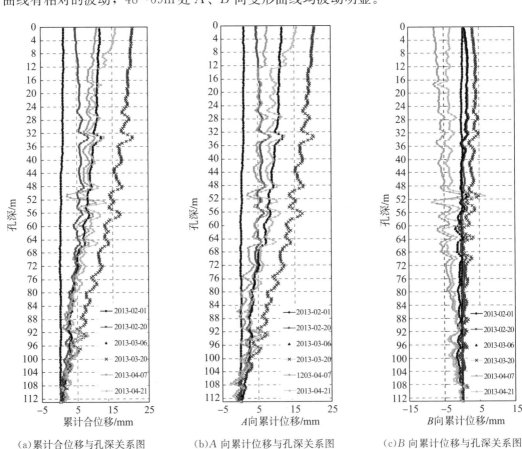

(a)累计合位移与孔深关系图　　(b)A 向累计位移与孔深关系图　　(c)B 向累计位移与孔深关系图

图 7-30　ZKD1 变形监测曲线

截至 2013 年 4 月 21 日，测斜孔 ZKD1 的孔口 A、B 向的累计位移、累计合位移的观测成果统计见图 7-31。

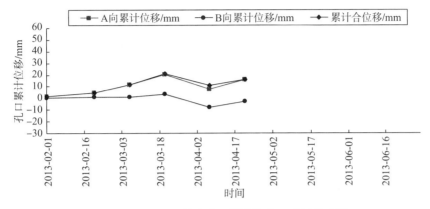

图 7-31　ZKD1 测斜孔孔口累计位移—时间关系图

由以上 ZKD1 测斜孔监测结果得出：①滑坡体测斜孔内变形较小，孔口累计位移量值最大，这与其观测深度位移累加有关。②孔口位移随着时间逐渐增大，没有明显的增大现象，且最新一期位移出现下降，截至 2013 年 4 月 21 日，ZKD1 测斜孔孔口累计合位移为 16.0mm，A 向累计位移为 15.7mm，B 向累计位移为 −3.3mm，位移均很小，在误差的变化范围内，B 向累计位移小于 A 向位移，表现为沿坡体方向变形。③深度 32～36m、48～69m 存在位移突变，推测存在软弱带，结合 2006 年数据确定 2 号测线深度 35m 附近存在软弱带，但位移量较小，深度 48～69m 可能存在深部软弱带，仍需观测后续变形。

(2)4 号勘探线(福利院堆积层古滑坡)。2006 年针对监测点 ZK4-1、ZK4-2 进行深部位移监测，监测变形曲线如图 7-32 所示。

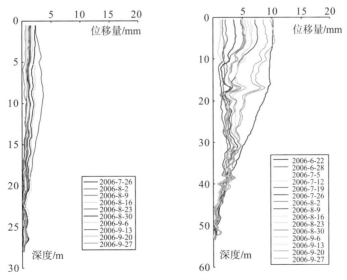

图 7-32　ZK4-1、ZK4-2 位移监测曲线

根据监测数据发现,以上深部位移监测点变形量均小于 10mm,监测点 ZK4-2 深部 20m 以上变形逐渐增大,于深部 18m 发生位移突变,总体变形量均较小,对上部覆盖物位移并未产生明显影响。

2013 年四川省蜀通岩土工程公司对 ZKD5 点进行深部位移观测,测斜孔 ZKD5 安装埋设测斜管深度为 100.5m,主要监测樟木镇岩质古滑坡和福利院堆积层古滑坡的变形迹象。

根据 ZKD5 孔 A、B 向累计位移与孔深的关系曲线(图 7-33),测孔 A、B 向的各监测段的总体累计位移量相对较小,坡体内部没有发现明显的变形异常点。在 16~18m 处 A、B 向位移发生轻微波动,69~78m 处 B 向累计位移有相对的波动,位移增量变化在 2.0mm 以内,位移变化总体波动还较小,需进一步观测其后期变形情况。

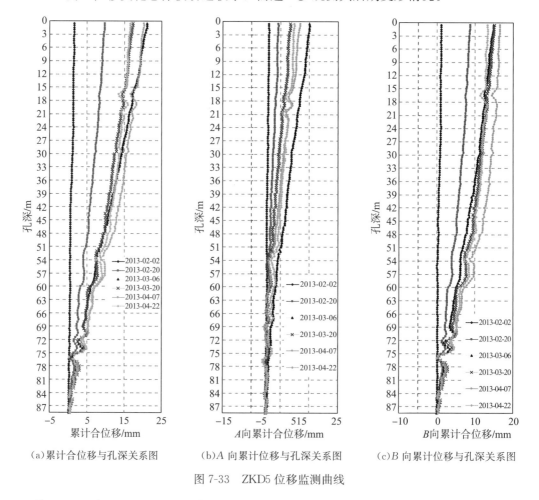

(a)累计合位移与孔深关系图   (b)A 向累计位移与孔深关系图   (c)B 向累计位移与孔深关系图

图 7-33　ZKD5 位移监测曲线

截至 2013 年 4 月 21 日,测斜孔 ZKD5 的孔口 A、B 向的累计位移、累计合位移的观测成果统计见图 7-34。

由以上 ZKD5 测斜孔监测成果得出:①滑坡体测斜孔内变形较小,孔口累计位移量值最大,这与其观测深度位移累加有关;②孔口位移随着时间逐渐增大,位移逐渐增大,但增量并不明显,最新一期位移较上期累计位移增量小于 1mm,截至 2013 年 4 月 21 日,

ZKD5 测斜孔孔口累计合位移为 16.5mm，A 向累计位移为 9.8mm，B 向累计位移为 13.3mm，位移均在误差的变化范围内，B 向累计位移大于 A 向位移，坡体主要向坡外方向变形；③深度 16～18m、69～78m 存在位移突变，结合 2006 年数据确定 4 号测线深度 18m 附近存在软弱带，但位移量较小，而 69～78m 可能存在深部软弱带，仍需观测后续变形。

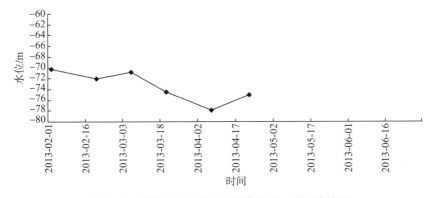

图 7-34 ZKD5 测斜孔孔口累计位移—时间关系图

（3）7 号勘探线（邦村东堆积层古滑坡）。2006 年针对监测点 ZK7-1、ZK7-3、ZK7-6 进行深部位移监测，监测变形曲线如图 7-35 所示。

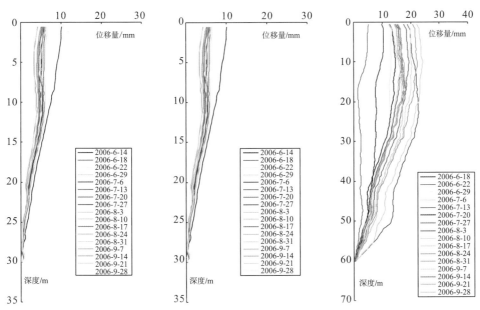

图 7-35 ZK7-1、ZK7-3、ZK7-6 变形监测曲线

根据监测数据观察发现，深部位移变形量较大的监测点为 ZK7-3 和 ZK7-6，变形量达到了 20～35mm；而其他监测点变形量为 0～10mm，属于误差范围之内，未发现位移突变，深度 12～14m 以上位移一致，表现为整体变形。

对比发现点 ZK7-6 变形较大且上部整体变形深度约为 16～20m，在相同深度处，ZK7-1 发生整体变形，ZK7-3 变形速率增大，因此根据变形情况，7 号勘探线可能存在深部滑面,深度为 16~20m。

2013 年四川省蜀通岩土工程公司对 ZKD3 点进行深部位移观测,测斜孔 ZKD3 安装埋设测斜管深度为 94.5m,主要监测樟木镇岩质古滑坡、邦村东堆积层古滑坡和邦村东现代滑坡的变形迹象。

根据 ZKD3 孔 A、B 向累计位移与孔深的关系曲线(图 7-36),测孔 A、B 向各监测段的位移量总体累计位移量相对较小,均不足 10mm,坡体内部没有发现明显的变形异常点,但 2013 年 4 月 7 日观测数据 B 向变形位移显著增大,在 16m 处 B 向位移发生相对波动,相对上期 B 向位移变形量为 3.9mm,较为明显。

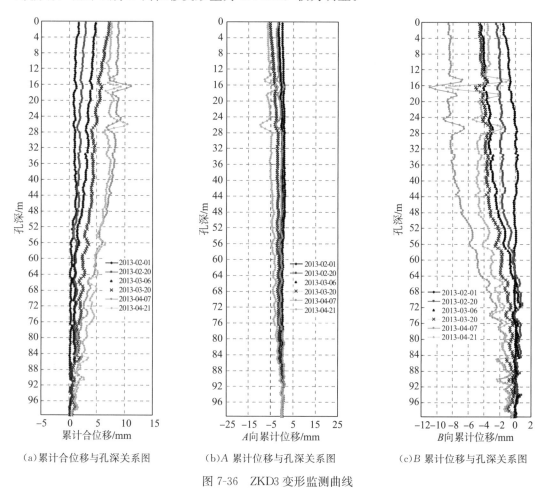

(a)累计合位移与孔深关系图   (b)A 累计位移与孔深关系图   (c)B 累计位移与孔深关系图

图 7-36　ZKD3 变形监测曲线

截至 2013 年 4 月 21 日,测斜孔 ZKD3 的孔口 A、B 向的累计位移、累计合位移的观测成果统计见图 7-37。

由以上 ZKD3 测斜孔监测结果得出:①滑坡体测斜孔内变形较小,孔口累计位移量值最大,这与其观测深度位移累加有关。②孔口位移随着时间逐渐增大,A 向位移减少,但 B 向位移显著增大,增量为 3.9mm;截至 2013 年 4 月 21 日,ZKD3 测斜孔孔口累计合位移为 7.6mm,A 向累计位移为 −6.6mm,B 向累计位移为 −3.7mm,位移量均较小,B 向累计位移小于 A 向位移,表现为沿坡体方向变形。③深度 14~18m 存在 B 向位移突变，结合 2006 年数据推测 7 号测线深度 16m 附近存在软弱层，且在软弱层影响下，坡体 B 向位移波动明显，进入雨季时须密切注意其深部位置变形情况并进行分析。

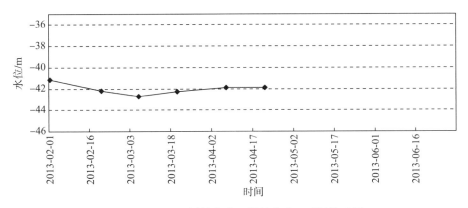

图 7-37　ZKD3 测斜孔孔口累计位移—时间关系图

7.4.4　樟木滑坡地表位移监测

西安中交公路岩土工程有限责任公司于 2006 年 7～9 月对樟木滑坡进行了监测（图 7-38）。由 62 个监测点的监测资料显示，浅层滑坡体在降雨和人类活动共同作用下，稳定性差，表现出较大的平面位移特征。但不同的滑坡位移的主控因素不同。福利院滑坡变形受降雨控制，而邦村东滑坡受地下渗流和降雨共同作用。福利院滑坡的位移和滑坡总体变形趋势相似，与降雨量变化趋势一致；而邦村东 1# 滑坡与降雨量的相关性较小（图 7-39）。

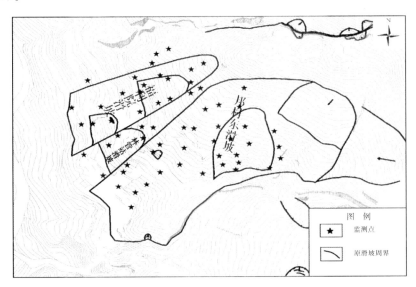

图 7-38　樟木滑坡监测点分布图

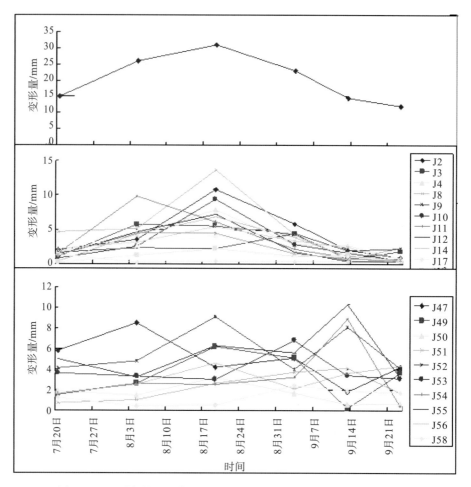

图 7-39   监测资料显示降雨过程与福利院滑坡位移和邦村东滑坡位移

滑坡运动监测数据显示，坡体与道路距离越大，变形强度越小；人口密集区坡体变形量明显大于人口稀疏区。所以人类活动强烈影响滑坡的发育，福利院滑坡和中心小学变形体与人类活动相关。

樟木镇整体滑移并不具有整体性，显示出明显的局部滑移特点。由综合位移矢量图（图 7-40）可发现，变形较大地区主要集中在福利院滑坡、林管站滑坡和邦村东滑坡的一部分。樟木镇地表裂缝全部分布于福利院滑坡，且主要分布于强变形区和滑坡前缘，邦村东滑坡并未发现明显裂缝点。福利院—林管站一带变形强烈，该区域北至樟木沟，南至林管站，从综合位移上观察具有连贯性。福利院—林管站一带位移方向比较一致，显示出良好的整体性，因此福利院滑坡和林管站滑坡可作为一个强变形区考虑。

邦村东滑坡综合位移变形量较小，只在局部地区产生较明显变形，且从位移方向来看较为混乱，一致性差，因此邦村东滑坡整体的存在值得怀疑，根据变形量和变形方向推测该地区为局部滑移区。

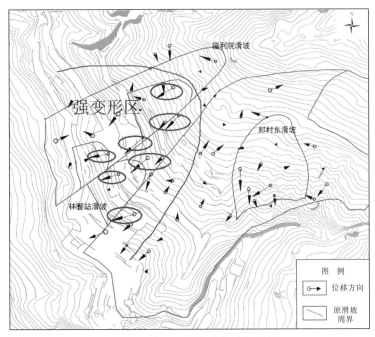

图 7-40　樟木滑坡综合位移矢量图

　　滑坡运动监测数据显示，坡体与道路距离越大，变形强度越小；人口密集区坡体变形量明显大于人口稀疏区。所以人类活动强烈影响滑坡的发育（表 7-23）。

　　由于 2013 年钻孔位移监测时间处于本地区的旱季，地表位移特征不明显。

　　综上所述，通过两次钻孔位移监测资料对比，得出以下几点结论：①2013 年孔口位移监测资料表明旱季滑坡体变形较小，虽然孔口位移随时间逐渐增大，但没有明显的异常增大现象，滑坡在旱季基本保持稳定。②2006 年孔口位移监测资料显示滑坡体在雨季的变形量较旱季明显，但降雨对软弱带的变形影响有限，软弱带对上部覆盖物位移并未产生明显影响。③2006 年 7～9 月深部位移监测结果表明，福利院和公安局两个古滑坡未发生变形，稳定性较高；福利院古滑坡的局部发生复活，即（消防队）次级滑坡，滑带位于粉土薄层中，滑坡处于蠕动挤压阶段，变形呈缓慢增长趋势。

表 7-23　监测点距离人工扰动源（道路）的缓冲分析结果

距离	变形				
	0～2mm	2～4mm	4～6mm	6～8mm	>8mm
0～10m	21.1%	26.3%	10.5%	26.3%	15.8%
10～20m	18.8%	37.5%	18.8%	18.8%	6.3%
20～30m	28.6%	28.6%	28.6%	14.3%	0%
30～40m	37.5%	12.5%	37.5%	12.5%	0%
40～50m	0%	50%	50%	0%	0%
>50m	42.9%	28.6%	0%	28.6%	0%

参 考 文 献

安晨歌，傅旭东，马宏博. 2012. 几种溃坝模型在溃决洪水模拟中的适用性比较[J]. 水利学报，(S2)：68-73.

白永健，郑万模，邓国仕，等. 2011. 四川丹巴甲居滑坡动态变形过程三维系统监测及数值模拟分析[J]. 岩石力学与工程学报，30(5)：974-981.

曹叔尤，刘兴年，黄尔，等. 2008. 地震诱发山洪形成机理与评估指标初探[J]. 西南民族大学学报(自然科学版)，34(6)：1077-1082.

陈明东，王兰生. 1988. 边坡变形破坏的灰色预报方法[C]. 全国第三次工程地质大会论文选集.

陈宁生. 2006a. 泥石流产流与汇流过程研究[D]. 中国科学院研究生院博士论文.

陈宁生. 2006b. 台风泥石流及其灾害特征[C]. 云南东川第五届海峡两岸山地灾害与环境保护学术研讨会暨第六届全国泥石流学术会议，8-12.

陈宁生，张军. 2001. 泥石流源区弱固结砾石土的渗透规律[J]. 山地学报，219(1)：169.

陈宁生，陈清波. 2003a. 有限物源流域不同规模的泥石流频率分析[J]. 成都理工大学学报(自然科学版)，30(6)：612-616.

陈宁生，张飞. 2006. 2003年中国西南山区典型灾害性暴雨泥石流运动堆积特征[J]. 山地学报，26：701-704.

陈宁生，韩文喜，何杰，等. 2001. 试析小流域土力类黏性泥石流汇流过程——以滇东北大凹子沟为例[J]. 山地学报，19(5)：418-424.

陈宁生，崔鹏，陈瑞，等. 2002. 中尼公路泥石流的分布规律与基本特征[J]. 中国地质灾害与防治学报，13(1)：44-48.

陈宁生，崔鹏，刘中港，等. 2003b. 基于黏土颗粒含量的泥石流容重计算[J]. 中国科学E辑，33(增刊)：164-174.

陈宁生，崔鹏，王晓颖，等. 2004a. 地震作用下泥石流源区砾石土体强度的衰减实验[J]. 岩石力学与工程学报，23(16)：2743-2747.

陈宁生，高延超，李东风，等. 2004b. 丹巴县邛山沟特大灾害性泥石流汇流过程分析[J]. 自然灾害学报，13(3)：104-108.

陈宁生，崔鹏，高延超，等. 2008. 黏土颗粒含量对泥石流启动的影响作用分析[C]. 土工测试新技术-第25届全国土工测试学术研讨会论文集：216-221.

陈宁生，黄蓉，李欢，等. 2009. 汶川5·12地震次生泥石流沟应急判识方法与指标[J]. 山地学报，27(1)：108-114.

陈宁生，周海波，胡桂胜. 2011. 气候变化影响下林芝地区泥石流发育规律研究[J]. 气候变化研究进展，7(6)：412-417.

陈宁生，胡桂胜，齐宪阳，等. 2015. 小流域堰塞湖对山洪泥石流的调控模式探讨[J]. 人民长江，46(10)：34-37.

陈晓清. 2006. 滑坡转化泥石流起动机理试验研究[D]. 西南交通大学.

陈晓清，陈宁生，崔鹏. 2004. 冰川终碛湖溃决泥石流流量计算[J]. 冰川冻土，26(3)：357-362.

陈晓清，崔鹏，程尊兰，等. 2008. 5·12汶川地震堰塞湖危险性应急评估[J]. 地学前缘，15(4)：244-249.

程根伟，范继辉，程尊兰. 2008. 四川5·12地震灾区滑坡堰塞坝溃决灾害风险评估[J]. 西南民族大学学报自然科学版，34(6)：1086-1090.

程尊兰，朱平一，宫怡文. 2003. 典型冰湖溃决型泥石流形成机制分析[J]. 山地学报，21(6)：716-720.

崔芳鹏，胡瑞林，殷跃平，等. 2010. 纵横波时差耦合作用的斜坡崩滑效应离散元分析—以北川唐家山滑坡为例[J]. 岩石力学与工程学报，29(2)：319-327.

崔芳鹏，殷跃平，许强，等. 2011. 地震动力作用触发的斜坡崩滑响应机制—以青川东河口滑坡为例[J]. 三峡大学学报(自然科学版)，33(3)：23-28.

崔鹏，高克昌，韦方强. 2005. 泥石流预测预报研究进展[J]. 中国科学院院刊，20(5)：363-369.

崔鹏，韩用顺，陈晓清. 2009. 汶川地震堰塞湖分布规律与风险评估[J]. 四川大学学报(工程科学版)，41(3)：35-42.

邓明枫，陈宁生，胡桂胜. 2011a. 松散及弱固结堰塞体溃坝形式与流量过程[J]. 水利水电科技进展：11-15.

邓明枫，陈宁生，邓虎，等. 2011b. 堰塞坝漫顶溃决过程与机理试验研究[J]. 成都理工大学学报(自然科学版)，38 (3)：359-365.

邓明枫，陈宁生，廖世春，等. 2012. 堰塞坝漫顶溃决过程及其受组成结构的影响[J]. 人民长江，43(2)：30-35.

冯春，张军，李世海，等. 2011. 滑坡变形监测技术的最新进展[J]. 中国地质灾害与防治学报，22(1)：11-16.

费祥俊. 2004. 泥石流运动机理与灾害防治[J]. 水利学报，(4)：40-41.

国家防汛抗旱总指挥部办公室，中国科学院水利部成都山地灾害与环境研究所. 1994. 山洪泥石流滑坡灾害及防治 [M]. 北京：科学出版社.

高克昌，孟国才，韦方强，等. 2005. 德宏"7·5"特大滑坡泥石流灾害分析及其对策[J]. 防灾减灾工程学报，25 (3)：251-257.

韩鞠，闵弘，袁孟科，等. 2015. 基于监测成果与变形特征的滑坡成因分析[J]. 四川大学学报(工程科学版)47(增刊 2)：67-75.

贺拿，曾梅，陈宁生，等. 2016. 砾石土分形特征及其与泥石流启动关系试验[J]. 山地学报，34(1)：63-70.

胡桂胜. 2012. 基于组成结构与水文特征的堰塞坝溃决危险性评估[D]. 山地灾害与地表过程重点实验室.

胡桂胜，陈宁生，邓明枫，等. 2011a. 茂县宗渠堰塞湖漫顶溃决洪水演进规律模型实验研究[J]. 水土保持研究，18 (3)：172-180.

胡桂胜，陈宁生，杨成林. 2011b. 成都市灾害性山洪泥石流临界降雨量特征[J]. 重庆交通大学学报(自然科学版)： 95-102.

胡桂胜，陈宁生，邓虎. 2012. 基于 GIS 的西藏林芝地区泥石流易发与危险区分析[J]. 水土保持研究，19(3)： 195-199.

胡桂胜，陈宁生，李俊. 2014a. 金沙江白鹤滩水电站坝址近场区泥石流运动特征与发展趋势分析[J]. 水土保持研究： 238-246.

胡桂胜，陈宁生，王元欢. 2014b. 金沙江白鹤滩水电站坝址施工区泥石流易发性与危险区初步分析[J]. 地球与环 境：652-659.

黄金池. 2008. 堰塞坝漫顶溃口流量变化过程的数值模拟[J]. 水利学报，39(10)：1235-1240.

黄明海，金峰，杨文俊. 2008. 不同河道状况下的堰塞坝溃坝洪水特性研究[J]. 人民长江，(22)：66-68.

黄润秋. 2003a. 中国西部地区典型岩质滑坡机理研究[J]. 地球科学进展，19(3)：443-450.

黄润秋. 2003b. 中国西部地区典型岩质滑坡机理研究[J]. 第四纪研究，23(6)：640-647.

黄润秋. 2013. 岩石高边坡稳定性工程地质分析[M]. 北京：科学出版社.

黄润秋，赵松江，宋肖冰，等. 2005. 四川省宣汉县天台乡滑坡形成过程和机理分析[J]. 水文地质工程学报，32(1)： 13-15.

黄润秋，裴向浑，李天斌. 2008. 汶川地震触发大光包巨型滑坡基本特征及形成机理分析[J]. 工程地质学报，16 (6)：730-741.

黄润秋，王运生，董秀军. 2009. 2009 年 8·6 四川汉源猴子岩崩滑的现场应急调查及危岩处理[J]. 工程地质学报，17 (4)：445-448.

霍志涛，程温鸣，汪发武，等. 2013. 水库型滑坡水下变形监测方法[J]. 中国地质灾害与防治学报，24(4)：93-96.

江玉红，韦方强. 2012-02-07. 基于降水数值天气预报的汶川地震灾区 24h 地质灾害预报系统 v1.0：2012SR007178[P].

康志成，李焯芬，马蔼乃，等. 2004. 中国泥石流研究[M]. 北京：科学出版社.

孔纪名，阿发友，邓宏艳，等. 2010. 基于滑坡成因的汶川地震堰塞湖分类及典型实例分析[J]. 四川大学学报(工程科 学版)，42(5)：44-51.

李晶莹，张经. 2003. 中国主要流域盆地风化剥蚀率的控制因素[J]. 地理科学，23(4)：434-440.

李天斌. 1996. 滑坡时间预报的费尔哈斯反函数模型法[J]. 地质灾害与环境保护，7(3)：13-17.

李天斌，陈明东. 1999. 滑坡预报的几个基本问题[J]. 工程地质学报，7(3)：200-206.

李廷栋. 2010. 中国岩石圈的基本特征[J]. 地学前缘, 17(3): 1-13.

李秀珍, 许强. 2003a. 滑坡预报模型和预报判据[J]. 灾害学, 18(4): 71-78.

李秀珍, 许强, 黄润秋, 等. 2003b. 滑坡预报判据研究[J]. 中国地质灾害与防治学报, 14(4): 5-10.

李媛, 杨旭东. 2006. 降雨诱发区域性滑坡预报预警方法研究[J]. 水文地质工程地质, 2: 101-103.

李震, 陈宁生, 胡桂胜. 2014. 波曲流域冰湖及其溃决灾害链特征分析[J]. 水文地质工程地质: 143-150.

刘传正. 2005. 论地质环境变化与地质灾害减轻战略[J]. 地质通报, 24(7): 597-602.

刘传正, 张明霞, 孟晖. 2006. 论地质灾害群测群防体系[J]. 防灾减灾工程学报, 26(2): 175-179.

刘衡秋, 胡瑞林. 2010. 云南虎跳峡大塘子松散堆积体滑坡形成演化机制分析[J]. 三峡大学学报(自然科学版), 32 (2): 37-41.

刘宁, 程尊兰, 崔鹏, 等. 2013. 堰塞湖及其风险控制[M]. 北京: 科学出版社.

刘士余. 2008. 降雨与植被变化对赣西北大坑小流域水文特征的影响研究[D]. 北京: 北京林业大学.

刘伟. 2006. 西藏典型冰湖溃决型泥石流的初步研究[J]. 水文地质工程地质, 4: 88-92.

刘祖强, 张正禄, 杨奇儒, 等. 2008. 三峡工程近坝库岸滑坡变形监测方法实验研究[J]. 工程地球物理学报, 5(3): 352-355.

卢肇钧, 1999. 非饱和土抗剪强度的探索研究[J]. 中国铁道科学, 20(2): 10-15.

吕儒仁, 李德基. 1989. 西藏波密冬茹弄巴的冰雪融水泥石流[J]. 冰川冻土, 11(2): 148-160.

吕儒仁, 唐邦兴, 李德基. 1999. 西藏泥石流与环境[M]. 成都: 成都科技大学出版社.

吕杰堂, 王治华, 周成虎. 2003. 西藏易贡大滑坡成因探讨[J]. 中国地质大学学报, 28(1): 107-110.

吕学军, 刘希林, 苏鹏程. 2005. 四川色达县切都柯沟 "7·8" 泥石流灾害特性及危险性分析[J]. 防灾减灾工程学报, 25(2): 152-156.

欧阳志云, 徐卫华, 王学志, 等. 2008. 汶川大地震对生态系统的影响[J]. 生态学报, 28(12): 5801-5809.

戚国庆, 黄润秋. 2003. 泥石流成因机理的非饱和土力学理论研究[J]. 中国地质灾害与防治学报, 14(3): 12-15.

亓星, 许强, 孙亮, 等. 2014. 降雨型黄土滑坡预警研究现状综述[J]. 地质科技情报, 33(6): 219-225.

乔路, 杨兴国, 周宏伟, 等. 2009. 模糊层次分析法的堰塞湖危险度判定—以杨家沟堰塞湖危险度综合评价为例[J]. 人民长江, 40(22): 51-55.

芮孝芳, 黄国如. 2004. 分布式水文模型的现状与未来[J]. 水利水电科技进展, 24(2): 55.

水利水电规划设计总院. 2009. SL 450-2009 堰塞湖风险等级划分标准[S]. 北京: 中国水利水电出版社.

四川省地震局. 1983. 1933 年叠溪地震[M]. 成都: 四川科学技术出版社.

谭万沛, 王成华, 姚令侃, 等. 1994. 暴雨泥石流滑坡的区域预测与预报—以攀西地区为例[M]. 成都: 四川科学技术出版社.

唐亚明, 张茂省, 薛强, 等. 2012. 滑坡监测预警国内外研究现状及评述[J]. 地质评论, 58(3): 533-541.

王凤娘, 陈宁生, 杨成林, 等. 2015. 白鹤滩水电站施工区激发泥石流的临界雨量[J]. 山地学报, 2015, 33.

王佳运, 张茂省, 贾俊, 等. 2014. 都江堰中兴镇高位滑坡泥石流灾害致灾成困与发展趋势[J]. 西北地质, (3): 157-164.

王凯, 张伟毅, 马飞, 等. 2015. 滑坡深部变形监测方法与应用探讨[J]. 地下空间与工程学报, 11(1): 204-209.

王念秦, 曾思伟, 吴玮江. 1999. 滑坡宏观迹象综合分析预报方法研究[J]. 甘肃科学学报, 11(1): 34-38.

王念秦, 张倬元, 王家鼎. 2003. 一种典型黄土滑坡的滑距预测方法[J]. 西北大学学报, 33(1): 111-114.

王念秦, 王永锋, 罗东海, 等. 2008. 中国滑坡预测预报研究综述[J]. 地质评论, 54(3): 355-361.

王涛, 陈宁生, 邓明枫, 等. 2014. 沟道侵蚀型泥石流起动临界条件研究进展[J]. 泥沙研究, 01(02): 75-80.

王雄世, 张建新. 2010. 基于经验公式的堰塞湖最大溃决洪水及演进分析[J]. 水文, 30(1): 56-58.

王裕宜, 詹钱登, 严璧玉. 2014. 泥石流体的流变特性与运移特征[M]. 长沙: 湖南科学技术出版社.

王兆印, 崔鹏, 刘怀湘. 2010. 汶川地震引发的山地灾害以及堰塞湖的管理方略[J]. 水利学报, 41(7): 757-763.

汪闻韶. 1997. 土的动力强度和液化特性[M]. 北京: 中国电力出版社.

汪素云. 1993. 地震重新定位在核电厂厂址地震安全性评价中的重要性[J]. 地震地质, (4): 389-394.

魏丽, 单九生, 边小庚. 2006. 降水与滑坡稳定性临界值实验研究[J]. 气象与减灾研究, 29(2): 18-24.

吴持恭. 1983. 水力学(第二版)[M]. 北京：高等教育出版社，372.

吴积善，康志成，田连权，等. 1990. 云南蒋家沟泥石流观测研究[M]. 北京：科学出版社.

徐宗学. 2010. 水文模型回顾与展望[J]. 北京师范大学学报(自然科学版)，46(3)：278-289.

许冲，戴福初，徐锡伟. 2011. 汶川地震滑坡灾害研究综述[R]. 中国科学院地质与地球物理研究所第十届(2010年度)学术年会. 434-448.

许强. 2012. 滑坡的变形破坏行为与内在机理[J]. 工程地质学报，20(2)：145-151.

许强，汤明高，黄润秋，等. 2015. 大型滑坡监测预警与应急处置[M]. 北京：科学出版社.

薛强，张茂省，唐亚明，等. 2013. 基于变形监测成果的宝塔山滑坡稳定性评价[J]. 水文地质工程地质，40(3)：110-114.

杨成林，丁海涛，陈宁生. 2014. 基于泥石流形成运动过程的泥石流灾害监测预警系统[J]. 自然灾害学报，23(3)：1-9.

杨宗佶，田宏，乔建平，等. 2013-01-09. 一种倾斜检测组件及测斜仪：ZL201220266093.9[P].

姚治君，段瑞，董晓辉，等. 2010. 青藏高原冰湖研究进展及趋势[J]. 地球科学进展，29(1)：10-14.

姚令侃. 1988. 用泥石流发生频率及暴雨频率推求临界雨量的探讨[J]. 水土保持学报，(4)：74-80.

易顺民. 2007. 滑坡活动时间预测预报研究现状与展望[J]. 工程地球物理学报，4(2)：157-163.

殷杰，尹占娥，许世远，等. 2009. 灾害风险理论与风险管理方法研究[J]. 灾害学，24(2)：7-11.

殷跃平. 2000. 西藏波密易贡高速巨型滑坡概况[J]. 中国地质灾害与防治学报，11(2)：100.

殷跃平. 2001. 中国地质灾害减灾回顾与展望-从国际减灾十年到国际减灾战略[J]. 国土资源科技管理，18：26-29.

殷跃平. 2010. 斜倾厚层山体滑坡视向滑动机制研究—以重庆武隆鸡尾山滑坡为例[J]. 岩石力学与工程学报，29(2)：217-226.

殷跃平. 2013. 云南镇雄特大滑坡灾害的启示[J]. 中国地质灾害与防治学报，24(1)：I-II.

殷跃平，李媛. 1996. 区域地质灾害趋势预测理论与方法[J]. 工程地质学报. 4(4)：75-79.

殷跃平，王文沛，李滨，等. 2016. 地层场地效应对东河口地震滑坡发生影响研究[J]. 土木工程学报，49(增刊2)：126-131.

余钟波. 2008. 流域分布式水文学原理及应用[M]. 北京：科学出版社.

俞言祥，高孟潭. 2001. 台湾集集地震近场地震动的上盘效应[J]. 地震学报，24(6)：44-52.

张华伟，王世梅，霍志涛，等. 2006. 白家包滑坡变形监测分析[J]. 人民长江，37(4)：95-97.

张平仓. 2011. 中国山洪灾害防治区划[J]. 第八届海峡两岸山地灾害与环境保育学术研讨会，24-32.

中国国家标准化管理委员会，中华人民共和国国家质量监督检验检疫总局. 2012. 降水量等级：GB/T 28592—2012[S/OL]. [2012-06-29]. http：//www. doc88. com/P-1106692286662. html.

中国科学院水利部成都山地灾害与环境研究所. 2000. 中国泥石流[M]. 北京：商务印书馆.

中国水利水电科学研究院水利史研究室. 2008. 部分国家和地区地震诱发堰塞湖及其抢险概况[J]. 特别关注，5：7-9.

中华人民共和国国土资源部. 2006. 崩塌、滑坡、泥石流监测规范：DZT0221-2006[S/OL]. [2006-06-05]. http：//ishare. iask. sina. com. cn/f /15348587.

中华人民共和国国务院令(第394号). 2003. 地质灾害防治条例[S/OL] (2003-11-24)[2004-06-25]. http：//www. mlr. gov. cn/zwgk/flfg/dzhjgl/200406/t20040625_13574. htm

周必凡，等. 1991. 泥石流防治指南[M]. 北京：科学出版社.

周平根. 2004. 滑坡监测的指标体系与技术方法[J]. 地质力学学报，10(1)：19-26.

朱平一，何子文，王阳春，等. 1999. 川藏公路典型山地灾害研究[M]. 成都：成都科技大学出版社.

朱勇辉，王光谦. 2011. 堤坝溃决实验研究[J]. 中国科学：技术科学，41(2)：150-157.

Anderson M G, Holcombe E A, Blake J, et al. 2011. Reducing landslide risk in communities：Evidence from the Eastern Caribbean[J]. Applied Geography，31：590-599.

Arnborg L. 1955. Hydrology of the glacial river Austurfljot [J]. Geografiska Annaler，36(3-4)：185-201.

Barzegar A，Oades J M，Rengasamy P，et al. 1995. Tensile strength of dry, remoulded soils as affected by properties of the clay fraction[J]. Geoderma，65：93-108.

Berti M, Genevois R, Simoni A M, et al. 1999. Field observations of a debris flow event in the dolomites[J]. Geomorphology, (29): 265-274.

Cao S Y, Lee K T, Ho J Y, et al. 2010. Analysis of runoff in ungauged mountain watersheds in Sichuan, China using Kinematic-wave-based GIUH model[J]. Journal of Mountain Science, 7: 157-166.

Chen N S, Li T C, Gao Y C. 2005. A grent disastrous debris flow on 11 July 2003 in Shuikazi Valley, Danba county, western Sichuan, China[J]. Lanslides, 2: 71-74.

Chen N S, Zhou W, Yang C L, et al. 2010. The processes and mechanism of failure and debris flow initiation for gravel soil with different clay content[J]. Geomorphology, 121: 222-230.

Chen N S, Hu G S, Deng M F, et al. 2011a. Impact of earthquake on debris flows-a case study on the Wenchuan Earthquake[J]. Journal Of Earthquake and Tsunami, 5(5): 493-508.

Chen N S, Yang C L, Zhou W, et al. 2011b. A new total volume model of debris flows with intermittent surges: Based on the observations at Jiangjia Valley, Southwest China[J]. Natural Hazards, 56(1): 37-57.

Chen N S, Lu Y, Deng M F, et al. 2013a. Comparative study on debris flow initiation in limestone and sandstone spoil[J]. Journal of Mountain Science, 10(2): 190-198.

Chen N S, Hu G S, Deng W. 2013b. On the water hazards in the Trans-boundary Kosi River Basin[J]. Natural Hazards and Earth System Sciences, 1-14.

Chen N S, Lu Y, Zhou H B, et al. 2014. Combined impacts of antecedent earthquakes and droughts on Disastrous debris flows[J]. Journal of Mountain Science, 11(6): 1507-1520.

Chen N S, Chen M L, Li J, et al. 2015. Effects of human activity on erosion, sedimentation and debris flow activity – A case study of the Qionghai Lake watershed, southeastern Tibetan Plateau, China[J]. The Holocene, 25(6): 973-988.

Chen N S, Javed I T, et al. 2016. Outlining a stepwise, multi-parameter debris flow monitoring and warning system: an example of application in aizi valley, china[J]. Journal of Mountain Science, 13(9): 1527-1543.

Chen N S, Zhu Y H, Lu Y, et al. 2017. Mechanisms involved in triggering debris flows within a cohesive gravel soil mass on a slope: a case in SW China[J]. Journal of Mountain Sciences, 14(4): 611-620.

Church M. 1972. Baffin Island sandurs—a study of Arctic fluvial processes[J]. Geological Society of Canada Bulletin, 216: 208.

Clague J J, Mathews W H. 1973. The magnitude of jokulhaups[J]. Journal of Glaciology, 12: 501-504.

Clarke G K C. 1982. Glacier outburst floods from "Hazard Lake," Yukon Territory, and the problem of flood magnitude prediction [J]. Journal of Glaciology, 28: 3-21.

Cui P, Dang C, Zhuang J Q, et al. 2012. Landslide-dammed lake at Tangjiashan, Sichuan province, China (triggered by the Wenchuan Earthquake, May 12, 2008): risk assessment, mitigation strategy, and lessons learned [J]. Environmental Earth Sciences, 65 (4): 1055-1065.

Cui P, Zhou G G D, Zhu X H, et al. 2013. Scale amplification of natural debris flows caused by cascading landslide dam failures[J]. Geomorphology, 182: 173-189.

Delgado J, Garrido J, López-Casado C, et al. 2011. On far field occurrence of seismically induced landslides[J]. Engineering Geology, 123(3): 204-213.

Dunne T, Moore T R, Taylor C H. 1975. Recognition and prediction of runoff-producing zones in humid regions[J]. Hydrological Sciences Bulletin, 20: 305-327.

Ellen S D, Fleming R W. 1987. Mobilization of debris flows from soul slips, San Francisco Bay region, California[J]. Reviews in Engineering Geology, 31-40.

Ermini L, Casagli N. 2003. Prediction of the behavior of landslide dams using a geomorphologic dimensionless index[J]. Earth Surface Processes and Landforms, 28: 31-47 .

Fan J H, Wu C Y, Cheng G W. 2006. Distribution characteristics and influencing factors of geological hazards in Tibet [J]. Wuhan University Journal of Natural Sciences, 11(4): 806-812.

Fredlund D G, Mogenstem N R, Widger R A. 1978. The shear strength of unsaturated soils[J]. Canadian Geotechnical Journal, 15: 313-321.

Gregoretti C, Dalla F G. 2008. The triggering of debris flow duo to channel-bed failure in some alpine headwater basins of the Dolomites: analyses critical runoff[J]. Hydrological Processes, (22): 2248-2263.

Haeberli W. 1983. Frequency and characteristics of glacier floods in the Swiss Alaps [J]. Annals of Glaciology, 4: 85-90.

Hanson G J, Robinson K M, Cook K R. 1997. Headcut migration analysis of a compacted soil[J]. Transactions of the ASAE, 40(2): 335-361.

Hanson G J, Cook K R, Simon A. 1999. Determining erosion resistance of cohesive materials[C]. In Proceedings of ASCE Water Resources Engineering Conference. Seattle, Wash.

Hanson G J, Robinson K M, Cook K R. 2001. Prediction of headcut migration using a deterministic approach[J]. Transactions of the ASAE, 44(3): 525-531.

He Y, Zhong G F, Wang L L, et al. 2014. Characteristics and occurrence of submarine canyon-associated landslides in the middle of the northern continental slope, South China Sea[J]. Marine and Petroleum Geology, 57: 546-560.

Horton R E. 1933. The role of infiltration in the hydrological cycle[J]. Transport of American Geophysical Union, 14: 446-460.

Hsu Y S, Hsu Y H. 2009. Impact of earthquake-induced dammed lakes on channel evolution and bed mobility: case study of the Tsaoling landslide dammed lake [J]. Journal of Hydrology, 374: 43-55.

Hu G S, Chen N S, Javed I T, et al. 2016. Case study of the characteristics and dynamic process of the July 10, 2013 catastrophic debris flows in Wenchuan County, China[J]. Earth Sciences Research Journal, 20(2): 1-13.

Hunger O. 2005. Classification and terminology[J]. Debris-flow Hazards and Related Phenomena, 9-23.

Hurlimann A, Dolnicar S. 2011. Voluntary relocation-An exploration of Australian attitudes in the context of drought, recycled and desalinated water[J]. Global Environmental Change, 21: 1084-1094.

Iverson R M, Reid M E, Iverson N R, et al. 2000. Acute sensitivity of landslide rates to initial soil porosity[J]. Science, 290(5491): 513-516.

Iverson R M. 1997. Slope instability from groundwater seepage discussion[J]. ASCE Journal of Hydraulic Engineering, 123(10): 929-930.

Koi T, Hotta N, Ishigaki I, et al. 2008. Prolonged impact of earthquake-induced landslides on sediment yield in a mountain watershed: the Tanzawa region, Japan[J]. Geomorphology, 101(4): 692-702.

Korup O, Tweed F. 2007. Ice, moraine, and landslide dams in mountainous terrain[J]. Quaternary Science Reviews, 26(25-28): 3406-3422.

Lado M, Ben-Hur M. 2004. Soil mineralogy effects on seal formation, runoff and soil loss[J]. Applied Clay Science, 24: 209-224.

Lee K T, Yen B C. 1997. Geomorphology and kinematic-wave based hydrograph derivation[J]. Journal of Hydraulic Engineering, 123(1): 73-80.

Lee K T, Chen N C, Chung Y R. 2008. Derivation of variable IUH corresponding to time-varying rainfall intensity during storms[J]. Hydrological Sciences Journal, 53(2): 323-327.

Liu C H, Sharma C K. 1988. Report on first expedition to glaciers and glacier lakes in the Pumqu (Arun) and Poiqu (Bhote-SunKosi) River basins, Xizang (Tibet), China[M]. Beijing : Science Press.

Liu C N, Dong J J, Peng Y F, et al. 2009. Effects of strong ground motion on the susceptibility of gully type debris flows[J]. Engineering Geology, 104: 241-253.

Liu J J, Tang C, Cheng Z L, et al. 2013. The two main mechanisms of Glacier Lake outburst flood in Tibet, China [J]. Journal of Mountain Science, 10(2): 239-248.

Meon G, Schwahz W. 1992. Estimation of Glacier Lake outburst flood and its impact on a hydro project in Nepal[J]. Snow and Glacier Hydrology, 218: 331-339.

Mool P K. 1995. Glacier lake outburst floods in Nepal[J]. Journal of Nepal Geological Society, 273-280.

Na H, Chen N S, Mei Z, et al. 2014. Runout prediction of aizi gully debris flow based on model calculation[J]. The Electronic Journal of Geotechnical Engineering, 19(Z4): 17039-17051.

Owen L A. 1995. Shaping the Himalayas[J]. Geographical Magazine, 12(2): 23-25.

Parker R N, Densmore A L, Rosser N J, et al. 2011. Mass wasting triggered by the 2008 Wenchuan earthquake is greater than orogenic growth[J]. Nature Geoscience, 4(7): 449-452.

Reynolds J M. 1995. Glacial-lake outburst floods (GLOFs) in the Himalayas: an example of hazard mitigation from Nepal[J]. Geoscience and Development, 2: 6-8.

Richardson S D, Reynolds J M. 2000. An overview of glacial hazards in the Himalayas[J]. Quaternary International, 65-66(99): 31-47.

Rodrigue I, Valdes J B. 1979. The geomorphologic structure of hydrologic response[J]. Water Resource Research, 15 (6): 1409-1420.

Rolandi G, Bertollini F, Cozzolino G, et al. 2000. Sull'origine delle coltri piroclastiche presenti sul versante occidentale del Pizzo d'Alvano (Sarno-Campania) [J]. Quaderni di Geologia Applicata, 7(1): 37-48.

Ruiz-Sinoga J D, Martinez-Murillo J F. 2009. Eco-geomorphological system response variability to the 2004-06 drought along a climatic gradient of the Littoral Betic Range (southern Spain) [J]. Geomorphology, 103: 351-362.

Saito H, Nakayama D, Matsuyama H. 2010. Relationship between the initiation of a shallow landslide and rainfall intensity—duration thresholds in Japan [J]. Geomorphology, 118(1): 167-175.

Sassa K. 1985. The mechanics of debris flow: proceedings of the 11th international conference on soil mechanics and foundation engineering[C]. San Francisco, 3: 1173-1176.

Scharer K M. 2007. Earthquakes affect size, not frequency, of debris flows in San Gabriel Mountains, CA. (in Geological Society of America, 2007 annual meeting, Anonymous) [C]. Geological Society of America, 39(6): 179.

Seile R, Hayes M, Bressan L. 2002. Using the standardized precipitation index for flood risk monitoring [J]. International Journal of Climatology, 22: 1365-1376.

Shang Y J, Yang Z F, Li L H, et al. 2003. A super-large landslide in Tibet in 2000: background, occurrence, disaster, and origin [J]. Geomorphology, 54: 225-243.

Stoffel M, Bollschweiler M, Beniston M. 2011. Rainfall characteristics for periglacial debris flows in the Swiss Alps: past incidences-potential future evolutions[J], Climatic. Change, 105: 263-280.

Stone K H. 1963. The annual emptying of Lake George, Alaska [J]. Arctic, 16: 26-40.

Takahashi T. 1978. Mechanical characteristics of debris flow[J]. Hydraulics Division, 104(8): 1153-1169.

Thorarinsson S. 1939. The ice-dammed lakes of Iceland with particular reference to their value as indicators of glacial oscillations [J]. Geografiska Annaler, 21(3-4): 216-242.

Tognacca C, Bezzola G R, Minor H E, et al. 2000. Threshold criterion for debris-flow initiation due to channel bed failure[C]. Proceedings 2nd International Conference on Debris Flow Hazards Mitigation, 89-97.

Wang G, Sassa K. 2003. Pore-pressure generation and movement of rainfall-induced landslides: effects of grain size and fine-particle content[J]. Engineering Geology, 69: 109-125.

Wei X L, Chen N S, Cheng Q G, et al. 2014. Long-term activity of earthquake-induced landslides: a case study from Qionghai Lake basin, southwest of China[J]. Journal of Mountain Science, 11(3): 607-624.

Xu D M. 1985. Characteristics of debris flow caused by outburst of glacial lake in Boqu River, Xizang, China, 1981[J]. Geojournal, 17(4), 569-580.

Yamaba T, Sharma C K. 1993. Glacier lakes and outburst floods in the Nepal Himalaya[J]. Snow and Glacier Hydrology, 28: 319-330.

Yamada T. 1991. Preliminary work report on glacier lake outburst flood in the Nepal Himalayas [R]. WECS Report, 387.

Yu Y, Gao M. 2001. Effects of the hanging wall and footwall on peak acceleration during the chi-chi earthquake,

Taiwan[J]. Acta Seismologica Sinica，14(6)：654-659.

Zhou G G D，Cui P，Chen H Y，et al. 2013. Experimental study on cascading landslide dam failures by upstream flows [J]. Landslides，10(5)：633-643.

附　　录

附录 1　监测站点现有通信方式

山地灾害监测数据传输常用的通信方式有卫星通信、超短波（UHF/VHF）、短信、GPRS、CDMA 以及程控电话网（PSTN）等。

1）卫星通信

卫星通信是利用人造地球卫星作为中继站，转发无线电波实现地球站之间相互通信的一种方式，具有覆盖面大、通信频带宽、组网灵活机动等优点。

目前，在国家防汛指挥系统建设中用于测站与中心站间数据传输的卫星信道主要选用海事卫星和北斗卫星。

（1）海事卫星（Inmarsat）通信。海事卫星（Inmarsat）系统是目前世界上唯一为海陆空业务提供全球公众通信和遇险安全通信的定位导航系统。在国家防汛指挥系统数据传输组网中主要应用 Inmarsat-C 站的短数据通信功能实现点对点的传输方式。其特点为：①具有点波束，使得卫星站设备的体积和功耗大大减小，可减少建设成本；②Inmarsat-C通信频段使用的 L 波段，基本无雨衰现象，能保证通信的畅通率；③具有双向性，中心站可对各测站进行远地编程、巡测和召测；④运行费用按"短数据报告"的包数予以计取；⑤设备费用中等，通信费用较高。

（2）北斗卫星通信。北斗卫星系统是我国自主知识产权的军用卫星定位导航系统，覆盖中国大陆所有地区和海区，是真正意义上的无缝隙覆盖。北斗卫星定位导航系统由空间卫星、地面控制中心站和用户终端 3 部分构成。其特点为：①容量大、数据传输时效快，系统上下链路每秒钟可同时处理 200 个不同用户的不同业务或请求；②传输延时小，可在 3 秒内将用户（测站）的数据发送到用户数据中心；③系统采用码分多址直序扩频通信体制，抗干扰能力强，并在一定程度上保证了数据的保密性；④卫星通信设备集成度高，天线尺寸小，安装简单，可减少投资成本；⑤通信费用按每次发送的帧计费，每帧的报文长度可达到 100Bytes；⑥数据传输可靠性高，系统可提供两种通信"确认"方式。在建设时需进行细致的信道测试工作，确定测站和接收中心的最佳通信波束；⑦设备成本费用低，运行费用低。

适用条件：所建监测站地处高山峡谷，且公网未覆盖和无条件建专用网的区域。

2）超短波通信

超短波是指工作于 VHF/UHF 频段的信道，超短波通信的传播机理是对流层内的视距传播与绕射传播。视距传播损耗小，受环境的影响也小，接收信号稳定。但是，由于传播距离较短，一般需要建设中继站进行接力。其特点为：①信道稳定，基本不受天气影响；②技术成熟，设备简单且易于配套；③实时性能好；④通信费用低。

适用条件：所建监测站地处电信公用通信网不能覆盖，或位于低山和丘陵地区，且所需建中继站级数不超过 3 级的地区。

3) PSTN 通信

程控电话(PSTN)是普及程度最高的信道资源，它具有设备简单、入网方式简单灵活、适用范围广、传输质量较高、通信费用低廉等优点，可进行话音和数据的传输。其特点为：①适用范围广；②传输速率高，没有无线通信中经常遇到的同频干扰问题，传输质量也较高；③技术成熟、设备简单，价格低廉。

适用条件：被 PSTN 网覆盖、电话通信质量较好且雷击不严重的地区。

4) 短信通信

移动通信是我国近十多年来发展最快的一种通信系统，目前已覆盖我国很多城镇，正逐步向农村扩展延伸。移动通信系统正得到越来越广泛的应用，对于地质灾害信息和警报的传输有着十分重要的实际应用价值。目前可利用的短信通信有中国移动的 GSM 短信和中国联通的 CDMA 短信。

短信数据传输通信适用于 GSM 网或 CDMA 网所能覆盖的报汛站和地区。利用短信息平台组网。其特点为：①系统响应速度快，传输时效好，信道稳定可靠。大部分已建系统的运行表明，响应速度仅为几秒钟，传输速率达 9600bit/s 及以上，绝大部分报汛站的数据可在 1 分钟左右到达中心站，畅通率可达 98% 以上。②系统容量较大，可传输的数据量大。一条短信息所能容纳的数据量最多可达 100 字节以上。③无需中继，即可用于无线远程传输，加上它属于双向通信，可方便地实施远程控制，所以组网十分灵活。④设备体积小、重量轻、功耗低。由于不需要架设室外天线，安装方便，不仅一次性建设投资少，而且维护管理简单，运行费用低。

适用条件：被中国移动通信网或中国联通通信网所覆盖的地区。

5) GPRS 通信

GPRS 是 GSM 系统的无线分组交换技术，不仅提供点对点，而且提供广域的无限 IP 连接，是一项高速数据处理的技术，方法是以"分组"的形式将数据传送到用户手中。GPRS 是作为现行 GSM 网络向第 3 代移动通信演变的过渡技术，突出的特点是传输速率高和费用低。GPRS 上行速率较 GSM 为高，下行速率则可达 100kbit/s。其特点为：①Internet 识别：GPRS 是无线分组数据系统，只要用户一打开 GPRS 终端，就已经附着到 GPRS 网络上，用户通过 GPRS 系统的网关 GGSN 连接到互联网，GGSN 还提供相应的动态地址分配、路由、名称解析、安全和计费等互联网功能。②永远在线：不像传统拨号上网那样，断线后需重新拨号。用户随时都与网络保持联系，即使没有数据传送，用户仍然在网上与网络之间还保持一种连接。③快速登录：连接时间很快，GPRS 无线终端一开机，就已经与 GPRS 网络建立了连接，每次登录互联网，只需要一个激活过程，一般仅需 1～3s。④高速传输：由于 GPRS 网络采取了先进的分组交换技术，数据传输最高理论值可达 171.2bit/s。

适用条件：已开通 GPRS 业务并被中国移动通信网所覆盖的地区。

6）光纤通信

光纤即为光导纤维的简称。光纤通信是以光波作为信息载体，以光纤作为传输媒介的一种通信方式。光纤通信与电气通信相比有很多优点：传输频带宽、通信容量大；传输损耗低、中继距离长；线径细、重量轻，原料为石英，节省金属材料，有利于资源合理使用；绝缘、抗电磁干扰性能强；抗腐蚀能力强、抗辐射能力强、可绕性好、无电火花、泄露小、保密性强。但是，光纤通信的造价较高，特别是光缆的敷设。另外，光纤通信的维护成本也比较高。

7）ADSL

ADSL 采用频分复用技术把普通的电话线分成了电话、上行和下行三个相对独立的信道，从而避免了相互之间的干扰。其特点如下：①ADSL 的接入速度快：ADSL 可达到下行 8Mbit/s、上行 640kbit/s 传输速度，对于一般的视频信息传输基本满足。②ADSL 易于安装、维护：它采用普通电话线路作为传输介质，几乎不需要重新布线，而维护工作由电信部门负责。③随着 ADSL 在我国的大规模使用，ADSL 的资费已经比较便宜。

附录 2 监测站点现有供能方式

1）电池供电模式

对于采用高性能微处理器和最新的无线网络技术极低功耗的设备，可采用电池直接供电的模式（电池可连续工作 1～3 年）。

简易雨量站和位移监测站可以采用此模式。

2）有市电接入模式

有市电接入模式采用：市电＋备用蓄电池组＋UPS 系统，需要进行电力线路敷设，由于成本较大，通常在视频监测站采用。

其主要供电保障还包括：电压转换器、直流电源避雷器(10kA/12V)UPS＋蓄电池组。

3）太阳能供电模式

太阳能供电模式的供电系统由：太阳能电池板＋充电蓄电池＋充电控制器＋电源避雷器等部件组成。此供电模式拥有如下优点：①长寿命：晶体硅太阳能电池组件的质量保证期是 15～20 年。②高性能：晶体硅太阳能电池发电系统具有抗台风、抗冰雹、抗潮湿、抗紫外辐照等特点，组件系统可以在 $-40～-70℃$ 环境下正常工作。③无须职守：运行中无须人员职守，像常规能源一样能向负载供电。④无间断供电：系统设计时考虑到当地的阴雨天气情况，将平时多余的电能存储在蓄电池内，可确保用户在阴雨天仍有足够的电能可供使用。⑤直流无干扰电源：太阳能电池发电设备，无噪声、电源无高次谐波干扰，特别适用于通信电源。⑥不受地理环境影响：平原、河道、海洋、高山、雪原、海岛、森林地区，任何需电的地方都可以使用晶体硅太阳能电池发电系统。

　　鉴于以上特征，目前绝大多数室外自动监测站点均采用太阳能供电的模式。

附录3　监测站点安装要求

1）自动雨量站

　　①雨量传感器安装于雨量观测场内，采用一体化结构安装；②雨量传感器的承雨口向上45°内不能受到建筑物或树木的遮挡，其四周与障碍物的距离应大于障碍物高度的2倍以上；③太阳能板安装应该为正南方向，且与地面成45°（附图3-1）。

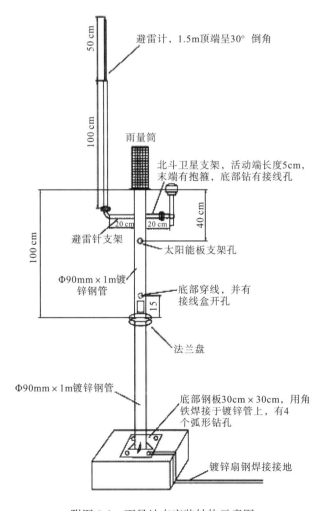

附图3-1　雨量站点安装结构示意图

2）自动泥位站

①塔杆顶端安装避雷针，其接地电阻<10Ω；②塔杆抗风强度为 10 级；③其天线安装位置应处于避雷针 45°角保护区内；④遥测系统主要设备安装于机柜内，接地线应焊接良好，并做防腐处理；⑤太阳能板安装应该为正南方向，且与地面成 45°角（附图 3-2）。

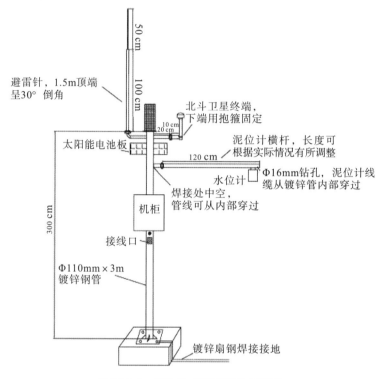

附图 3-2　泥位站点安装结构示意图

3）自动孔隙水压力和含水量站

①传感器应在地面土壤下 30cm 及 50cm 处垂直埋设；②传感器埋设应避开粒径 2cm 以上土体颗粒；③传感器数据线走线应尽量避免干扰数据采集（附图 3-3）。

4）自动振动站

①传感器固定在定制铁板上，然后安装在预置的水泥墩子上；②传感器布置地点应避开易落石区域和交通要道；③传感器应采用硅胶密封，防止受潮（附图 3-4）。

5）次声监测站

次声监测仪一般安置于功能提交较好的观测房或者流域下游居民点内。整套设备可置放在室内任一稳定的台面上，室内保持良好的通气（风）条件，以让次声信号进入。

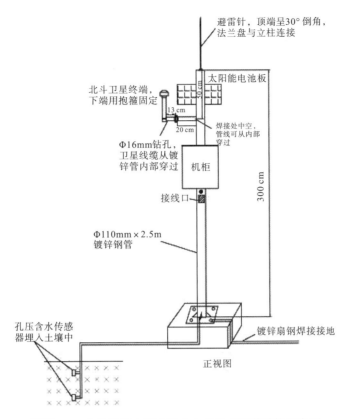

附图 3-3　土体孔隙水压力及含水量站点安装结构示意图

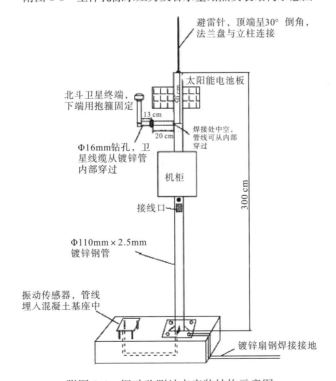

附图 3-4　振动监测站点安装结构示意图

6)视频监测站

①塔杆顶端安装避雷针，其接地电阻<10Ω；②塔杆抗风强度为 10 级；③其天线安装位置应处于避雷针 45°角保护区内；④遥测系统主要设备安装于机柜内，接地线应焊接良好，并做防腐处理；⑤安装位置具有较好通视性，无障碍物遮挡(附图 3-5)。

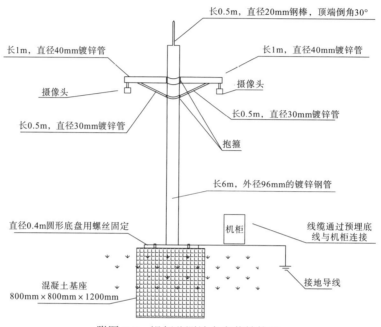

附图 3-5 视频监测站点安装结构图

7)位移监测站

①应该安装在裂缝或者滑坡面两侧，并在一侧设定一个相对不动的基点；②将位移计拉伸至一定长度后(保证能够测量拉伸或压缩方向的变形量程)，并用紧固螺钉安装到基点上；③连接仪表，调零，并保存好相关参数记录；④仪表灯设备安装于机柜内，接地线应焊接良好，并做防腐处理(附图 3-6)。

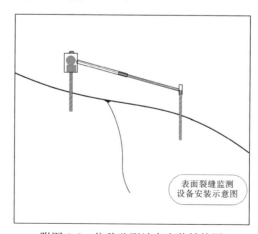

附图 3-6 位移监测站点安装结构图